高等学校计算机基础教育教材

Python语言程序设计

林川 秦永彬 主 编
张波 许华容 罗媛 章杰 郭剑 王世水 副主编

清华大学出版社
北京

内 容 简 介

Python语言是一种非常强大的、完备的编程语言,不仅在人工智能领域有广泛的应用,还能实现从Web应用、桌面应用、科学计算、数据分析到网络爬虫等各种程序的编写。本书详细介绍Python语言所涵盖的绝大部分实用知识点,循序渐进地讲解这些知识点的使用方法和技巧。全书共13章,主要包括Python语言概述、Python语法基础、组合数据类型、函数与模块、文件操作与管理、异常处理、正则表达式、面向对象编程、图形界面编辑、数据库编程、数据统计分析与可视化、网络爬虫和网络程序设计。

本书内容新颖,体系合理,通俗易懂,实用性强,适合作为高等学校程序设计课程的教材,也适合对Python程序设计感兴趣的大众读者阅读。

本书封面贴有清华大学出版社防伪标签,无标签者不得销售。
版权所有,侵权必究。举报: 010-62782989,beiqinquan@tup.tsinghua.edu.cn。

图书在版编目(CIP)数据

    Python语言程序设计/林川,秦永彬主编. —北京: 清华大学出版社,2021.9(2023.1重印)
    高等学校计算机基础教育教材
    ISBN 978-7-302-58768-2

    Ⅰ.①P… Ⅱ.①林… ②秦… Ⅲ.①软件工具-程序设计-高等学校-教材 Ⅳ.①TP311.561
    中国版本图书馆CIP数据核字(2021)第143963号

责任编辑: 袁勤勇 郭 赛
封面设计: 常雪影
责任校对: 胡伟民
责任印制: 丛怀宇

出版发行: 清华大学出版社
    网 址: http://www.tup.com.cn,http://www.wqbook.com
    地 址: 北京清华大学学研大厦A座 邮 编: 100084
    社 总 机: 010-83470000 邮 购: 010-62786544
    投稿与读者服务: 010-62776969,c-service@tup.tsinghua.edu.cn
    质量反馈: 010-62772015,zhiliang@tup.tsinghua.edu.cn
    课件下载: http://www.tup.com.cn,010-83470236
印 装 者: 三河市铭诚印务有限公司
经 销: 全国新华书店
开 本: 185mm×260mm 印 张: 22.75 字 数: 568千字
版 次: 2021年9月第1版 印 次: 2023年1月第3次印刷
定 价: 68.00元

产品编号: 087532-01

前 言

人工智能代表了人类科学发展的前沿领地,是未来信息技术发展的主要方向之一,Python 语言与其密不可分。随着大数据、云计算和人工智能的飞速发展,机器学习、数据分析和数据可视化应用变得越来越重要。"Life is short,you need Python"是 Python 社区的名言,翻译过来就是"人生苦短,我用 Python"。Python 语言从 20 世纪 90 年代初诞生至今已有 30 年的时间,但在很长一段时间里,国内使用 Python 语言的开发者并不多,而在最近这几年,人们对 Python 语言的关注度迅速提升。这是由于 2016 年,AlphaGo 击败人类职业围棋选手,引起了人工智能和 Python 语言的热潮。Python 语言不仅在人工智能领域有广泛的应用,作为一种非常强大的、完备的编程语言,它还能实现从 Web 应用、桌面应用、科学计算、数据分析到网络爬虫等各种程序的编写。Python 语言具有丰富的动态特性、简单的语法结构和面向对象的编程特点,并拥有成熟而丰富的第三方库,因此适合于很多领域的软件和硬件开发。

编程是在校大学生学习的重要部分,除了直接的应用以外,学习编程还是了解计算机科学本质的方法。Python 的发展也给高校编程课程的教学带来了新的方向,很多高校陆续开设相关课程。本书作者长期从事程序设计语言教学与应用开发,在长期的工作中,积累了丰富的经验,由于 Python 语言涉及的领域很多,学习资料相对分散,因此,作者觉得很有必要编写一本全面介绍 Python 语言在各个主要领域应用与实战的教材。为了适应信息技术的发展,切实满足社会各个领域对计算机应用人才不断增长的需求,本书在编写时力求融入计算思维的思想,并将多年教学实践所形成的解决实际问题的思维模式和方法渗透到整个教学过程中。与传统的程序设计类教材不同,本书除介绍程序设计的基本技能外,还着重介绍分析问题和解决问题的方法和思路,通过构建典型案例,为学生在未来利用 Python 程序设计语言解决各自专业中遇到的实际问题打下良好的基础。

本书具有以下特点。

1. 内容全面

本书详细介绍 Python 语言所涵盖的绝大部分实用知识点,循序渐进地讲解这些知识点的使用方法与技巧,帮助读者快速入门。

2. 丰富的习题

学习程序设计的唯一方法是通过实践,本书每章结尾都有大量不同难度的习题供学生练习,同时供读者检验自己的学习情况,及时发现学习过程中存在的问题。

3. 大量教学实例

教授程序设计的最佳方式是通过实例,本书针对每一个知识点提供相关程序实例,实例的规模循序渐进,使读者更直观地理解 Python 编程语言的基本语法和程序设计方法,并逐步提升解决问题的能力。

4. 注重实际应用

编程最注重实践，最害怕闭门造车。每一个语法，每一个知识点，都要反复用实例来演练，才能加深对知识的理解，并且要做到举一反三，只有这样才能对知识有深入的理解。本书改变了传统教材以语言、语法学习为重点的缺陷，从基本的语言、语法学习上升到程序的"问题解决"层次。为了让学生能在有限的教学课时内真正掌握程序开发的思想、方法，书中提供一些实际应用的案例代码，有助于培养学生解决实际问题的能力。

本书共 13 章，其内容简单介绍如下。

第 1 章主要介绍 Python 的安装与配置、Python 程序编写规范和简单的 Python 程序示例。

第 2 章介绍 Python 数据类型概述、数值类型操作、字符串操作、分支结构和循环结构。

第 3 章主要介绍组合数据类型，如列表、元组、字典和集合的概念与应用。

第 4 章主要介绍函数的概念、基本语法与应用。

第 5 章主要介绍文件与文件的操作、os 模块的使用、二维与多维数据的存储与处理。

第 6 章主要介绍异常的定义和分类、异常的处理机制。

第 7 章介绍正则表达式的概念、re 模块的使用以及编译正则表达式。

第 8 章介绍面向对象编程方法，包括类的定义，对象的创建，类的属性和方法，面向对象的封装、继承与多态三大基本特性。

第 9 章主要介绍 Python 图形界面编程，包括 Python 中的 GUI 库、Tkinter GUI 的布局管理、Tkinter GUI 编程的组件、Python 中的事件响应。

第 10 章介绍数据库编程，包括数据库基本概念、SQLite 数据库、使用 Python 操作 MySQL 数据库。

第 11 章主要介绍数据统计分析与可视化，包括科学计算库 NumPy、数据可视化库 Matplotlib、数据分析库 Pandas。

第 12 章主要介绍网络爬虫，包括网络爬虫技术概述、使用 BeautifulSoup 提取 HTML 内容、使用 BeautifulSoup4 解析网页等。

第 13 章介绍网络编程的基础知识、基于 TCP 的网络编程、基于 UDP 的网络编程。

限于篇幅，作者没有办法仅通过一本书将所有的 Python 编程相关知识都灌输给大家，只能尽自己所能，在与大家分享尽可能多的知识和经验的同时培养你对编程的兴趣，提高你编写代码的水平。

需要说明的是，学习编程是一个实践的过程，在利用本书学习 Python 编程时，建议读者一定要多思考，多分析，多动手练习，确保真正掌握所学知识。如果读者在学习的过程中遇到暂时无法解决的问题，不要太多纠结，继续往后学习，或可豁然开朗。

本书由林川与秦永彬主持编写，其中林川拟定编写内容和大纲及负责编写第 5～7 章，并对全书统稿与定稿。参加本书编写的还有张波老师、许华容老师、罗媛老师、章杰老师、郭剑老师和王世水老师。

本书在编写的过程中，参考了大量文献，在此对各文献的作者表示衷心的感谢！同时还要感谢研究生杨志、青肖杰、李展志，他们参与了书中用例的编写与调试。

由于作者水平有限，书中难免存在一些疏漏和错误，殷切希望同行专家和广大读者批评指正。

林 川
2021 年 5 月

目 录

第1章　Python 语言概述 ... 1
1.1　Python 概述 ... 1
1.1.1　Python 发展史 ... 1
1.1.2　Python 的特点 ... 1
1.1.3　Python 的应用领域 ... 3
1.2　Python 开发环境下载与安装 ... 4
1.2.1　Python 开发环境下载 ... 4
1.2.2　Python 开发环境安装 ... 5
1.2.3　启动 Python ... 5
1.2.4　运行 Hello World 程序 ... 6
1.3　Python 其他开发环境 ... 9
1.3.1　Anaconda 简介 ... 9
1.3.2　Eclipse+PyDev ... 9
1.4　Python 程序语法元素分析 ... 9
1.4.1　程序的格式框架 ... 10
1.4.2　注释 ... 10
1.4.3　命名与保留字 ... 11
1.4.4　字符串 ... 12
1.4.5　赋值语句 ... 12
1.4.6　input()函数 ... 13
1.4.7　分支语句 ... 13
1.4.8　print()函数 ... 14
1.4.9　循环语句 ... 14
1.4.10　函数 ... 15
1.4.11　标准库与扩展库中对象的导入与使用 ... 16
1.5　思考与练习 ... 17

第2章　Python 语法基础 ... 19
2.1　Python 数据类型概述 ... 19
2.1.1　常量与变量 ... 19

2.1.2　数值类型概述 …………………………………………………… 20
2.2　数值类型的操作 …………………………………………………………… 24
　　　2.2.1　内置的数值运算操作符 ………………………………………… 24
　　　2.2.2　内置的数值运算函数 …………………………………………… 25
　　　2.2.3　内置的数字类型转换函数 ……………………………………… 26
　　　2.2.4　数学库的使用 …………………………………………………… 27
2.3　字符串和布尔值 …………………………………………………………… 28
　　　2.3.1　字符串 …………………………………………………………… 28
　　　2.3.2　字符串类型的格式化 …………………………………………… 33
　　　2.3.3　布尔值 …………………………………………………………… 37
2.4　条件语句 …………………………………………………………………… 40
　　　2.4.1　基本的条件语句 ………………………………………………… 41
　　　2.4.2　有分支的条件语句 ……………………………………………… 43
　　　2.4.3　嵌套的条件语句 ………………………………………………… 44
　　　2.4.4　连缀的 if-elif-else ……………………………………………… 45
　　　2.4.5　条件表达式 ……………………………………………………… 46
2.5　while 循环 ………………………………………………………………… 47
　　　2.5.1　while 循环 ……………………………………………………… 48
　　　2.5.2　循环内的控制 …………………………………………………… 51
2.6　for 循环 …………………………………………………………………… 54
　　　2.6.1　for…in 循环 …………………………………………………… 54
　　　2.6.2　range()函数 ……………………………………………………… 55
2.7　应用举例 …………………………………………………………………… 57
　　　2.7.1　线性搜索 ………………………………………………………… 57
　　　2.7.2　搜索最值 ………………………………………………………… 58
　　　2.7.3　二分搜索 ………………………………………………………… 58
　　　2.7.4　冒泡排序 ………………………………………………………… 60
2.8　思考与练习 ………………………………………………………………… 61

第 3 章　组合数据类型　66

3.1　列表 ………………………………………………………………………… 66
　　　3.1.1　创建列表 ………………………………………………………… 66
　　　3.1.2　访问列表 ………………………………………………………… 67
　　　3.1.3　更新列表 ………………………………………………………… 69
　　　3.1.4　列表常用的其他操作 …………………………………………… 71
　　　3.1.5　列表的内置函数与其他方法 …………………………………… 74
　　　3.1.6　二维列表 ………………………………………………………… 75
　　　3.1.7　列表应用举例 …………………………………………………… 77
3.2　元组 ………………………………………………………………………… 78

		3.2.1 创建元组 ·· 79
		3.2.2 访问元组 ·· 79
		3.2.3 元组的常用操作 ·· 80
		3.2.4 元组与列表的比较 ·· 81
	3.3	字典 ··· 81
		3.3.1 创建字典 ·· 81
		3.3.2 访问字典 ·· 83
		3.3.3 更新字典 ·· 84
		3.3.4 字典常用的其他操作 ·· 85
		3.3.5 字典的函数与方法 ·· 86
		3.3.6 字典应用举例 ·· 87
	3.4	集合 ··· 88
		3.4.1 创建集合 ·· 88
		3.4.2 访问集合 ·· 89
		3.4.3 更新集合 ·· 89
		3.4.4 集合常用的其他操作 ·· 90
	3.5	思考与练习 ·· 92

第 4 章　函数与模块　95

4.1	函数的定义与调用 ·· 95
	4.1.1 函数的定义 ·· 95
	4.1.2 函数的调用 ·· 96
4.2	函数的参数与返回值 ··· 97
	4.2.1 参数传递 ··· 97
	4.2.2 函数参数 ··· 99
	4.2.3 参数传递时的解包传递 ·· 103
	4.2.4 函数的返回值 ·· 104
4.3	变量的作用域 ·· 106
	4.3.1 全局变量 ··· 106
	4.3.2 局部变量 ··· 106
4.4	匿名函数 ·· 108
4.5	模块 ·· 110
	4.5.1 模块的概念 ·· 110
	4.5.2 模块的导入 ·· 110
	4.5.3 自定义模块和包 ··· 112
	4.5.4 第三方模块的安装 ·· 114
	4.5.5 常用内置模块 ·· 116
4.6	函数的高级应用 ·· 121
	4.6.1 递归 ··· 121

4.6.2　函数的嵌套定义 ………………………………………………… 125
　　　4.6.3　闭包 …………………………………………………………… 126
　4.7　思考与练习 …………………………………………………………… 127

第 5 章　文件操作与管理　131

　5.1　文件与文件操作 ……………………………………………………… 131
　　　5.1.1　文件的定义 …………………………………………………… 131
　　　5.1.2　文件的类型 …………………………………………………… 131
　　　5.1.3　文件的操作与管理 …………………………………………… 132
　5.2　os 模块的使用 ………………………………………………………… 137
　　　5.2.1　os 模块的系统操作 …………………………………………… 137
　　　5.2.2　对目录和文件的管理 ………………………………………… 138
　　　5.2.3　path 模块中基本方法的使用 ………………………………… 139
　5.3　数据的处理 …………………………………………………………… 140
　　　5.3.1　数据的组织维度 ……………………………………………… 140
　　　5.3.2　一维数据的存储与处理 ……………………………………… 140
　　　5.3.3　二维数据的存储与处理 ……………………………………… 141
　　　5.3.4　多维数据的存储与处理 ……………………………………… 142
　5.4　思考与练习 …………………………………………………………… 143

第 6 章　异常处理　145

　6.1　异常的定义和分类 …………………………………………………… 145
　　　6.1.1　异常的定义 …………………………………………………… 145
　　　6.1.2　异常和错误的区别 …………………………………………… 145
　　　6.1.3　常见的异常 …………………………………………………… 145
　6.2　异常处理机制 ………………………………………………………… 147
　　　6.2.1　常见的异常处理 ……………………………………………… 148
　　　6.2.2　抛出异常处理 ………………………………………………… 148
　　　6.2.3　自定义异常处理 ……………………………………………… 149
　6.3　思考与练习 …………………………………………………………… 150

第 7 章　正则表达式　151

　7.1　正则表达式简介 ……………………………………………………… 151
　　　7.1.1　普通字符 ……………………………………………………… 151
　　　7.1.2　元字符 ………………………………………………………… 152
　　　7.1.3　非打印字符 …………………………………………………… 152
　7.2　re 模块 ………………………………………………………………… 154
　　　7.2.1　match() 和 search() 函数 ……………………………………… 154
　　　7.2.2　findall() 和 finditer() 函数 …………………………………… 155

   7.2.3 sub()函数和subn()函数 ········· 156
   7.2.4 split()函数 ········· 156
 7.3 编译正则表达式 ········· 157
 7.4 思考与练习 ········· 158

第8章 面向对象编程   159

 8.1 面向对象概述 ········· 159
   8.1.1 面向过程程序设计方法 ········· 159
   8.1.2 面向对象程序设计方法 ········· 163
   8.1.3 Python 支持的编程方式 ········· 163
 8.2 类和对象 ········· 165
   8.2.1 对象的概念 ········· 165
   8.2.2 对象和类的区别 ········· 165
   8.2.3 类的定义 ········· 166
   8.2.4 对象的创建 ········· 167
   8.2.5 对象的显示 ········· 168
 8.3 属性和方法 ········· 169
   8.3.1 类的属性 ········· 170
   8.3.2 类的方法 ········· 172
   8.3.3 构造函数 ········· 172
   8.3.4 析构函数 ········· 174
   8.3.5 垃圾回收机制 ········· 174
   8.3.6 类的内置方法 ········· 176
   8.3.7 方法的动态特性 ········· 178
 8.4 面向对象三个基本特性 ········· 181
   8.4.1 封装 ········· 181
   8.4.2 继承 ········· 182
   8.4.3 多态 ········· 188
 8.5 思考与练习 ········· 191

第9章 图形界面编程   194

 9.1 Python 的 GUI 库 ········· 194
 9.2 Tkinter GUI 的布局管理 ········· 195
   9.2.1 pack 布局 ········· 195
   9.2.2 grid 布局 ········· 195
   9.2.3 place 布局 ········· 195
 9.3 Tkinter GUI 编程的组件 ········· 196
   9.3.1 框架 Frame 和顶级 TopLevel ········· 198
   9.3.2 按钮 Button ········· 199

9.3.3　标签 Label ……………………………………………………………… 200
　　9.3.4　文本框 Entry 和文本域 Text ……………………………………… 201
　　9.3.5　单选按钮 Radiobutton 和复选按钮 Checkbutton ……………… 203
　　9.3.6　列表框 Listbox ………………………………………………………… 206
　　9.3.7　菜单 Menu …………………………………………………………… 207
　　9.3.8　消息框 Message ……………………………………………………… 208
　　9.3.9　进度条 Scale 和滚动条 Scrollbar ………………………………… 209
　　9.3.10　画布 Canvas ………………………………………………………… 210
　　9.3.11　对话框 ………………………………………………………………… 212
9.4　事件响应 …………………………………………………………………………… 216
　　9.4.1　事件的属性 ……………………………………………………………… 216
　　9.4.2　事件的绑定方法 ………………………………………………………… 217
　　9.4.3　系统协议 ………………………………………………………………… 217
　　9.4.4　鼠标事件 ………………………………………………………………… 218
　　9.4.5　键盘事件 ………………………………………………………………… 219
9.5　思考与练习 ………………………………………………………………………… 220

第 10 章　数据库编程　222

10.1　数据库简介 ………………………………………………………………………… 222
　　10.1.1　数据库系统的基本概念 ……………………………………………… 222
　　10.1.2　SQL 简介 ……………………………………………………………… 224
10.2　SQLite 数据库 ……………………………………………………………………… 226
　　10.2.1　概述 …………………………………………………………………… 226
　　10.2.2　使用 Python 操作 SQLite 数据库 …………………………………… 227
10.3　MySQL 数据库 ……………………………………………………………………… 231
　　10.3.1　概述 …………………………………………………………………… 231
　　10.3.2　使用 Python 操作 MySQL 数据库 …………………………………… 233
10.4　思考与练习 ………………………………………………………………………… 238

第 11 章　数据统计分析与可视化　240

11.1　编程环境 …………………………………………………………………………… 240
　　11.1.1　安装 Anaconda ………………………………………………………… 240
　　11.1.2　编程环境简介 ………………………………………………………… 241
11.2　科学计算库 NumPy ………………………………………………………………… 243
　　11.2.1　ndarray 数组 …………………………………………………………… 243
　　11.2.2　数组索引与切片 ……………………………………………………… 249
　　11.2.3　数组运算 ……………………………………………………………… 250
　　11.2.4　文件操作 ……………………………………………………………… 253
　　11.2.5　统计分析函数 ………………………………………………………… 255

11.3 数据可视化库 Matplotlib ·· 257
    11.3.1 Matplotlib 概览 ·· 257
    11.3.2 绘图参数 ·· 258
    11.3.3 绘制常用统计图 ··· 263
11.4 数据分析库 Pandas ··· 265
    11.4.1 Series 类型 ·· 266
    11.4.2 DataFrame 类型 ·· 271
    11.4.3 文件读写 ··· 278
    11.4.4 数据处理与分析 ·· 279
11.5 思考与练习 ·· 284

第 12 章　网络爬虫　286

12.1 网络爬虫技术概述 ··· 286
    12.1.1 网络爬虫的分类 ·· 287
    12.1.2 网页爬取技术简介 ······································· 288
12.2 静态网页抓取 ·· 291
    12.2.1 通过网站域名获取 HTML 数据 ······················· 291
    12.2.2 使用 BeautifulSoup 提取 HTML 内容 ··············· 293
12.3 解析网页 ·· 298
    12.3.1 BeautifulSoup4 的基本使用 ···························· 298
    12.3.2 BeautifulSoup4 四大对象 ······························ 301
    12.3.3 遍历文档树 ··· 303
    12.3.4 搜索文档树 ··· 304
    12.3.5 CSS 选择器 ··· 306
    12.3.6 正则表达式 ··· 308
12.4 动态网页抓取 ·· 313
    12.4.1 什么是动态网页 ·· 313
    12.4.2 利用 JavaScript API 抓取内容 ························· 313
    12.4.3 使用 Selenium 和 Chrome Driver 获取动态页面内容 ····· 320
12.5 思考与练习 ·· 326

第 13 章　网络程序设计　327

13.1 网络编程的基础知识 ·· 327
    13.1.1 分层模型 ··· 327
    13.1.2 IP 地址 ·· 328
    13.1.3 数据封装 ··· 329
    13.1.4 端口号 ·· 329
    13.1.5 域名系统（DNS）·· 330
    13.1.6 socket 网络编程 ·· 330

13.2 基于 TCP 的网络编程 ………………………………………………………………… 331
  13.2.1 TCP 工作原理 ………………………………………………………………… 331
  13.2.2 TCP 的使用场合 ……………………………………………………………… 332
  13.2.3 TCP 套接字的含义 …………………………………………………………… 332
  13.2.4 TCP 网络编程实例 …………………………………………………………… 333
13.3 基于 UDP 的网络编程 ………………………………………………………………… 341
  13.3.1 编写 UDP 服务器和客户端 …………………………………………………… 341
  13.3.2 服务端代码 …………………………………………………………………… 342
  13.3.3 客户端代码 …………………………………………………………………… 344
  13.3.4 执行调度代码 ………………………………………………………………… 344
  13.3.5 执行测试 ……………………………………………………………………… 345
13.4 思考与练习 …………………………………………………………………………… 347

参考文献　　348

第 1 章
Python 语言概述

1.1 Python 概述

Python 是一种被广泛使用的编程语言,崇尚优美、清晰、简单。据 TIOBE 开发语言排行榜统计,近年来 Python 的影响逐年扩大,2007 年 Python 成为年度语言,2018 年 7 月 Python 已经在编程语言中排行第 3(一直至今),而且整体比率呈上升趋势,反映出 Python 应用越来越广泛,也越来越得到业内的认可。

1.1.1 Python 发展史

Python 语言的创始人是吉多·范罗苏姆(Guido van Rossum)。1989 年,为了打发圣诞节假期,吉多·范罗苏姆开始开发一个新的脚本解释程序,作为 ABC 语言的一种继承,也就是 Python 语言的编译器。Python 这个名字,来自吉多挚爱的电视剧 *Monty Python's Flying Circus*。吉多希望这个叫作 Python 的语言能符合他的理想:创造一种介于 C 和 Shell 之间的,功能全面、易学易用、可拓展的语言。

1991 年,第一个 Python 编译器诞生。它是用 C 语言实现的,并能够调用 C 语言的库文件。从诞生开始,Python 就已经具有了类、函数、异常处理、包含列表和字典在内的核心数据类型,是以模块为基础的拓展系统。

2000 年 10 月 16 日,Python 2.0 发布,实现了完整的垃圾回收,并且支持 Unicode。同时,整个开发过程更加透明,在社区的影响也逐渐扩大。

2008 年 12 月 3 日,Python 3.0 发布,此版本不完全兼容之前的 Python 代码,不过,很多新特征后来也被移植到了 Python 2.x 版本。目前(截至 2020 年 8 月),Python 最新版本为 Python 3.8。

1.1.2 Python 的特点

Python 作为一门高级编程语言,它的诞生虽然很偶然,但是它得到程序员的喜爱却是必然的。Python 的定位是"优雅""明确""简单",所以 Python 程序看上去总是简单易懂,初学者学习 Python,不但入门容易,而且将来深入下去,也可以编写一些功能非常复杂的程序。

1. Python 的优点

1）简单

作为初学 Python 的人员，直接的感觉就是 Python 非常简单，非常适合阅读。阅读一个良好的 Python 程序就感觉像是在读英语文章一样，尽管这个"英语文章"的要求非常严格。Python 的这种伪代码本质是它最大的优点之一。它使你能够专注于解决问题而不用消耗大量精力去研究程序语言本身。

2）易学

Python 虽然是用 C 语言写的，但是它摒弃了 C 语言中非常复杂的指针，简化了 Python 的语法结构。

3）免费开源

Python 是 FLOSS（自由/开放源码软件）之一。简单地说，用户可以自由地发布这个软件的备份，阅读它的源代码，对它做改动，把它的一部分用于新的自由软件中。Python 的开发者希望 Python 能有更多优秀的人参与其中，创造并经常对其进行改进。

4）移植性强

由于 Python 具有开源的本质，它已经被移植到许多平台上（经过改动能够工作在不同平台上）。如果开发者能小心地避免使用 Python 依赖于系统的特性，那么几乎所有 Python 程序无须修改就可以在 Linux、Windows、FreeBSD、Macintosh、Solaris、OS/2 等平台运行。

5）解释性编程语言

在计算机内部，Python 解释器把源代码转换成字节码的中间形式，然后再把它翻译成计算机使用的机器语言并运行。用户不需要担心如何编译程序、如何确保连接正确的库等问题，这一切使得应用 Python 更加简单。而且，Python 程序直接复制到另外一台计算机上就可以工作，这也使 Python 程序更加易于移植。

6）面向对象

Python 既支持面向过程的函数编程，也支持面向对象的抽象编程。在面向过程的语言中，程序是由过程或仅仅是可重用代码的函数构建起来的；在面向对象的语言中，程序是由数据和功能组合而成的对象构建起来的。与其他主要的面向对象语言（如 C++ 和 Java）相比，Python 以一种非常强大又简单的方式实现面向对象编程。

7）可扩展性和可嵌入性

如果需要一段关键代码运行得更快或者希望某些算法不公开，用户可以把部分程序用 C 或 C++ 编写，然后在 Python 程序中使用它们。也可以把 Python 嵌入 C/C++ 程序，从而向使用程序的用户提供脚本功能。

8）丰富的库

Python 有丰富的标准库和第三方库可以使用。它可以帮助用户处理各种工作，包括正则表达式、文档生成、单元测试、线程、数据库、网页浏览器、CGI、FTP、电子邮件、XML、XML-RPC、HTML、WAV 文件、密码系统、GUI（图形用户界面）、Tk 和其他与系统有关的操作。只要安装了 Python，以上所有这些功能都是可用的，这被称作 Python 的"功能齐全"理念。除了标准库以外，Python 还有许多其他高质量的库，如 wxPython、Twisted 和 Python 图像库等。

9）功能强大

Python 是一种十分精彩而又强大的语言，它合理地结合了高性能与编写程序简单有趣的特色。

10）规范的代码

Python 采用强制缩进的方式使代码具有极佳的可读性。

2. Python 的缺点

1）运行速度慢

如果用户有速度要求的话，可以用 C++ 改写关键部分，以提高运行速度。不过对一般用户而言，机器上运行速度的因素是可以忽略的，因为用户几乎感觉不到这种速度的差异。

2）不能加密

不能加密既是优点也是缺点。Python 的开源性使 Python 语言不能加密，但是目前国内市场纯粹靠编写软件卖给客户的情况越来越少，网站和移动应用不需要给客户源代码，所以这个问题也就不算是问题了。

3）构架选择太多

Python 没有像 C# 这样的官方 .NET 构架，也没有像 Ruby 那样的相对集中的构架（Ruby on Rails 构架是开发中小型 Web 程序的首选）。不过这也从另一个侧面说明 Python 比较优秀，吸引的开发人才多，项目也多。

1.1.3　Python 的应用领域

Python 作为一个整体可以用于任何软件开发领域，下面介绍 Python 主要应用的领域。

1. Web 开发

目前较为流行的 Python Web 框架有遵循 MVC 设计模式的 Django，支持异步高并发的 Tornado，短小精悍的 Flask 和 Bottle 等。Django 官方的标语把 Django 定义为 the framework for perfectionist with deadlines（为完美主义者开发的高效率框架），当前已成为 Web 开发者的首选框架。

2. 网络编程

Python 支持高并发的 Twisted 网络框架，Python 3 引入的 asyncio 使异步编程变得非常简单。

3. 网络爬虫

在爬虫领域，Python 几乎是霸主地位，包括 Scrapy、Request、BeautifulSoup、urllib 等，用户需要爬取什么内容几乎都可以爬取到。

4. 云计算

目前比较流行且知名度较高的云计算框架之一是 OpenStack，它正是由 Python 开发的。Python 现在的流行，很大一部分原因就是云计算的发展。

5. 人工智能

谁会成为 AI 和大数据时代的第一开发语言？这已是一个不需要争论的问题。如果说几年前，MATLAB、Scala、R、Java 和 Python 还各有机会，局面尚且不清楚，那么在 Facebook 开源了 PyTorch 之后，Python 作为 AI 时代头牌语言的位置就已基本确立，未来的悬念仅仅是谁能坐稳第二把交椅。

6. 自动化运维

Python 是自动化运维人员必须要掌握的一种语言。

7. 金融分析

目前,Python 是金融分析、量化交易领域里使用最多的开发语言。

8. 科学运算

从 1997 年开始,美国国家航空航天局(National Aeronautics and Space Administration,NASA)就大量使用 Python 进行各种复杂的科学运算。随着 NumPy、SciPy、Matplotlib 和 Enthought librarys 等众多程序库的开发,Python 越来越适用于做科学计算、绘制高质量的 2D 和 3D 图像。与科学计算领域最流行的商业软件 MATLAB 相比,Python 是一门通用的程序设计语言,比 MATLAB 采用的脚本语言的应用范围更广泛。

9. 游戏开发

Python 在网络游戏开发中也有很多应用。Python 比 Lua 有更高阶的抽象能力,可以用更少的代码描述游戏业务逻辑。与 Lua 相比,Python 更适合作为一种 Host 语言,即程序的入口点在 Python 那一端会比较好,然后用 C/C++ 在非常必要的时候写一些扩展。Python 非常适合编写 1 万行代码以上的项目,而且能够很好地把网游项目的规模控制在 10 万行代码以内。

1.2 Python 开发环境下载与安装

1.2.1 Python 开发环境下载

学习 Python 首先需要下载和安装相关的语言包和开发环境。Python 的下载网址为 https://www.python.org/downloads/,网站下载页面如图 1-1 所示。

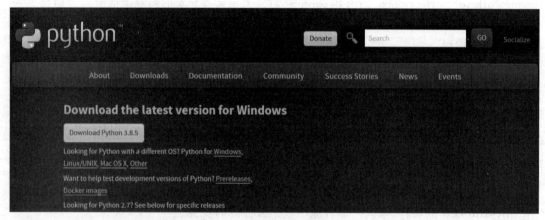

图 1-1　Python 网站下载页面

目前,Python 有两个版本,分别是 2.x 版本和 3.x 版本,这两个版本并不兼容。由于 3.x 版本越来越普及,本书以 Python 3.8 版本为基础进行介绍。

首先根据所用操作系统版本选择相应的 Python 3.x 系列安装程序。如图 1-1 所示,单击图中矩形按钮下载 Python 3.8.5 版本程序。

1.2.2 Python 开发环境安装

下载 Python 安装程序后需要安装开发环境。安装后会得到 Python 解释器,它负责运行 Python 程序。Python 可以在命令行交互环境下或集成开发环境下运行。

双击下载的程序安装 Python 解释器,然后将弹出如图 1-2 所示的安装引导过程。

图 1-2　Python 安装引导界面

安装前要注意勾选 Add Python 3.8 to PATH 复选框,这样省去了手动配置环境变量的麻烦。选中后单击 Install Now 按钮开始默认安装,安装的过程如图 1-3 所示。

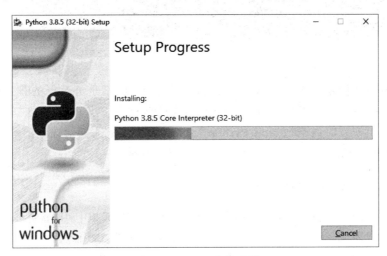

图 1-3　Python 安装过程

程序会自动安装,直到安装完成,Python 安装成功界面如图 1-4 所示。

1.2.3 启动 Python

Python 安装完成后,打开 Windows 系统的命令提示符窗口,输入 python 后按 Enter

图 1-4　Python 安装成功界面

键,如果出现图 1-5 所示的界面,则表明开发环境安装配置成功。

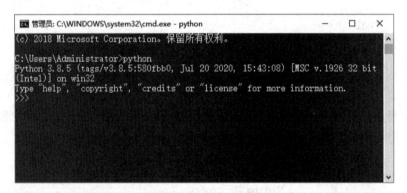

图 1-5　测试 Python 安装及配置是否成功

假如得到一个错误:'Python'不是内部或外部命令,也不是可运行的程序或批处理文件,这是因为 Windows 会根据 Path 环境变量设定的路径去查找 Python.exe,如果没找到就会报错。这也是安装时强调把 Add Python 3.8 to PATH 复选框勾选上的原因,勾选后安装程序自动为用户配置了 Python 运行所需要的环境变量。

1.2.4　运行 Hello World 程序

运行 Python 程序有两种方式:交互式和文件式。交互式指 Python 解释器即时响应用户输入的每条代码,给出输出结果。文件式,也称为批量式,指用户将 Python 程序写在一个或多个文件中,然后启动 Python 解释器批量执行文件中的代码。交互式一般用于调试少量代码,文件式则是最常用的编程方式。其他编程语言通常只有文件式执行方式。

下面以 Windows 操作系统中运行 Hello World 程序为例,具体说明两种方式的启动和执行方法。

1. 交互式启动和运行方法

交互式有两种启动和运行方法。

第一种方法，启动 Windows 操作系统命令行工具（cmd.exe），在控制台中输入 python，在命令提示符＞＞＞后输入如下程序代码。

```
print("Hello World!")
```

按 Enter 键后显示输出结果"Hello World!"，如图 1-6 所示。

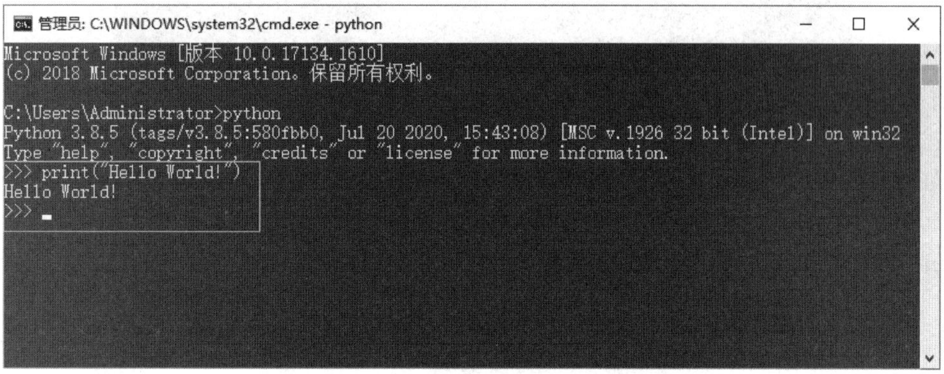

图 1-6　命令行下交互式运行

在＞＞＞提示符后输入 exit()或者 quit()可以退出 Python 运行环境。

第二种方法，通过调用安装的 IDLE 来启动 Python 运行环境。IDLE 是 Python 软件包自带的集成开发环境，可以在 Windows"开始"菜单中搜索关键词 IDLE 找到 IDLE 的快捷方式。图 1-7 展示了在 IDLE 环境中交互式运行 Hello World 程序的效果。

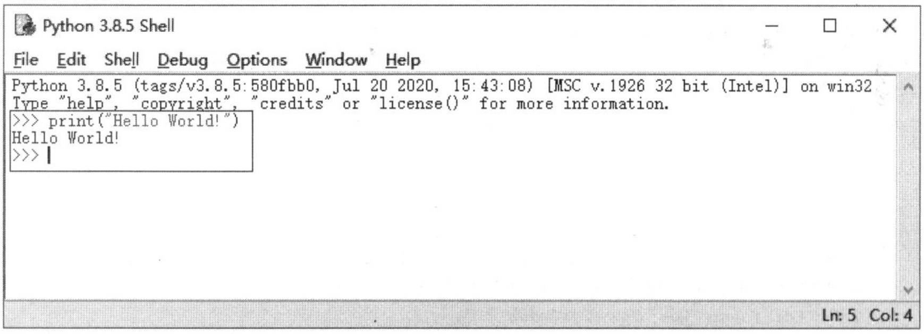

图 1-7　IDLE 下交互式运行

2. 文件式启动和运行方法

与交互式相对应，文件式也有两种运行方法。

第一种方法，按照 Python 的语法格式编写代码，并保存为.py 形式的文件（以 Hello World 程序为例，将代码保存成文件 MyFirstPython.py）。Python 代码可以在任意编辑器中编写，对于百行以内规模的代码建议使用 Python 安装包中的 IDLE 编辑器或者第三方开源记事本增强工具 Notepad＋＋。然后，打开 Windows 的命令行（cmd.exe），进入 MyFirstPython.py 文件所在目录，运行 Python 程序文件获得输出，如图 1-8 所示。

第二种方法，打开 IDLE，按快捷键 Ctrl＋N 打开一个新窗口，或在菜单中选择 File→New File 选项。这个新窗口不是交互模式，它是一个具备 Python 语法高亮辅助的编辑器，

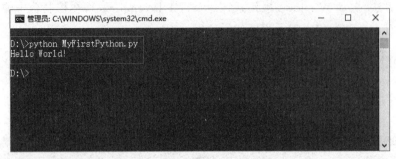

图 1-8　命令行下文件式运行

可以进行代码编辑。在其中输入 Python 代码,例如,输入 Hello World 程序的代码并保存为 MyFirstPython.py 文件,如图 1-9 所示。按快捷键 F5,或在菜单中选择 Run→Run Module 选项运行该文件,执行效果如图 1-10 所示。

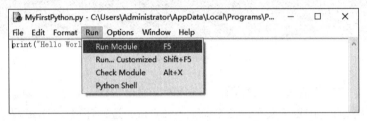

图 1-9　IDLE 编辑 Python 程序

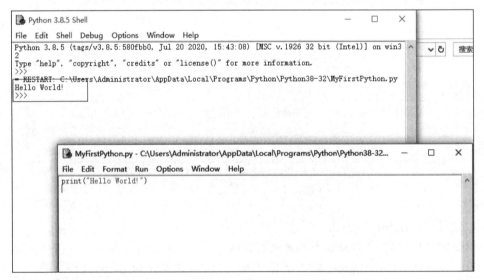

图 1-10　IDLE 下文件式运行

3. 启动和运行方法推荐

交互式和文件式共有 4 种 Python 程序运行方法,其中,最常用且最重要的是采用 IDLE 的文件式方法。

IDLE 是开发 Python 程序的基本 IDE(集成开发环境),具备基本的 IDE 的功能,是非商业 Python 开发的不错选择。当安装好 Python 以后，IDLE 也就自动安装好了，不需要另外安装。IDLE 包括语法加亮、段落缩进、基本文本编辑、Tab 键控制和调试程序等基本功能。

本书所有程序都可以通过 IDLE 编写并运行。行文方面，对于单行代码或通过观察输出结果讲解少量代码的情况，本书采用 IDLE 交互式（由＞＞＞开头）进行描述；对于讲解整段代码的情况，则采用 IDLE 文件式。

对于完成调试确保运行无误的程序，人们总是希望能够通过单击鼠标直接运行，这个过程叫作"程序发布"，开发者可以利用 pyinstaller 库在 Windows 平台上发布程序的方法，让程序直接运行。此外，也可以使用比 IDLE 更强大但同样简单的其他 Python 语言集成开发环境作为 Python 编程的开发工具。

1.3 Python 其他开发环境

1.3.1 Anaconda 简介

Anaconda 是一个用于科学计算的 Python 发行版，支持 Linux、Mac、Windows 系统，包含了众多流行的科学计算、数据分析的 Python 包。此外，Anaconda 提供了包管理与环境管理的功能，可以很方便地解决多版本 Python 并存、切换以及各种第三方包的安装问题。Anaconda 利用工具/命令 conda 来进行包管理与环境管理，并且已经包含了 Python 及其相关的配套工具。

与其说 Anaconda 是一个 IDE，还不如说它是一个 Python 环境。Anaconda 中包含 Numpy、Pandas、Matplotlib 等库，所以说利用 Anaconda 可以避免让用户将过多的精力花在环境搭建上，从而快速进入 Python 数据分析、机器学习等领域的探索当中。

1.3.2 Eclipse＋PyDev

Eclipse 是一款基于 Java 的可扩展开发平台，其官方下载中包括 Java SE、Java EE、Java ME 等诸多版本。除此之外，Eclipse 还可以通过安装插件的方式进行诸如 Python、Android、PHP 等语言的开发。PyDev 是一个功能强大的 Eclipse 插件，通过它用户可以完全利用 Eclipse 来进行 Python 应用程序的开发和调试。它能够将 Eclipse 当作 Python IDE 来使用。PyDev 插件的出现方便了众多的 Python 开发人员，它提供了一些很好的功能，如语法错误提示、源代码编辑助手、Quick Outline、Globals Browser、Hierarchy View、运行和调试等。PyDev 基于 Eclipse 平台，拥有诸多强大的功能，同时也非常易于使用，它的这些特性使其越来越受到人们的关注。

Eclipse＋PyDev 对 IDLE 进行了封装，提供了强大的功能，非常适合开发大型项目。

1.4 Python 程序语法元素分析

本节以程序 L1.1 为例，介绍 Python 程序中各组成部分，即语法元素的基本含义，使读者对 Python 程序有一个基本的理解。各元素的深入介绍将在第 2～8 章展开。

1.4.1 程序的格式框架

Python 语言采用严格的"缩进"来表明程序的格式框架。缩进指每一行代码开始前的空白区域,用来表示代码之间的包含和层次关系。不需要缩进的代码顶行编写,不留空白。代码编写中,缩进可以用 Tab 键实现,也可以用多个空格(一般是 4 个空格)实现,但两者不混用。建议采用 4 个空格方式书写代码。

严格的缩进可以约束程序结构,有利于维护代码结构的可读性。例如,在程序 L1.1 的 12 行代码中,第 8、9、10、12 行存在缩进,表明这些行代码在逻辑上属于之前紧邻的无缩进代码行的所属范畴(注:Python 程序本身不存在行号,此处是为方便讲解而额外标注的)。

【例 1.1】 求二元一次方程的解。

```
1   #L1.1 示例 1.1
2   import math
3   a=int(input("请输入方程的系数 a: "))
4   b=int(input("请输入方程的系数 b: "))
5   c=int(input("请输入方程的系数 c: "))
6   dlt=b * * 2-4 * a * c
7   if dlt>=0:
8       x1=(-b+math.sqrt(dlt))/(2 * a)
9       x2=(-b-math.sqrt(dlt))/(2 * a)
10      print("方程的实数解为: {}和{}".format(x1,x2))
11  else:
12      print("方程无实数解")
```

缩进表达了所属关系。单层缩进代码属于之前最邻近的一行非缩进代码,多层缩进代码根据缩进关系决定所属范围。需要注意,不是所有代码都可以通过缩进包含其他代码,程序 L1.1 所示的缩进代码包含在 if-else 这种判断结构中。一般来说,判断、循环、函数、类等语法形式能够通过缩进包含一批代码,进而表达对应的语义。

1.4.2 注释

注释是程序员在代码中加入的一行或多行信息,用来对语句、函数、数据结构或方法等进行说明,提升代码的可读性。注释是辅助性文字,会被编译器或解释器略去,不被计算机执行。Python 语言有两种注释方法:单行注释和多行注释。单行注释以♯开头,多行注释以'''(3 个单引号)开头和结尾。例如,程序 L1.1 中的第 1 行就是一个单行注释。

Python 程序中的非注释语句将按顺序执行,而注释语句则被解释器过滤掉,不被执行。本书中完整实例程序的首行都会有一个注释行,用来说明该程序保存为文件时建议采用的名字。

注释主要有 3 个用途。第一,表明作者和版权信息。在每个源代码文件开始前增加注释,标记编写代码的作者、日期、用途、版权声明等信息,可以采用单行或多行注释。第二,解释代码原理或用途。在程序关键代码附近增加注释,解释关键代码作用,增加程序的可读性。由于程序本身已经表达了功能意图,为了不影响程序阅读连贯性,程序中的注释一般采用单行注释,标记在关键代码同行。对于一段关键代码,可以在其附近采用一个多行注释或多个单行注释给出代码设计原理等信息。第三,辅助程序调试。在调试程序时,可以通过单行或多行注释临时"去掉"一行或连续多行与当前调试无关的代码,辅助程序员找到程序发生问题的可能位置。

1.4.3 命名与保留字

与数学概念类似,Python 程序采用"变量"来保存和表示具体的数据值。为了更好地使用变量等其他程序元素,需要给它们关联一个标识符(名字),关联标识符的过程称为命名。命名用于保证程序元素的唯一性。例如,程序 L1.1 第 6 行,dlt 就用于存放求方程时 b^2-4ac 的值(注意此处是数学表示,不是 Python 的运算表达式)。

Python 语言允许采用大写字母、小写字母、数字、下画线和汉字等字符及其组合给变量命名,但名字的首字符不能是数字,中间不能出现空格,长度没有限制。合法命名的标识符可以是:python_is_good、python_is_not_good、_is_it_a_question_、喜欢 Python 语言、我喜欢这本 Python 书籍。

注意:标识符对大小写敏感,python 和 Python 是两个不同的标识符。

一般来说,程序员可以为程序元素选择任何喜欢的名字,但这些名字不能与 Python 的保留字相同。Python 3.x 版本共有 33 个保留字,如图 1-11 所示。与其他标识符一样,Python 的保留字也对大小写敏感。例如,for 是保留字,而 For 则不是,程序员可以定义其为变量使用。

False	def	if	raise
None	del	import	return
True	elif	in	try
and	else	is	while
as	except	lambda	with
assert	finally	nonlocal	yield
break	for	not	class
from	or	continue	global
pass			

图 1-11 Python 3 的 33 个保留字列表

保留字(keyword),也称为关键字,指被编程语言内部定义并保留使用的标识符。程序员编写程序时不能定义与保留字相同的标识符。每种程序设计语言都有一套保留字,保留字一般用来构成程序整体框架、表达关键值和具有结构性的复杂语义等。掌握一门编程语言首先要熟记其所对应的保留字。

Python 3 系列可以采用中文等非英语语言字符对变量命名。但由于存在输入法切换、平台编码支持、跨平台兼容等问题,从编程习惯和兼容性角度考虑,一般不建议采用中文等非英语语言字符对变量命名。

1.4.4 字符串

存储和处理文本信息在计算机应用中十分常见。文本在程序中用字符串(string)类型来表示。Python语言中,字符串是用两个双引号("")或者单引号('')括起来的零个或多个字符。程序L1.1中第10、12行代码都包含字符串。

字符串是字符的序列,可以按照单个字符或字符片段进行索引。字符串包括两种序号体系:正向递增序号和反向递减序号,如图1-12所示。如果字符串长度为L,正向递增以最左侧字符序号为0,向右依次递增,最右侧字符序号为L-1;反向递减序号以最右侧字符序号为-1,向左依次递减,最左侧字符序号为-L。这两种索引字符的方法可以同时使用。

图1-12 Python字符串的两种序号体系

Python字符串也提供区间访问方式,采用[N:M]格式,表示字符串中从N到M(不包含M)的子字符串,即遵循"左闭右开"原则,也叫"包左不包右",其中,N和M为字符串的索引序号,可以混合使用正向递增序号和反向递减序号。相应的字符串操作示例如下:

```
>>>str="Python 语言"
>>>print(str[0: 7])
Python 语
>>>print(str[-8: -2])
Python
```

另外字符串在显示的时候,可以使用format()方法格式化输出(如程序L1.1中第10行),具体内容教材后续章节将详细介绍。

1.4.5 赋值语句

程序中产生或计算新数据值的代码称为表达式,类似数学中的计算式子。表达式以表达单一功能为目的,运算后产生运算结果,运算结果的类型由操作符或运算符决定,如程序L1.1中第6、8、9等行都包含表达式。

Python语言中,"="表示"赋值",即将等号右侧的计算结果赋给左侧变量,包含等号(=)的语句称为赋值语句。程序L1.1第3行表示将等号右侧input()函数的结果赋值给左侧变量a。此外,还有一种同步赋值语句,可以同时给多个变量赋值,基本格式如下:

<变量1>,…,<变量N>=<表达式1>,…,<表达式N>

同步赋值并非等同于简单地将多个单一赋值语句进行组合,因为Python在处理同步赋值时会首先运算右侧的N个表达式,之后再将表达式的结果赋值给左侧N个变量。例

如，互换变量 x 和 y 的值，如果采用单一语句，需要一个额外变量辅助，代码如下：

```
>>>t=x
>>>x=y
>>>y=t
```

如果采用同步赋值，一行语句即可：

```
>>>x,y=y,x
```

同步赋值语句可以使赋值过程变得更简洁，通过减少变量使用，简化语句表达，增加程序的可读性。但是，多个无关的单一赋值语句组合成同步赋值语句，会降低程序可读性。

程序 L1.1 第 8、9 行的表达式中，等号右侧进行了算术运算，Python 支持＋、－、＊、/和＊＊(幂)5 种基本算术运算操作。

表达式(－b＋math.sqrt(dlt))/(2＊a)是计算方程根 $\frac{-b \pm \sqrt{b^2-4ac}}{2a}$ 的 Python 描述之一，由于 Python 语言没有±运算符，故程序中需要两个赋值语句分别将＋和－运算的结果赋值给 x1 和 x2 两个变量。

Python 语法允许在表达式内部标记之间增加空格，这些多余的空格将被解释器去掉。适度增加空格有助于提高代码可读性，但要注意不能改变与缩进相关的空格数量，也不能在变量名等命名中间增加空格。

Python 语言的括号与数学运算中的括号一样，用来表示分组和优先级。不使用括号时，优先级按照算术优先级来确定，使用的多余括号将被编译程序去掉，不影响程序正确运行。

1.4.6　input()函数

程序 L1.1 中的第 3、4、5 行使用了 input()函数从控制台获得用户输入，无论用户在控制台输入什么内容，input()函数都以字符串类型返回结果。

在获得用户输入之前，input()函数可以包含一些提示性文字，使用方法如下：

```
<变量>＝input(<提示性文字>)
```

需要注意，无论用户输入的是字符或是数字，input()函数统一按照字符串类型输出。因此当输入的数据需要用于其他类型（比如示例需要输入数值型数据）时，需要通过函数将字符串转化为对应类型的数据。比如本程序中，使用函数 int()将用户输入的字符串数据转换为 int 类型数据。

1.4.7　分支语句

分支语句是控制程序运行的一类重要语句，它的作用是根据判断条件选择程序执行路径，使用方式如下：

```
if <条件 1>:
    <语句块 1>
elif <条件 2>:
    <语句块 2>
    …
else:
    <语句块 N>
```

其中，if、elif、else 都是保留字，else 后面不增加条件，表示不满足其他 if 语句的所有其余情况。程序 L1.1 中第 7、11 行采用了 if-else 类型的分支语句。

其中，第 7 行 if 语句包含第一个条件表达式：

```
dlt>=0
```

该表达式表示判断变量 dlt 是否大于等于 0，如果判定条件成立，则返回 True，如果条件不成立则返回 False。对于该 if 语句来说，当表达式返回 True 时，执行第 8、9、10 行语句，如果返回 False，则执行第 12 行语句。

第 11 行 else 语句没有判断条件，表示当所有 if、elif 条件都不满足时所执行的语句。在本程序中，由于是之前判断条件表达式 dlt>=0 为 False 的情况，故不需要再画蛇添足描述判定条件。

1.4.8　print()函数

程序 L1.1 中第 10、12 行使用 print(<待输出字符串>)函数输出字符信息，其也能以字符串形式输出变量。当输出纯字符信息时，可以直接将待输出内容传递给 print()函数，如第 12 行：

```
print("方程无实数解")
```

当输出变量值时，需要采用格式化输出方式，通过 format()方法将待输出变量整理成期望输出的格式，如第 10 行：

```
print("方程的实数解为：{}和{}".format(x1,x2))
```

具体来说，print()函数用槽格式和 format()方法将变量和字符串结合到一起输出。例如第 10 行，输出的模板字符串是"方程的实数解为：{}和{}"，其中两个大括号{}表示两个槽位置，这两个大括号中的内容分别由字符串后面紧跟的 format()方法中的参数 x1 和 x2 依次填充。

1.4.9　循环语句

循环语句是控制程序运行的一类重要语句，与分支语句控制程序执行类似，它的作用是根据判断条件确定一段程序是否再次执行。

程序 L1.1 不包含循环语句，程序执行一次后退出。程序 L1.2 演示了使用辗转相除法计算两个数的最大公约数。

【例 1.2】　辗转相除计算最大公约数。

```
#L1.2 例1.2
m=int(input("请输入 m: "))
n=int(input("请输入 n: "))
r=m%n
while (r!=0):
    m=n
    n=r
    r=m%n
gys=n
print("最大公约数为{}".format(gys))
```

循环语句有多种类型,程序 L1.2 采用了条件循环。条件循环的基本过程如下:

```
while (<条件>):
    <语句块 1>
<语句块 2>
```

当条件为真(True)时,执行语句块 1 的语句,这些语句通过缩进来表达与 while 语句的所属关系。当条件为假(False)时,退出循环,执行循环后语句块 2 的语句。

1.4.10 函数

程序 L1.1 和程序 L1.2 都是由序列表达式组成的,程序按照顺序方式从头到尾执行。实际编程中,一般将特定功能代码编写在一个函数里,便于阅读和复用,也使得程序模块化更好。函数可以理解为对一组表达特定功能的表达式的封装,它与数学函数类似,能够接收变量并输出结果。input()、print()都是 Python 解释器的内置函数。也可以将对应的程序封装在一个函数中,反复调用。例如可以将 L1.2 的程序封装为一个接收两个数、返回最大公约数的函数,然后多次调用,如程序 L1.3 所示。

【例 1.3】 函数计算最大公约数。

```
1   #L1.3 例1.3
2   def gys(numa,numb):
3       if numa<numb:
4           numa,numb=numb,numa
5       numr=numa%numb
6       while (numr!=0):
7           numa=numb
8           numb=numr
9           numr=numa%numb
10      return numb
11
12  m=int(input("请输入 m: "))
13  n=int(input("请输入 n: "))
14  print("最大公约数为{}".format(gys(m,n)))
```

程序 L1.3 第 2 行用 def 保留字定义了一个名为 gys()的函数,它使用两个参数 numa 和 numb。函数所属代码是第 2 行后与之有缩进关系的代码,即第 3~10 行。由 def 保留字定义的函数在程序中不被直接执行，需要使用函数名称调用才能执行。

由于第 12 行没有缩进，它与第 2 行是平行关系，程序第 1~10 行不直接执行，而从第 12 行开始执行，第 12 和 13 两行分别为接收用户输入的数据存到变量 m 和 n 中。第 14 行调用 gys() 函数，并将 m 和 n 当作参数传递给函数的内部变量 numa 和 numb。接下来，程序根据 gys() 函数定义执行函数内容，完成最大公约数的计算并返回。

简单地说，程序 L1.3 通过 def 语句定义了 gys() 函数，并将程序 L1.2 的原有功能封装在这个函数中，语句调用 gys() 函数执行这些功能。函数是代码编程中最重要的封装方式，可以辅助代码按照功能划分模块，有利于代码之间进行语句块级别的复用。第 4 章将介绍与函数有关的更多内容。

1.4.11 标准库与扩展库中对象的导入与使用

程序 L1.1 的第 2 行为

```
import math
```

表示程序需要加载扩展库 math，因为语句

```
x1=(-b+math.sqrt(dlt))/(2*a)
```

用到了方法 sqrt()，而 sqrt() 方法不是基本模块中的函数，使用时需要加载包含 sqrt() 方法的模块库。Python 默认仅包含基本或核心模块，启动时也仅加载了基本模块，在需要时再显式地导入和加载标准库以及第三方扩展库，这样可以减小程序运行的压力，并且具有很强的可扩展性。从"木桶原理"的角度来看，这样的设计与安全配置时遵循的"最小权限"原则是一致的，也有助于提高系统的安全性。加载扩展库有 3 种方式，下面依次介绍。

1. import 模块名[as 别名]

用这种方式导入以后，使用时需要在对象之前加上模块名作为前缀，必须以"模块名.对象名"的形式进行访问。如果模块名字很长的话，可以为导入的模块设置一个别名，然后使用"别名.对象名"的方式来使用其中的对象，示例如下：

```
>>>import math                   #导入标准库 math
>>>math.sin(0.5)                 #求 0.5(单位是弧度)的正弦
0.479425538604203
>>>import random                 #导入标准库 random
>>>n=random.random()             #获得[0,1)内的随机小数
>>>n=random.randint(1,100)
>>>import os.path as path        #导入标准库 os.path,并设置别名为 path
```

2. from 模块名 import 对象名[as 别名]

使用这种方式仅导入明确指定的对象，并且可以为导入的对象确定一个别名。这种导入方式可以减少查询次数，提高访问速度，同时也可以减少程序员需要输入的代码量，因为不需要使用模块名作为前缀，示例如下：

```
>>>from math import sin              #只导入模块中的指定对象
>>>sin(3)
0.1411200080598672
>>>from math import sin as f         #给导入的对象起个别名
>>>f(3)
0.1411200080598672
```

3. from 模块名 import *

这是上面"from 模块名 import 对象名[as 别名]"用法的一种极端情况,可以一次导入模块中通过 all 变量指定的所有对象,示例如下:

```
>>>from math import *                #导入标准库 math 中的所有对象
>>>gcd(36,18)                        #最大公约数
18
>>>pi                                #常数 π
3.141592653589793
>>>log2(8)                           #计算以 2 为底的对数值
3.0
```

这种方式简单粗暴,写起来也比较省事,可以直接使用模块中的所有对象而不需要再使用模块名作为前缀。但一般并不推荐这样使用:一方面这样会降低代码的可读性,有时很难区分自定义函数和从模块中导入的函数;另一方面,这种导入对象的方式将会导致命名空间的混乱。如果多个模块中有同名的对象,那么只有最后一个导入的模块中的对象是有效的,而之前导入的模块中的同名对象都将无法访问,不利于代码的理解和维护。

1.5 思考与练习

一、单选题

1. 下列关于 Python 语言的特点的说法中,错误的是( )。
   A. Python 语言是非开源语言   B. Python 语言是跨平台语言
   C. Python 语言是免费的   D. Python 语言是面向对象的
2. Python 属于( )。
   A. 机器语言   B. 汇编语言   C. 高级语言   D. 以上都不是
3. Python 内置的集成开发环境是( )。
   A. PyCharm   B. Pydev   C. IDLE   D. pipy
4. 在 Python 函数中,用于获取用户输入的是( )。
   A. input()   B. print()   C. get()   D. eval()
5. 下面不符合 Python 语言命名规则的是( )。
   A. monthly   B. monThly   C. 3monthly   D. _Monthly3_
6. Python 的实现语言是( )。
   A. C++   B. Java   C. ANSI C   D. Go
7. 不属于 Python 设计理念的是( )。

A. 简单　　　　　B. 明确　　　　　C. 优雅　　　　　D. 高效

8. Python 源代码文件的后缀名是(　　)。

A. pdf　　　　　B. doc　　　　　C. png　　　　　D. py

二、简答题

1. 请写出 Python 语言的 33 个保留字，标记出本章已经介绍过的保留字，并解释这些保留字的基本含义。

2. 请用一行代码编写一个回声程序，将用户输入的内容直接打印出来。

3. 试想一下：为什么 Python 的命名不能以数字开头？

第 2 章
Python 语法基础

2.1 Python 数据类型概述

计算机，顾名思义就是可以做数学计算的机器，因此，计算机程序理所当然地可以处理各种数据。但是，计算机能处理的远不止数字，还可以处理文本、图形、音频、视频、网页等各种各样的数据。不同的数据需要定义不同的数据类型。在 Python 中，能够直接处理的数据类型如表 2-1 所示。

表 2-1 Python 中的基本数据类型

数据类型	类型名称	说　明
整数	int	可以处理非常大的整数，整数运算永远是精确的，如 57
浮点数	float	浮点数运算可能会有四舍五入的误差，如 3.14159
复数	complex	由实部(real)和虚部(imaginary)两部分组成的数
字符串	str	字符串是以' 或 "括起来的任意文本，比如'abc'、"xyz"
布尔值	bool	布尔值只有 True、False 两种，要么是 True，要么是 False
空值	NoneType	空值是 Python 中的一个特殊值，用 None 表示

2.1.1 常量与变量

所谓常量，一般是指不需要改变也不能改变的字面值，如一个数字 3，又如一个列表[1，2，3]，都是常量。与常量相反，变量的值是可以变化的，这一点在 Python 中更是体现得淋漓尽致。在 Python 中，不需要事先声明变量名及其类型，直接赋值即可创建任意类型的对象变量。不仅变量的值是可以变化的，变量的类型也是随时可以发生改变的。例如，下面第一条语句创建了整型变量 x，并赋值为 3。

```
>>>x=3        #整型变量
>>>type(x)    #内置函数 type()用来查看变量类型
<class 'int'>
>>>type(x)==int
True
```

如果继续下面的语句,则创建了字符串变量 x,并赋值为'Hello world',之前的整型变量 x 不再存在。

```
>>>x='Hello world'          #字符串变量
>>>type(x)
<class 'str'>
```

下面的语句创建了列表对象 x,并赋值为[1,2,3],之前的字符串变量 x 也就不再存在了。这一点同样适用于元组、字典、集合和其他 Python 任意类型的对象,包括自定义类型的对象。

```
>>>x=[1,2,3]
>>>type(x)
<class 'list'>
```

Python 采用基于值的内存管理模式。赋值语句的执行过程是:首先把等号右侧表达式的值计算出来,然后在内存中寻找一个位置把值存放进去,最后创建变量并指向这个内存地址。Python 中的变量并不直接存储值,而是存储了值的内存地址或者引用,这也是变量类型随时可以改变的原因。

虽然不需要在使用之前显式地声明变量及其类型,但 Python 是一种不折不扣的强类型编程语言,Python 解释器会根据赋值运算符右侧表达式的值来自动推断变量类型。其工作方式类似于"状态机",变量被创建以后,除非显式修改变量类型或删除变量,否则变量将一直保持之前的类型。

如果变量出现在赋值运算符或复合赋值运算符(如+=、*=等)的左边,则表示创建变量或修改变量的值,否则表示引用该变量的值,例如:

```
>>>x=3                      #创建整型变量
>>>print(x**2)              #访问变量的值
9
```

在 Python 中定义变量名时,需要注意以下问题。

(1) 变量名必须以字母或下画线开头,但以下画线开头的变量在 Python 中有特殊含义,请参考后续章节内容。

(2) 变量名中不能有空格或标点符号(括号、引号、逗号、斜线、反斜线、冒号、句号、问号等)。

(3) 不能使用关键字作为变量名,Python 关键字的介绍请见 1.4 节图 1-11。要注意的是,随着 Python 版本的变化,关键字列表可能会有所变化。

(4) 不建议使用系统内置的模块名、类型名或函数名以及已导入的模块名及其成员名作为变量名,这会改变其类型和含义,甚至会导致其他代码无法正常执行。

(5) 变量名对英文字母的大小写敏感,如 student 和 Student 是不同的变量。

2.1.2 数值类型概述

Python 数值类型包括整数、浮点数和复数。

数字是自然界计数活动的抽象,更是数学运算和推理表示的基础。计算机对数字的识别和处理有两个基本要求:确定性和高效性。

确定性指程序能够正确且无歧义地解读数据所代表的类型含义。例如,输入 1010,计算机需要明确地知道这个输入是可以用来进行数学计算的数字 1010,还是类似房间门牌号一样的字符串"1010",这两者用处不同、操作不同且在计算机内部存储方式不同。即便 1010 是数字,也还需要进一步明确这个数字是十进制、二进制还是其他进制类型。

高效性指程序能够为数字运算提供较高的计算速度,同时具备较少的存储空间代价。整数和带有小数的数字分别由计算机中央处理器中不同的硬件逻辑操作,对于相同类型操作,如整数加法和小数加法,前者比后者的速度一般快 5~20 倍。为了尽可能提高运行速度,需要区分不同运行速度的不同数字类型。

表示数字或数值的数据类型称为数字类型,Python 语言提供 3 种数字类型:整数、浮点数和复数,分别对应数学中的整数、实数和复数。1010 表示一个整数,"1010"表示一个字符串。

1. 整数类型

整数类型与数学中整数的概念一致,下面是整数类型的例子:1010,99,−217,0x9a,−0x89。

整数类型共有 4 种进制表示:十进制、二进制、八进制和十六进制。默认情况,整数采用十进制,其他进制需要增加引导符号,如表 2-2 所示。二进制数以 0b 引导,八进制数以 0o 引导,十六进制数以 0x 引导,大小写字母均可使用。

表 2-2 整数类型的 4 种进制表示

进制种类	引导符号	描述
十进制	无	默认情况,例如:1010,−425
二进制	0b 或 0B	由字符 0 和 1 组成,例如:0b101,0B101
八进制	0o 或 0O	由字符 0 到 7 组成,例如:0o711,0O711
十六进制	0x 或 0X	由字符 0 到 9、a 到 f、A 到 F 组成,例如:0xABC

整数类型理论上的取值范围是$(-\infty, +\infty)$,实际上的取值范围受限于运行 Python 程序的计算机内存大小。除极大数的运算外,一般认为整数类型没有取值范围限制。

pow(x,y)函数是 Python 语言的一个内置函数,用来计算 x^y。下面用 pow()函数测试一下整数类型的取值范围,例如:

```
>>>pow(2,100)
1267650600228229401496703205376
>>>pow(2,500)
3273390607896141870013189696827599152216642046043064789483291368096133796404674554883270092325904157150886684127560071009217256545885393053328527589376
```

pow()函数还可以嵌套使用,例如:

```
>>>pow(2,pow(2,15))
```

计算说明：函数首先计算 2 的 15 次方，即 2^{15}，结果为 32 768，再计算 2 的 32 768 次方，即 $2^{32\,768}$，这是一个 9865 位的十进制数。获取数据长度如下：

```
>>>len(str(pow(2,pow(2,15))))
9865
```

2. 浮点数类型

浮点数类型与数学中实数的概念一致，表示带有小数的数值。Python 语言要求所有浮点数必须带有小数部分，小数部分可以是 0，这种设计可以区分浮点数和整数类型。浮点数有两种表示方法：十进制表示和科学计数法表示。下面是浮点数类型的例子：0.0，-77.，-2.17，3.1416，96e4，4.3e-3，9.6E5。

在 Python 中对应的具体数值为：

```
>>>0.0, -77., -2.17, 3.1416, 96e4, 4.3e-3, 9.6E5
(0.0, -77.0, -2.17, 3.1416, 960000.0, 0.0043, 960000.0)
```

科学计数法使用字母 e 或 E 作为幂的符号，以 10 为基数，含义为 $<a>e<b> = a*10^b$。

上例中 4.3e-3 等于 $4.3*10^{-3}$ 故值为 0.0043；9.6E5 也可以表示为 9.6E+5，等于 $9.6*10^5$ 故其值为 960 000.0。

浮点数类型与整数类型由计算机的不同硬件单元执行，处理方法不同，需要注意的是，尽管浮点数 0.0 与整数 0 值相同，但它们在计算机内部表示不同。

Python 浮点数的数值范围和小数精度受不同计算机系统的限制，sys.float_info 详细列出了 Python 解释器所运行系统的浮点数各项参数，例如：

```
>>>import sys
>>>sys.float_info
sys.float_info(max=1.7976931348623157e+308, max_exp=1024, max_10_exp=308, min=
2.2250738585072014e-308, min_exp=-1021, min_10_exp=-307, dig=15, mant_dig=53,
epsilon=2.220446049250313e-16, radix=2, rounds=1)
>>>sys.float_info.max
1.7976931348623157e+308
```

上述输出给出浮点数类型所能表示的最大值（max）、最小值（min），科学计数法表示下最大值的幂（max_10_exp）、最小值的幂（min_10_exp），基数（radix）为 2 时最大值的幂（max_exp）、最小值的幂（min_exp），科学计数法表示中系数（$<a>$）的最大精度（mant_dig），计算机所能分辨的两个相邻浮点数的最小差值（epsilon），能准确计算的浮点数最大个数（dig）。

浮点数类型直接表示或科学计数法表示中的系数（$<a>$）最长可输出 16 个数字，浮点数运算结果中最长可输出 17 个数字，然而，根据 sys.float_info 结果，计算机只能够提供 15 个数字（dig）的准确性，最后一位由计算机根据二进制计算结果确定，存在误差，例如：

```
>>>3.1415926535897924
3.1415926535897922
>>>987654321123456.789
987654321123456.8
```

浮点数在超过 15 位数字计算中产生的误差与计算机内部采用二进制运算有关，使用浮点数无法进行极高精度的数学运算。

由于 Python 语言能够支持无限制且准确的整数计算，因此，如果希望获得精度更高的计算结果，往往采用整数而不直接采用浮点数。例如，计算如下两个数的乘法值，它们的长度只有 10 个数字，其中，a＝3.141 592 653，b＝1.234 567 898。

可以直接采用浮点数运算，也可以同时把它们的小数点去掉，当作整数运算，结果如下：

```
>>>3.141592653 * 1.234567898
3.8785094379864535
>>>3141592653 * 1234567898
3878509437986453394
```

其中，浮点数运算输出 17 个数字长度的结果，然而，只有前 15 个数字是确定正确的。整数运算能够输出完全准确的运算结果。使用整数表达浮点数的方法是高精确度运算的基本方法之一。

3. 复数类型

复数类型表示数学中的复数。对于等式 $X^2=-1$，数学家发明了"虚数单位"，记为 j，并规定 $j=\sqrt{-1}$。围绕这个特殊数字出现了新的数学分支，产生了"复数"。对于一个实数 n，根据上述定义，n＊j＊j 的值是－n。复数可以看作二元有序实数对(a,b)，表示为 a＋bj，其中，a 是实数部分，简称实部，b 是虚数部分，简称虚部。

Python 语言中，复数的虚数部分通过后缀"J"或"j"来表示，例如 12.3＋4j，－5.6＋7j，1.23e－4＋5.67e＋89j。

复数类型中实数部分和虚数部分的数值都是浮点类型。对于复数 z，可以用 z.real 和 z.imag 分别获得它的实数部分和虚数部分，例如：

```
>>>(1.23e-4+5.67e+89j).real
0.000123
>>>(1.23e-4+5.67e+89j).imag
5.67e+89
```

复数类型在科学计算中十分常见，基于复数的运算属于数学的复变函数分支，该分支有效支撑了众多科学和工程问题的数学表示和求解。Python 直接支持复数类型，为这类运算求解提供了便利。

type()函数是一个内置的函数，调用它就能知道想要查询对象的类型信息，该函数的返回值为查询对象的类型。下面举例说明 type()函数的使用。

```
>>>type(1)                #整型
<class 'int'>
>>>type("python")         #字符串
<class 'str'>
>>>type(3+2j)             #复数
<class 'complex'>
```

2.2 数值类型的操作

Python 解释器为数字类型提供数值运算操作符、数值运算函数、类型转换函数等操作方法。

2.2.1 内置的数值运算操作符

Python 提供了 9 个基本的数值运算操作符,如表 2-3 所示。这些操作符由 Python 解释器直接提供,不需要引用标准或第三方函数库,也叫作内置操作符。

表 2-3 内置的数值运算操作符

操 作 符	描　　述
x＋y	x 与 y 之和
x－y	x 与 y 之差
x＊y	x 与 y 之积
x／y	x 与 y 之商
x／／y	x 与 y 之整数商,即不大于 x 与 y 之商的最大整数
x％y	x 与 y 之模
－x	x 的负值,即 x＊(－1)
＋x	x 本身
x＊＊y	x 的 y 次幂,即 x^y

这 9 个操作符与数学习惯一致,运算结果也符合数学意义。操作符运算的结果可能改变数字类型,3 种数字类型之间存在一种逐渐扩展的关系,具体是整数→浮点数→复数。这是因为整数可以看成是浮点数没有小数的情况,浮点数可以看成是复数虚部为 0 的情况。基于上述扩展关系,数字类型之间相互运算所生成的结果是"更宽"的类型,基本规则如下:

(1) 整数之间运算,如果数学意义上的结果是小数,结果是浮点数。
(2) 整数之间运算,如果数学意义上的结果是整数,结果是整数。
(3) 整数和浮点数混合运算,输出结果是浮点数。
(4) 整数或浮点数与复数运算,输出结果是复数。

以上 4 种规划的示例如下:

```
>>>100/3
33.333333333333336
>>>100//3
33
>>>123+4.0
127.0
```

```
>>>10.0-1+2j          #等价于(10.0-1)+2j
(9+2j)
```

表 2-3 中所有二元数学操作符(+、-、*、/、//、%、**)都有与之对应的增强赋值操作符(+=、-=、*=、/=、//=、%=、**=)。如果用 op 表示这些二元数学操作符,则下面两个赋值操作等价。注意,op 和二元操作符之间没有空格。

x op=y 等价于 x=x op y。

增强赋值操作符获得的结果写入变量 x 中,简化了代码表达,例如:

```
>>>x=3.141592653
>>>x**=3              #与 x=x**3 等价
>>>x
31.006276662836743
```

2.2.2 内置的数值运算函数

Python 解释器提供了一些内置函数,本书后续将给出 Python 全部内置函数列表,在这些内置函数之中,有 6 个函数与数值运算相关,如表 2-4 所示。

表 2-4 内置的数值运算函数

函 数	描 述
abs(x)	x 的绝对值
divmod(x,y)	(x//y,x%y),输出为二元组形式(也称为元组类型)
pow(x,y[,z])	(x**y)%z,[..]表示该参数可以省略,即 pow(x,y),它与 x**y 相同
round(x[,n])	对 x 四舍五入,保留 n 位小数。round(x)返回四舍五入的整数值
max(x_1,x_2,…,x_n)	x_1,x_2,…,x_n 的最大值,n 没有限定
min(x_1,x_2,…,x_n)	x_1,x_2,…,x_n 的最小值,n 没有限定

abs()可以计算复数的绝对值。例如:

```
>>>abs(-3+4j)
5.0
```

pow()函数第三个参数 z 是可选的,使用该参数时,模运算与幂运算同时进行,速度很快。例如,求 3 的 10 次幂结果的最后 4 位。从 Python 语法角度,pow(3,pow(3,10))%10000 和 pow(3,pow(3,10),10000)都能完成计算需求。但是,前者是先求幂运算结果再进行模运算,由于幂运算结果数值巨大,上述计算在一般计算机上无法完成;而第二条语句则在幂运算同时进行模运算,可以很快计算出结果。

pow()函数第三个参数 z 的这个特点在运算加解密算法和科学计算中十分重要。

接下来拓展讲解模运算求余运算。

模运算(%)在编程中十分常用,主要应用于具有周期规律的场景。例如:手表有 12 个数字,用 t 代表时间,则 t%12 可以表示 0 到 11 时间;对于一个整数 n,n%2 的取值是 0 或者 1,

可以判断整数 n 的奇偶。本质上，整数的模运算 n％m 能够将整数 n 映射到[0,m－1]的区间中。

需要注意的是，"求余"和"取模"是两个不一样的运算。这两种运算很像，在概念上有很多重复部分，而主要区别在于对负整数进行除法运算时操作不同。

下面进行举例说明。

对整型变量 a、b 来说，求余运算和取模运算的公式如下。

(1) 求整数商：c＝a/b。

(2) 计算余数或者模：r＝a－c＊b。

两种运算在第一步时就产生了不同的结果：求余运算在取 c 的值时，向 0 方向舍入；而取模运算在计算 c 的值时，向负无穷方向舍入。

例如，计算－9 mod 5，设 a＝－9,b＝5。

(1) 求整数商：求余运算得 c＝－1(向 0 方向舍入)；取模运算得 c＝－2(向负无穷方向舍入)。

(2) 计算余数或者模：由于 c 值不同，求余得 r＝－4；取模得 r＝1。

归纳如下。

a 和 b 符号相同时，求余和取模结果相同；a 和 b 符号不同时，求余结果的符号和 a 相同，取模结果的符号和 b 相同。

另外不同环境下"％"运算符的含义也不同：

(1) C/C++、Java 为求余；

(2) Python 为取模。

2.2.3 内置的数字类型转换函数

数值运算操作符可以隐式地转换输出结果的数字类型，例如，两个整数采用运算符"/"的除法将可能输出浮点数结果。此外，通过内置的数字类型转换函数可以显式地在数字类型之间进行转换，如表 2-5 所示。

表 2-5 内置的数字类型转换函数

函　　数	描　　述
int(x)	返回整数，x 可以是浮点数或字符串
float(x)	返回浮点数，x 可以是整数或字符串
complex(re[,im])	生成一个复数，实部为 re，虚部为 im。re 可以是整数、浮点数或字符串，im 可以是整数或浮点数但不能为字符串

浮点数类型转换为整数类型时，小数部分会被舍弃(不使用四舍五入)，复数不能直接转换为其他数字类型，可以通过.real 和.imag 将复数的实部或虚部分别转换，例如：

```
>>>int(10.99)
10
>>>complex(10.99)
(10.99+0j)
>>>float(10+99j)              #报错
```

```
Traceback (most recent call last):
  File "<pyshell#9>", line 1, in <module>
    float(10+99j)
NameError: name 'float' is not defined
>>>float((10+99j).imag)
99.0
```

2.2.4 数学库的使用

数学库(math 库)是 Python 提供的内置数学类函数库,因为复数类型常用于科学计算,一般计算并不常用,因此 math 库不支持复数类型,仅支持整数和浮点数运算。math 库一共提供了 4 个数学常数和 44 个函数。44 个函数共分为 4 类,包括 16 个数值表示函数、8 个幂对数函数、16 个三角对数函数和 4 个高等特殊函数。

math 库中函数数量较多,在学习过程中只需要了解常用函数功能,记住个别常用函数即可。实际编程中,如果需要采用 math 库,可以随时查看帮助文档。常用函数和数学常数如表 2-6 所示。

表 2-6 math 库的常用函数和数学常数

函数名或常数	含 义	示 例
math.e	自然常数 e	math.e
math.pi	圆周率 pi	math.pi
math.log(x[,base])	返回 x 的以 base 为底的对数,base 默认为 e	math.log(math.e) math.log(2,10)
math.log10(x)	返回 x 的以 10 为底的对数	math.log10(2)
math.pow(x,y)	返回 x 的 y 次方	math.pow(5,3)
math.sqrt(x)	返回 x 的平方根	math.sqrt(3)
math.ceil(x)	返回不小于 x 的最小整数	math.ceil(5.2)
math.floor(x)	返回不大于 x 的最大整数	math.floor(5.8)
math.trunc(x)	返回 x 的整数部分	math.trunc(5.8)
math.fabs(x)	返回 x 的绝对值	math.fabs(−5)
math.sin(x)	返回 x(弧度)的三角正弦值	math.sin(3)
math.asin(x)	返回 x 的反三角正弦值	math.asin(0.5)
math.cos(x)	返回 x(弧度)的三角余弦值	math.cos(1.8)
math.acos(x)	返回 x 的反三角余弦值	math.acos(math.sqrt(2)/2)
math.tan(x)	返回 x(弧度)的三角正切值	math.tan(4)
math.atan(x)	返回 x 的反三角正切值	math.atan(1.77)
math.atan2(x,y)	返回 x/y 的反三角正切值	math.atan2(2,1)

math 库中的函数不能直接使用,需要首先使用保留字 import 引入 math 库,引用方式

见本书 1.4.11 节。此处展示部分 math 库中的函数功能：

```
>>> from math import floor      # 对 math 库中函数可以直接采用函数名()形式使用
>>> floor(10.2)                 # 对给定的数向下取整
10
>>> import math                 # 对 math 库中函数采用 math.函数名()形式使用
>>> math.ceil(10.2)             # 对给定的数向上取整
11
>>> math.pi
3.141592653589793
>>> math.e
2.7182818284590
>>> math.pow(3,3)
27.0
>>> math.sqrt(9)
3.0
>>> math.sin(3)
0.1411200080598672
>>> math.cos(5)
0.28366218546322625
>>> math.tan(4)
1.1578212823495777
>>> math.ceil(5.8)
6
>>> math.floor(5.8)
5
>>> math.log(math.e)
1.0
```

2.3 字符串和布尔值

2.3.1 字符串

1. 字符串类型的表示及操作

字符串是以"'"或""""括起来的任意文本，比如'abc'、"xyz"等。请注意"'"或""""本身只是一种表示方式，不是字符串的一部分。因此，字符串'abc'只有 a、b、c 这 3 个字符。

字符串类型数据表示示例如下：

```
>>> 'Hello World'
'Hello World'
>>> "Hello World"
'Hello World'
```

注意，>>>交互式解释器输出的字符串永远是用单引号包裹的，但无论使用哪种引号，Python 对字符串的处理方式都是一样的，没有任何区别。

Python 语言使用两种引号的好处是可以创建本身就包含引号的字符串。可以在双引号包裹的字符串中使用单引号，或者在单引号包裹的字符串中使用双引号。

Python 还可以使用连续三个单引号''',或者三个双引号"""创建字符串,三元引号在创建短字符串时没有什么特殊用处,它多用于创建多行字符串,示例如下:

```
>>>'''Hello Python
我爱编程
我用 Python '''
'Hello Python\n 我爱编程\n 我用 Python '
>>>""                              #空字符串
''
```

Python 允许空字符串的存在,它不包含任何字符且完全合法。

1.4.4 节已经介绍,字符串包括两种序号体系:正向递增序号和反向递减序号。如果字符串长度为 L,正向递增需要以最左侧字符序号为 0,向右依次递增,最右侧字符序号为 L-1;反向递减序号以最右侧字符序号为-1,向左依次递减,最左侧字符序号为-L。这两种索引字符的方法可以在一个表示中使用。

Python 字符串也提供区间访问方式,采用[N:M]格式,表示字符串中从 N 到 M(不包含 M)的子字符串,其中,N 和 M 为字符串的索引序号,可以混合使用正向递增序号和反向递减序号。如果表示中 M 或者 N 索引缺失,则表示字符串把开始或结束索引值设为默认值,示例如下:

```
>>>name="Python 语言程序设计"
>>>name[0]
'P'
>>>print(name[0],name[7],name[-1])
P 言 计
>>>print(name[2:-4])
thon 语言
>>>print(name[:6])
Python
>>>print(name[6:])
语言程序设计
>>>print(name[:])
Python 语言程序设计
>>>
```

特别注意,Python 语言中字符串以 Unicode 编码存储,因此,字符串的英文字符和中文字符都算作 1 个字符。

Python 允许对某些字符进行转义操作,以此来实现一些难以单纯用字符描述的效果。在字符的前面添加反斜线符号"\",会使该字符的意义发生改变。最常见的转义符是"\n",它代表换行符,便于在一行内创建多行字符串,示例如下:

```
>>>print("Hello Python\n 我爱编程\n 我用 Python")
Hello Python
我爱编程
我用 Python
```

转义符"\t"(tab 制表符,等于 8 个空格)常用于对齐文本,之后会经常见到。有时还可能还会用到"\'"和"\""来表示单、双引号,尤其当该字符串由相同类型的引号包裹时,示例如下:

```
>>>print('\thello python')
        hello python
>>>testimony="\"I did nothing!\"he said.\"Not that either!Or the other thing.\""
>>>testimony
'"I did nothing!"he said."Not that either!Or the other thing."'
```

如果需要输出一个反斜线字符,连续输入两个反斜线(\\)即可。

Python 中的转义符如表 2-7 所示。

表 2-7 转义符

转义字符	描 述
\\	反斜杠符号
\'	单引号
\"	双引号
\a	响铃
\b	退格(Backspace)
\n	换行
\v	纵向制表符
\t	横向制表符
\r	回车
\f	换页
\ooo	最多三位八进制数,例如:\12 代表换行
\xyy	十六进制数,yy 代表数字,例如:\x0a 代表换行

使用转义符表示不同进制数据示例如下:

```
>>>'\12'       #八进制
'\n'
>>>'\x0f'      #十六进制
'\x0f'
>>>'\111'      #八进制,八进制 111 对应十进制为 73,对应大写字母 I 的 ASCII
'I'
```

Python 提供了 5 个字符串的基本操作符,如表 2-8 所示。

表 2-8 基本的字符串操作符

操 作 符	描 述
x＋y	连接两个字符串 x 与 y
x＊n 或 n＊x	复制 n 次字符串 x

续表

操 作 符	描 述
x in s	如果 x 是 s 的子串,返回 True,否则返回 False
str[i]	索引,返回第 i 个字符
str[N:M]	切片,返回索引第 N 到第 M 的子串,其中不包含 M

"+"将多个字符串或字符串变量拼接起来,产生新字符串。也可以直接将一个字符串(非字符串变量)放到另一个的后面直接实现拼接,示例如下:

```
>>>"我爱编程"+"我用 Python"
'我爱编程我用 Python'
>>>"我爱编程""我用 Python"
'我爱编程我用 Python'
```

与字符串操作符有关的其他实例如下(索引操作请见前页):

```
>>>"Python" * 3            #使用 * 可以进行字符串的复制,产生新字符串
'PythonPythonPython'
>>>name ="Python 语言"+"程序设计"+"基础"
>>>"Python 语言" in name
True
>>>'Y' in name
False
```

2. 字符串处理函数及类方法

Python 语言提供了一些内置函数,其中有 6 个函数与字符串处理相关,如表 2-9 所示。

表 2-9　内置的字符串处理函数

函　数	描　述
len(x)	返回字符串 x 的长度,也可返回其他组合数据类型元素个数
str(x)	返回任意类型 x 所对应的字符串形式
chr(x)	返回 Unicode 编码 x 对应的单字符
ord(x)	返回单字符表示的 Unicode 编码
hex(x)	返回整数 x 对应十六进制数的小写形式字符串
oct(x)	返回整数 x 对应八进制数的小写形式字符串

len(x)返回字符串 x 的长度,Python 3 以 Unicode 字符为计数基础,因此,字符串中英文字符和中文字符都是 1 个长度单位,例如:

```
>>>len("Python 语言程序设计")
12
```

str(x)返回 x 的字符串形式,其中,x 可以是数字类型或其他类型,例如:

```
>>>str(3.1415926)
'3.1415926'
```

每个字符在计算机中可以表示为一个数字,称为编码。字符串则以编码序列方式存储在计算机中。传统计算机系统使用 ASCII 编码,该编码用数字 0~127 表示计算机键盘上的常见字符以及一些被称为控制代码的特殊值。如大写字母 A 用 65 表示,小写字母 a 用 97 表示。

ASCII 编码针对英语字符设计,它没有覆盖其他语言字符,因此,现代计算机系统正逐步支持一个更大的编码标准 Unicode,它支持几乎所有书写语言的字符。Python 字符串中每个字符都使用 Unicode 编码表示。

chr(x)和 ord(x)函数用于在单字符和 Unicode 编码值之间进行转换。chr(x)函数返回 Unicode 编码对应的字符,其中,Unicode 编码 x 的取值范围是 0 到 1114111(即十六进制数 0x10FFFF)。ord(x)函数返回单字符 x 对应的 Unicode 编码,示例如下:

```
>>>"1+1=2"+chr(10004)
'1+1=2✔'
>>>ord('€')                #字符€的 Unicode 码,€不是 ASCII 字符集中的字符
8364
```

hex(x)和 oct(x)函数分别返回整数 x 对应十六进制和八进制值的字符串形式,字符串以小写形式表示,例如:

```
>>>hex(255)
'0xff'
>>>oct(-255)
'-0o377'
```

在 Python 解释器内部,字符串也是一个类,它具有类似<类>.<方法>(参数)形式的字符串方法。字符串类共包含 43 个内置方法。本书仅介绍其中 16 个常用方法,如表 2-10 所示(表中 str 代表字符串或变量)。

表 2-10 常用的内置字符串类方法

方法	描述
str.lower()	返回字符串 str 的副本,全部字符小写
str.upper()	返回字符串 str 的副本,全部字符大写
str.islower()	当 str 所有字符都是小写时,返回 True,否则返回 False
str.isprintable()	当 str 所有字符都是可打印的,返回 True,否则返回 False
str.isnumeric()	当 str 所有字符都是数字时,返回 True,否则返回 False
str.isspace()	当 str 所有字符都是空格,返回 True,否则返回 False
str.endswith(suffix[,start[,end]])	str[start:end]以 suffix 结尾返回 True,否则返回 False
str.startswith(prefix[,start[,end]])	str[start:end]以 prefix 开始返回 True,否则返回 False

续表

方法	描述
str.split(sep=None,maxsplit=-1)	返回一个列表,由 str 根据 sep 被分隔的部分构成
str.count(sub[,start[,end]])	返回 str[start:end]中 sub 子串出现的次数
str.replace(old,new[,count])	返回字符串 str 的副本,所有 old 子串被替换为 new,如果 count 给出,则前 count 次 old 出现被替换返回字符
str.center(width[,fillchar])	字符串居中函数
str.strip([chars])	返回字符串 str 的副本,在其左侧和右侧去掉 chars 中列出的字符
str.zfill(width)	返回字符串 str 的副本,长度为 width,不足部分在左侧添 0
str.format()	返回字符串 str 的一种排版格式,详细介绍见本书 2.3.2 节
str.join(iterable)	返回一个新字符串,由组合数据类型 iterable 变量的每个元素组成,元素间用 str 分隔

str.split(sep=None,maxsplit=-1)方法返回一个列表,列表是一种存储多个数据的数据类型,教材后续章节将详细介绍,其中,分隔 str 的标识符是 sep,默认分隔符为空格。maxsplit 参数为最大分割次数,默认 maxsplit 参数可以不给出。

str.center(width[,fillchar])方法返回长度为 width 的字符串,其中,str 处于新字符串中心位置,两侧新增字符采用 fillchar 填充,当 width 小于字符串长度时,返回 str。

str.zfill(width)方法返回长度为 width 的字符串,如果字符串长度不足 width,在左侧添加字符 0,但如果 str 最左侧是字符+或者-,则从第二个字符左侧添加 0,当 width 小于字符串长度时,返回 str。该方法主要用于格式化数字形字符串中,示例如下:

```
>>>"I love Python 语言!".split()
['I', 'love', 'Python 语言!']
>>>"PYTHON".center(20,'=')
'=======PYTHON======='
>>>"123".zfill(10)
'0000000123'
>>>"-123".zfill(10)
'-000000123'
```

2.3.2 字符串类型的格式化

字符串格式化用于解决字符串和变量同时输出时的格式安排。字符串是程序向控制台、网络、文件等介质输出运算结果的主要形式之一,为了能提供更好的可读性和灵活性,字符串类型的格式化是运用字符串类型的重要内容之一。Python 语言同时支持两种字符串格式化方法:一种类似 C 语言中 printf()函数的格式化方法;另一种采用专门的 str.format()格式化方法。由于 Python 中更为接近自然语言的复杂数据类型(如列表和字典等)无法通过类 C 的格式化方法很好表达,Python 已经不在后续版本中改进 C 风格格式化方法。Python 语言将主要采用 format()方法进行字符串格式化。

1. 字符串格式化运算符

在字符串中放一个特定的字符序列,可以被 Python 理解为转换说明符,由字符串格式化运算符%后面的括号里的数值来替换。这个方法可以控制要插入的数值的格式,在很多地方是非常有用的:

```
>>>'Happy New Year %d!'%(2021)
'Happy New Year 2021!'
```

在字符串里的%d 就是一个转换说明符,表示这个地方要被后面的一个整数所替换。字符串后面的%是一个运算符,表示要进行有格式的替换计算,%后面必须有一对括号,括号内放入要替换的值。

格式化运算符的一般形式是:

```
<带有转换说明符%的字符串>%(<需要转换的值>[,<需要转换的值>])
```

如果要转换的值只有一个,圆括号()是可以省略的。这里的转换说明符也可以不止一个:

```
>>>age=20
>>>name="Tom"
>>>str="Happy Birthday %d,%s!"%(age,name)
>>>str
'Happy Birthday 20,Tom!'
```

这里的%s 表示要替换一个字符串进来。当有多个数值要替换时,括号内的这些数值之间用逗号分隔。

Python 可以使用的格式占位符有很多,表 2-11 列出了常用的几种。

表 2-11 Python 字符串的格式占位符

占位符	含 义
%c	单个字符,替换成只有一个字符的字符串或将表示一个字符的 Unicode 编码转成一个字符替换进来
%s	字符串
%d	整数
%u	无符号整数
%o	八进制数
%x	十六进制数
%X	字母大写的十六进制数
%f	浮点数
%e	科学计数法表示的浮点数
%E	大写的 E 表示的科学计数法

续表

占位符	含 义
%g	综合的%f和%c,系统自动决定是否使用科学计数法
%G	大写表示的%g

如果在格式字符串中本来就有%字符,则需要用%%来表示。

在%和占位符字母之间,还可以加入数字和其他符号来表示更详细的格式控制。

数字表示要预留多少字符的位置给这个数值,如%10s、%6d,如果实际内容的长度不足,会在左边(前面)用空格填充,但是如果实际的内容超过预留的位置,则不会被截断,会输出实际的全部内容。

在%和数字之间还可以有4种内容。

(1) −表示靠左对齐,也就是说当实际内容的长度不足时,不是在前面,而是在后面(右边)用空格填充。

(2) 数字0表示用零填充而不是空格。

(3) +表示即使是正数也要放一个+来表示符号。

(4) 空格表示在正数前不是放+而是保持一个空格,以和负数对齐。

对输出浮点数的f、e、E、g和G,可以用.后面的数字来指定小数点后输出的位数,如%.2f表示小数点后两位小数。它可以和(1)表示的总的位置合起来使用,如%8.2f,这时,8表示总长度为8个字符;.2表示小数点后有两位小数。采用这个方式输出时,小数会在指定的位置上做四舍五入。

在格式说明中,表示预留位置和小数点后数字位数的两个数字都必须是整数,但是也可以用*来表示,当采用*时,表示用随后所给的数值中的数字来替换。如:

```
>>> a=3
>>> b=3.14159
>>> '%6.*f'%(a,b)
' 3.142'
```

注意:数字3前面有一个空格(总长度是6,小数位有3位)。

这里*的位置被后面的第一个数值a的值3所替换,所以小数点后就留下3位小数。通过这种方式,形成的字符串的格式就是可计算的,而不是在写程序时静态确定的。

2. format()方法

format()方法的基本使用格式如下:

```
<模板字符串>.format(<逗号分隔的参数>)
```

模板字符串由一系列槽组成,用来控制修改字符串中嵌入值出现的位置,其基本思想是将format()方法中逗号分隔的参数按照序号关系替换到模板字符串的槽中。槽用大括号({})表示,如果大括号中没有序号,则按照出现顺序替换。如果大括号中指定了使用参数的序号,按照序号对应参数替换,参数从0开始编号。调用format()方法后会返回一个新的字符串,示例如下:

```
>>>age=20
>>>"my age is{}".format(age)
'my age is20'
```
多个槽位示例如下：
```
>>>'my name is {},age {}'.format('Mary',18)
'my name is Mary,age 18'
>>>'my name is {1},age {0}'.format(10,'Mary')        #指定参数序号
'my name is Mary,age 10'
>>>'my name is {1},age {0} {1}'.format(10, 'lalala')
'my name is lalala,age 10 lalala'
```

可见 format()方法比字符串格式化运算符更为灵活。

format()方法中模板字符串的槽除了包括参数序号，还可以包括格式控制信息。此时，槽的内部样式如下：

{<参数序号>:<格式控制标记>}

其中，格式控制标记用来控制参数显示时的格式，格式控制标记包括<填充>、<对齐>、<宽度>、<,>、<.精度>、<类型>6 个字段，这些字段都是可选的，可以组合使用，这里按照使用方式逐一介绍。

<宽度>、<对齐>和<填充>是 3 个相关字段。<宽度>指当前槽的设定输出字符宽度，如果该槽对应的 format()参数长度比<宽度>设定值大，则使用参数实际长度；如果该值的实际位数小于指定宽度，则位数将被默认以空格字符补充。<对齐>指参数在宽度内输出时的对齐方式，分别使用<、>和^3 个符号表示左对齐、右对齐和居中对齐。<填充>指宽度内除了参数外的字符采用什么方式表示，默认采用空格，可以通过填充更换。例如：

```
>>>s="Python"
>>>"{0: 10}".format(s)
'Python    '
>>>"{0: 3}".format(s)
'Python'
>>>"{0: >10}".format(s)                #右对齐
'    Python'
>>>"{0: *^10}".format(s)               #居中且使用*填充
'**Python**'
```

格式控制标记中的逗号(,)用于显示数字类型的千位分隔符，例如：

```
>>>"{0: -^20,}".format(1234567890)
'---1,234,567,890----'
>>>"{0: -^20}".format(1234567890)      #对比输出
'-----1234567890-----'
```

<.精度>表示两个含义，由小数点(.)开头。对于浮点数，精度表示小数部分输出的有效位数。对于字符串，精度表示输出的最大长度，例如：

```
>>>"{0: .2f}".format(12345.67890)
'12345.68'
>>>"{0: .4}".format(s)
'Pyth'
```

<类型>表示输出整数和浮点数类型的格式规则。对于整数类型,输出格式包括以下6种。

(1) b:输出整数的二进制方式。
(2) c:输出整数对应的 Unicode 字符。
(3) d:输出整数的十进制方式。
(4) o:输出整数的八进制方式。
(5) x:输出整数的小写十六进制方式。
(6) X:输出整数的大写十六进制方式。

示例如下:

```
>>>"{0: b},{0: c},{0: d},{0: o},{0: x},{0: X}".format(425)
'110101001,Σ,425,651,1a9,1A9'
```

结果的说明如下。

(1) 110101001:数据 425 的二进制方式。
(2) Σ:Unicode 码 425 对应的字符。
(3) 425:数据 425 的十进制方式。
(4) 651:数据 425 的八进制方式。
(5) 1a9:数据 425 的小写十六进制方式。
(6) 1A9:数据 425 的大写十六进制方式。

对于浮点数类型,输出格式包括以下 4 种。

(1) e:输出浮点数对应的小写字母 e 的指数形式。
(2) E:输出浮点数对应的大写字母 E 的指数形式。
(3) f:输出浮点数的标准浮点形式。
(4) %:输出浮点数的百分形式。

浮点数输出时尽量使用<.精度>表示小数部分的宽度,有助于更好控制输出格式,例如:

```
>>>"{0: e},{0: E},{0: f},{0: 8}".format(3.14)
'3.140000e+00,3.140000E+00,3.140000,    3.14'
>>>"{0: .2e},{0: .2E},{0: .2f},{0: .2%}".format(3.14)
'3.14e+00,3.14E+00,3.14,314.00%'
```

2.3.3 布尔值

布尔值和布尔代数的表示完全一致,一个布尔值只有 True、False 两种值,要么是 True,要么是 False。在 Python 中,可以直接用 True、False 表示布尔值(请注意大小写),也可以通过逻辑运算符和关系运算符计算得到。关系运算符是==、!=、>、>=、<和<=，逻辑运算符是and、or和not。

1. 关系运算符

Python中关系运算符可以连用，其含义与人们日常的理解完全一致。使用关系运算符的最重要的前提是操作数之间必须可以比较大小。例如，把一个字符串和一个数字进行大小比较是毫无意义的，所以Python也不支持这样的运算，关系运算符如表2-12所示。

表 2-12 关系运算符

运算符	含 义	表达式	示 例	结果
==	x等于y	x==y	"ABCD"=="ABCDEF"	False
!=	x不等于y	x!=y	"ABCD"!="abcd"	True
>	x大于y	x>y	"ABC">"ABD"	False
>=	x大于等于y	x>=y	"123">="23"	False
<	x小于y	x<y	"ABC"<"DEF"	True
<=	x小于等于y	x<=y	"123"<="23"	True

Python中关系运算符的基本比较法则如下。

（1）关系运算符的优先级相同。

（2）对于两个预定义的数值类型，关系运算符按照操作数的数值大小进行比较。

（3）对于字符串类型，关系运算符比较字符串的值，即按字符的ASCII码值从左到右一一比较：首先比较两个字符串的第一个字符，其ASCII码值大的字符串大，若第一个字符相等，则继续比较第二个字符，以此类推，直至出现不同的字符或穷尽字符串为止。

以下是关系运算符的实例：

```
>>>1<3<5              #等价于1<3 and 3<5
True
>>>3<5<2              #等价于3<5 and 5<2
False
>>>"Hello">"Hi"       #第一个字母相同,则比价第二个字母'e'和'i'的ASCII值
False
```

2. 逻辑运算

逻辑运算符and、or、not常用来连接条件表达式构成更加复杂的条件表达式，并且and和or具有惰性求值或者逻辑短路的特点，即当连接多个表达式时只计算必须要计算的值。在编写复杂条件表达式时可以充分利用这个特点，合理安排不同条件的先后顺序，在一定程度上可以提高代码的运行速度。另外要注意的是，运算符and和or并不一定会返回True或False，而是得到最后一个被计算的表达式的值，运算符not则一定会返回True或False。

and运算是与运算，只有所有都为True，and运算结果才是True，如表2-13所示。

or运算是或运算，只要其中有一个为True，or运算结果就是True，如表2-14所示。

表 2-13 and 运算

逻辑量1	逻辑量2	结果
False	False	False
True	False	False
False	True	False
True	True	True

表 2-14 or 运算

逻辑量1	逻辑量2	结果
False	False	False
True	False	True
False	True	True
True	True	True

not 运算是非运算,它是一个单目运算符,把 True 变成 False,False 变成 True,如表 2-15 所示。

表 2-15 not 运算

逻辑量	结果
False	True
True	False

以下是逻辑运算符的实例:

```
>>>3>5 and a>3           #注意,此时并没有定义变量 a
False
>>>3>5 or a>3            #3>5 的值为 False,所以需要计算后面的表达式
Traceback (most recent call last):
 File "<pyshell #25>", line 1, in <module>
    3>5 or a>3
NameError: name 'a' is not defined
>>>3<5 or a>3            #3<5 的值为 True,所以不需要计算后面的表达式
True
>>>3 and 5               #最后一个计算的表达式的值作为整个表达式的值
5
>>>3 and 5>2
True
>>>not 3
False
>>>not 0
True
```

3. 空值

空值是 Python 里一个特殊的值,用 None 表示。None 不能理解为 0,因为 0 是有意义的,而 None 是一个特殊的空值。

```
>>>bool(None)
False
>>>None==0
False
```

4. 运算符的优先级和结合性

数值数据常用运算符的优先级由高到低,如表 2-16 所示。

表 2-16　运算符的优先级和结合性

优先级(1 最高,8 最低)	运 算 符	描 述	结 合 性
1	+x,-x	正,负	0
2	x**y	幂	从右向左
3	x*y,x/y,x%y	乘、除、取模	从左向右
4	x+y,x-y	加、减	从左向右
5	x<y,x<=y,x==y,x!=y,x>=y,x>y	比较	从左向右
6	not x	逻辑否	从左向右
7	x and y	逻辑与	从左向右
8	x or y	逻辑或	从左向右

下面举例说明运算符的优先级和结合性。

```
>>> 3+5*4              #先乘后加
23
>>> 5*3/2              #从左向右
7.5
>>> 2**3**2            #从右向左
512
>>> 3<5 or a>3         #从左向右
True
```

2.4　条件语句

程序的基本流程有顺序、分支和循环三种结构,默认流程为顺序结构。计算机会按照程序语句的先后顺序,依次执行每个语句一次,直到程序结束。分支和循环结构都有相应的流程控制语句,本节先介绍分支流程语句。

条件语句有三种格式,如表 2-17 所示。

表 2-17　条件语句语法格式

基本的条件语句	有分支的条件语句	连缀的 if-elif-else

if 条件:
　　语句块 1
	if 条件:
	　　语句块 1
	else:
	　　语句块 2
		if 条件:
		　　语句块 1
		elif 条件 2:
		　　语句块 2
		…
		elif 条件 n:
		　　语句块 n
		else:
		　　语句块 n+1

2.4.1 基本的条件语句

在第 1 章中,程序 L1.1 是一个计算一元二次方程解的程序,该问题可描述为:已知方程 $ax^2+bx+c=0$,用户输入方程系数 a、b、c,请计算方程的实数根。

可以编写代码如程序 L2.1。

【例 2.1】 求二元一次方程的解。

```
#L2.1 例 2.1
import math
a=int(input("请输入方程的系数 a: "))
b=int(input("请输入方程的系数 b: "))
c=int(input("请输入方程的系数 c: "))
x1=(-b+math.sqrt(b**2-4*a*c))/(2*a)
x2=(-b-math.sqrt(b**2-4*a*c))/(2*a)
print("方程的实数解为: {}和{}".format(x1,x2))
```

运行程序,可以得到如图 2-1 所示结果。

```
请输入方程的系数a:5
请输入方程的系数b:10
请输入方程的系数c:2
方程的实数解为:-0.2254033307585166和-1.7745966692414832
>>>
```

图 2-1 程序 L2.1 运行结果

但本程序是很低能的,当输入不同的系数,运算的结果可能如图 2-2 所示。

```
请输入方程的系数a:5
请输入方程的系数b:1
请输入方程的系数c:2
Traceback (most recent call last):
  File "D:\Python示例程序\L2.1.py", line 6, in <module>
    x1=(-b+math.sqrt(b**2-4*a*c))/(2*a)
ValueError: math domain error
>>>
```

图 2-2 程序 L2.1 的另一种运行结果

原因是 math.sqrt(b**2-4*a*c)函数取平方根时,b**2-4*a*c 的值为-39,函数不能对负数进行取平方根运算,系统报错。

显然,程序正确的流程,应该是在计算平方根之前先对相关的数据进行一个判断,判断是否大于等于 0,然后再决定是否进行后续的操作。因此 L2.1 可以改写为如下程序。

【例 2.2】 求二元一次方程的解。

```
#L2.2 例 2.2
import math
a=int(input("请输入方程的系数 a: "))
b=int(input("请输入方程的系数 b: "))
c=int(input("请输入方程的系数 c: "))
if (b**2-4*a*c>=0):
    x1=(-b+math.sqrt(b**2-4*a*c))/(2*a)
    x2=(-b-math.sqrt(b**2-4*a*c))/(2*a)
    print("方程的实数解为: {}和{}".format(x1,x2))
```

输入并运行程序,结果如图 2-3 所示。

```
请输入方程的系数a:5
请输入方程的系数b:1
请输入方程的系数c:2
>>>
```

图 2-3　程序 L2.2 运行结果

该程序没有报错,原因是在程序中增加了一个流程控制语句 if。其具体格式为:

```
if 表达式:
    语句块
```

当表达式的值为 True 或其他与 True 等价的值时,表示条件满足,语句块被执行,否则该语句块不被执行,而是继续执行后面的代码(如果有)。

单分支选择结构其中表达式后面的冒号(:)是不可缺少的,表示一个语句块的开始,并且语句块必须做相应的缩进,一般是以 4 个空格为缩进单位。大多数 Python 编程软件,当在行末输入一个冒号并回车时,下一行就会自动缩进,并且会自动保持在下一行的相同的缩进,直到用回退或删除键取消这个缩进,或是直接输入一行空行。

在 Python 中,代码的缩进非常重要,缩进是体现代码逻辑关系的重要方式,同一个代码块必须保证相同的缩进量。在实际开发中,只要遵循一定的约定,Python 代码的排版是可以降低要求的。例如下面的代码,虽然不建议这样写,但确实是可以执行的。

```
>>>if 3>2: print('ok')        #如果语句较短,可以直接写在分支语句后面
ok
```

下面的程序为读入一个年龄,并根据年龄输出信息:

【例 2.3】 单分支选择结构示例。

```
#L2.3 例 2.3
MINOR=35
age=int(input('请输入你的年龄: '))
print('你的年龄是{}'.format(age))
if age<MINOR:
    print('恭喜!青春年少的你')
print('大胆前行,归来依然少年!')
```

程序根据不同输入,执行结果如图 2-4 所示。

```
请输入你的年龄: 50
你的年龄是50
大胆前行,归来依然少年!
>>>
```

```
请输入你的年龄: 30
你的年龄是30
恭喜!青春年少的你
大胆前行,归来依然少年!
>>>
```

(a) 没有执行控制print语句结果　　(b) 执行控制print语句结果

图 2-4　程序 L2.3 两次不同输入的运行结果

2.4.2 有分支的条件语句

程序 L2.2 中,输入一组有问题的方程系数,尽管程序没有报错,但是无任何信息反馈,实际用户体验依然不够好。而代码 L2.3 中,语句 print('大胆前行,归来依然少年!'),因为没有缩进,并不是 if 语句的一部分,不管条件是否成立都会被执行。但根据程序显示信息描述,程序本意应该是年龄在 35 以下,显示"恭喜!青春年少的你",年龄在 35 以上(含)显示"大胆前行,归来依然少年!"。

以上两个程序代码,实际上应该采用有分支的条件语句更合理。有分支的条件语句格式如下:

```
if 表达式:
    语句块 1
else:
    语句块 2
```

结构执行流程为:当表达式的值为 True 或其他与 True 等价的值时,表示条件满足,语句块 1 被执行,否则语句块 2 被执行。注意,在这个结构中,语句块 1 和语句块 2 必然存在一个被执行,不存在两个都执行或者两个都不执行的情况。

则使用有分支的条件语句改写程序 L2.2 为 L2.4。

【例 2.4】 求二元一次方程的解(有分支的条件语句)。

```
#L2.4 例 2.4
import math
a=int(input("请输入方程的系数 a: "))
b=int(input("请输入方程的系数 b: "))
c=int(input("请输入方程的系数 c: "))
if (b**2-4*a*c>=0):
    x1=(-b+math.sqrt(b**2-4*a*c))/(2*a)
    x2=(-b-math.sqrt(b**2-4*a*c))/(2*a)
    print("方程的实数解为: {}和{}".format(x1,x2))
else:
    print("当前方程的系数无实数解!")
```

程序执行时,依然依次输入 5、1、2,执行结果程序运行如图 2-5 所示。

```
请输入方程的系数a:5
请输入方程的系数b:1
请输入方程的系数c:2
当前方程的系数无实数解!
```

图 2-5 程序 L2.4 运行结果

对比图 2-3 程序的执行结果,图 2-5 的执行结果显然更人性化,让程序执行者知道程序执行的具体信息。同理,程序 L2.3 可改为 L2.5。

【例 2.5】 单分支选择结构示例。

```
#L2.5 例 2.5
MINOR=35
age=int(input('请输入你的年龄：'))
print('你的年龄是{}'.format(age))
if age<MINOR:
    print('恭喜!青春年少的你')
else:
    print('大胆前行,归来依然少年!')
```

程序根据不同输入，执行结果如图 2-6 所示。

```
请输入你的年龄：30          请输入你的年龄：50
你的年龄是30                你的年龄是50
恭喜！青春年少的你           大胆前行,归来依然少年！
```

(a) 基本条件语句执行结果　　　(b) 有分支条件语句执行结果

图 2-6　程序 L2.5 两次不同输入的运行结果

下面的程序为判定用户输入的两个整数中较大的一个，即让用户输入两个整数，并用程序判断哪个是较大的，然后输出那个较大的数。记用户输入的两个数分别为变量 x 和 y，判断后令变量 max 为两者中较大的数，程序 L2.6 如下。

【例 2.6】 计算输入的两个数中的极大值。

```
#L2.6 例 L2.6
x,y=map(int,input().split())
if x>y:
    max=x
else:
    max=y
print(max)
```

其实，程序也可以直接使用基本的条件语句完成，程序 L2.7 如下。

【例 2.7】 计算输入的两个数中的极大值。

```
#L2.7 例 L2.7
x,y=map(int,input().split())
if x>y:
    max=x
if y>=x:
    max=y
print(max)
```

可以思考一下。程序 L2.6 和程序 L2.7 哪一个更合理，为什么？

2.4.3　嵌套的条件语句

当 if 的条件满足或者不满足时要执行的语句也可以是一条 if 或 if-else 语句，这就是嵌套的 if 语句。比如下面的 if 语句：

```
code='r'
if code=='R':
    if count <20:
        print('一切正常')
    else:
        print('继续等待')
```

当 code 等于'R'时,再判断 count 是否小于 20,从而做出不同的操作(注意,以上程序中,code 并不等于字符'R',故程序执行后无任何显示信息)。

在嵌套 if 语句里,最重要的问题是 else 的匹配。else 总是根据它自己所处的缩进和同列的最近的那个 if 匹配,比如上面的例子里,else 是和 if count＜20 匹配的。假如设计的逻辑不是这样的,而是如果 code 不等于'R'时,执行 print('继续等待')。那么必须要改变 else 的缩进层次来明确 else 和 if 的匹配:

```
code='r'
if code=='R':
    if count <20:
        print('一切正常')
else:
    print('继续等待')
```

将 else 前的缩进去掉,就使得

```
if count <20:
    print('一切正常')
```

不再具有 else 部分了。

缩进在 Python 中具有重要的意义,它表达了代码的层次和逻辑关系,所以必须认真对待。Python 在处理缩进的时候,会严格检查,多一个或少一个空格都是不行的。

2.4.4 连缀的 if-elif-else

分段函数在数学中也是常见的,比如下面的这个符号函数:

$$f(x) = \begin{cases} -1, & x < 0 \\ 0, & x = 0 \\ 1, & x > 0 \end{cases}$$

该如何写出程序来计算这个函数呢？

可以试着写出下面的代码片段(该程序必须给 x 赋值,否则直接执行会报错):

```
if x<0:
    f=-1
else:
    if x==0:
        f=0
    else:
        f=1
print(f)
```

在判断 x<0 且条件不满足时,还得再判断 x 是否等于 0,这样连着的判断可以直接用一个关键字 elif 实现。因此整个程序可以写成 L2.8。

【例 2.8】 符号函数。

```
#L2.8 例 2.8
x=int(input())
f=0
if x<0:
    f=-1
elif x==0:
    f=0
else:
    f=1
print(f)
```

程序在作了两个判断(x<0、x==0)之后,在最后一个 else 后面不再需要判断了,因为之前的判断已经穷尽了所有其他的可能性,剩下的就是 x>0 的情况。

程序 L2.8 还有一个相对符合程序设计思想的地方:它用一个变量 f 来记录各种情况下的结果,最后统一用一条输出语句来输出这个 f 的值,而不是在各个 if 的语句块里输出。可以比较一下另一个程序 L2.9。

【例 2.9】 符号函数(不好的风格)。

```
#L2.9 例 2.9
x=int(input())
if x<0:
    print(-1)
elif x==0:
    print(0)
else:
    print(1)
```

尽管 L2.9 的程序比 L2.8 的程序少用了一个变量,少了两行语句,而且执行结果也完全相同,但是 L2.9 的程序是不好的。主要的理由就是 L2.9 的程序是没有考虑未来修改的程序。L2.8 的程序中的变量 f 可以再做计算,可以传给程序的其他部分,甚至要实现不做输出只做计算也很容易;而 L2.9 的程序就没有这样的条件以面对未来的需求做出方便的调整。L2.8 的程序风格叫作单一出口。在编写程序时需要考虑将来能如何再次利用,这是很重要的程序设计风格。

2.4.5 条件表达式

条件表达式有点像一条 if-else 语句,不过它是用来直接得到值,而不是执行语句的。条件表达式是三元的,因为它需要三个值:条件满足时的值、条件和条件不满足时的值。下面是一个条件表达式的例子:

```
>>>val=0
>>>t=10 if val>20 else 30
>>>t
30
```

这里的 10 if val>20 else 30 就是一个条件表达式，在 if 前面的是一个值，如果 if 后面的条件满足，那么整个表达式的结果就是这个值。在 if 后面的是一个逻辑表达式，结果必须是 True 或 False。这个逻辑表达式之后是关键字 else，而后紧跟当条件不满足时的值。

当程序遇到条件表达式时，首先计算条件值。如果条件结果为 True，则计算第一个表达式的值，并将它作为整个表达式的值；如果条件结果为 False，则计算第二个表达式的值，并将它作为整个表达式的值。

上面的式子中，当 val>20 时，整个条件表达式的值是 10，否则就是 30。

条件表达式就像一个简化的 if-else 语句，比如上面的条件表达式就等价于下面的 if-else 语句：

```
if val>20:
    t=10
else:
    t=30
```

2.5　while 循环

循环结构是指在程序中需要反复执行某个功能而设置的一种程序流程结构。它根据循环控制语句中的条件表达式的值，判断继续执行某个功能还是退出循环。一般将重复执行的语句块称为循环体，控制循环体反复执行的语句称为循环结构控制语句。循环体可以是各种合法的程序语句。循环结构控制语句一般需要 3 个要素：循环的初始状态，进入循环的条件表达式以及循环中参与循环控制的状态变更。如果循环的条件表达式由某个变量构成，则称该变量为循环变量。

Python 主要有 for 循环和 while 循环两种形式的循环结构，多个循环可以嵌套使用，并且还经常和选择结构嵌套使用来实现复杂的业务逻辑。while 循环一般用于循环次数难以提前确定的情况，当然也可以用于循环次数确定的情况；for 循环一般用于循环次数可以提前确定的情况，尤其适用于枚举、遍历序列或迭代对象中元素的场合。对于带有 else 子句的循环结构，如果循环因为条件表达式不成立或序列遍历结束而自然结束时则执行 else 结构中的语句，如果循环是因为执行了 break 语句而导致循环提前结束则不会执行 else 中的语句。

本节介绍 while 循环，while 语句语法格式如表 2-18 所示。

表 2-18 while 语句语法格式

无 else 子句	有 else 子句
while 条件： 　　语句块 1	while 条件： 　　语句块 1 else： 　　语句块 2

2.5.1 while 循环

前面讲述的条件语句，能够在条件满足时执行相应的语句或语句块。如下面的代码：

```
if x>0:
    x=x/2
    print(x)
```

当 x>0 时，会将 x 除以 2，然后输出 x 除以 2 以后的结果。算完这些，这段代码就结束了，程序继续去执行这段 if 语句下面的其他语句。

如果希望条件满足时能不断地反复执行语句或语句块，直到条件不满足时才结束执行，转到下面的语句，则可以用 while 替换上面的 if：

```
while x>0:
    x=x/2
    print(x)
```

while 语句是一个循环语句，它会首先判断一个条件是否满足，如果条件满足，则执行后面紧跟着的语句或语句块；然后再次判断条件是否满足，如果条件满足，则再次执行。直到条件不满足为止。while 后面紧跟的语句或语句块，就是循环体。

对比 if 语句，就会发现：if 语句如果条件满足，只会执行一次；而 while 语句只要条件满足，就会一直重复执行下去。

在循环体内，必须有代码来修改构成循环条件中的变量，要不然 while 循环可能会永远重复下去。对于 while 循环，有两个细节要特别注意：①在循环执行之前判断是否继续循环，所以有可能循环一次也有可能没有被执行；②条件成立是循环继续的条件。如果把 while 翻译为"当"，那么一个 while 循环的意思就是：当条件满足时，不断地重复循环体内的语句。

下面来看具体的程序 L2.10 计算。

【例 2.10】 计算 $\log_2 x$。

```
#L2.10 例 2.10
x=int(input())
count=0
while x>1:
    x/=2
    count+=1
print(count)
```

这段程序里有个简单的 while 循环，判断 x 是否大于 1，如果 x>1，则执行 x/=2，即将

x 除以 2,同时将计数器 count 加 1。循环一直继续,直到 x 小于或者等于 1 为止。

要理解程序 L2.10 的执行过程,可以人为模拟计算机的运行,在纸上列出所有的变量,随着程序的进展不断重新计算变量的值。当程序运行结束时,留在表格最下面的就是程序的最终结果。

如果执行这个程序时,用户输入 16,就可以一步一步模拟运行,计算变量的变化。表 2-19 是 L2.10 的模拟运行,假设运行时输入 16。

表 2-19 L2.10 循环运行表

步骤	x	count	进入条件 x>1	说　明
0	16	0		进入循环之前(初始状态/条件)
1	8	1	True	进入循环,第一轮(第 1 次 while 判断)
2	4	2	True	进入循环,第二轮(第 2 次 while 判断)
3	2	3	True	进入循环,第三轮(第 3 次 while 判断)
4	1	4	True	进入循环,第四轮(第 4 次 while 判断)
5			False	循环结束　　(第 5 次 while 判断)

一般称表 2-19 为循环运行表,是理解循环执行过程的一个重要工具,建议初学者每一个循环程序都手工计算填写该表。本书后续为节省时间,会对该表做一定的精简,但必须体现循环的相关执行过程。

当程序运行到这里,x 的值已经被一步步地除 2 到了 1。接下去程序回到 while x>1 的地方,这时条件 x>1 已经不再满足,于是得到了最终的结果:$\log_2 16 = 4$。

16 正好是 2 的 4 次方,所以最终停下来时,x 的值是 1。如果程序执行时,用户输入的不是 2 的幂数,比如 15,这个程序的运行过程会是怎样呢?

表 2-20 是 L2.10 的模拟运行,假设输入 15。

表 2-20 L2.10 的另一个输入值循环运行表

步　骤	x	count	说　明
0	15	0	进入循环之前
1	7.5	1	循环的第一轮,15/2→7.5
2	3.75	2	
3	1.875	3	
4	0.9375	4	
5			循环结束

于是,答案依然是 4。

说明:通过以上程序可知,该程序仅能计算 x 恰好是 2 的整数次幂的对数,否则,程序无法计算出正确的结果。事实上,Python 语言可通过 log(x[,base])来计算任意指定底数的对数。具体的对数计算过程涉及微积分知识,本书不作展开讨论。

这里提一个编程的技巧:用表格列出所有的变量,随着模拟运行逐步记录变量的改变,就可以得到程序的运行结果。

以上程序,如果用户输入的 x 为 0,则循环执行表示什么内容?

再看一个例子 L2.11,下面这个循环从 10 到 1 倒计数,就像卫星发射时报数一样。

【例 2.11】 报数程序。

```
#L2.11 例 2.11
count=10
while count >0:
    print(count)
    count-=1
print("发射!")
```

一开始 count 的值是 10,条件满足,执行循环体。在循环体内打印输出当前的 count 值,然后 count－1。接着重新判断条件,这时候 count 的值是 9,条件满足,继续循环。重复这个过程,直到 count 等于 1 的时候,条件还是满足的,我们执行循环体,打印输出 count 的值 1,然后 count－1,于是 count 得到了 0 值。这时候再判断条件,count＞0 不满足,于是循环结束,执行循环后面的语句,打印输出"发射!"。

根据以上分析,表 2-21 是 L2.11 的模拟运行表。

表 2-21　L2.11 循环运行表

步　骤	count	输　出	步　骤	count	输　出
1	10	10	7	4	4
2	9	9	8	3	3
3	8	8	9	2	2
4	7	7	10	1	1
5	6	6	11	0	发射!
6	5	5			

如果 while 的条件不是 count＞0,而是 count＞1 或 count＞＝0,那么显然循环的次数就会不同了;循环之前对 count 做的初始化,如果不是 10,那么循环的次数也会不同。

像这样的计数循环,可以影响循环次数的因素实际上有 3 个:初始值、进入循环条件语句的循环变量结束值、循环变量的变化过程。事实上,可以将循环次数与以上三个因素构成一个算式:循环次数＝int((结束值－初始值)/变化值)＋1。

说明:变化值必须为一个定值,初始值和结束值都指的是进入循环的值。例如:L2.11,循环变量 count 的初始值是 10,最后一次进入循环(结束值)实际是 1,变化值是 1,所以循环次数为 10。

当然,这里 count 的初始值是 10,循环的次数是 10 次,还算是可以数得过来的。如果 count 的初始值是 100、1000 呢?

对于这类问题,可以用一个较小的数,比如 2 或 3 来测试循环。比如用 count＝3 这个初始值来测试,如果得到的结果是 3,那么就可以知道当初始值为 100 时,结果应该是 100,以此类推。

因此可以再总结出一条编程技巧:如果要模拟运行一个很大次数的循环,可以模拟较小的循环次数,然后做出推断。

接下来用 while 循环来解决一个数学问题:求两个数的最大公约数。求两个数的最大公约数可以用辗转相除法。

用辗转相除法求两个数的最大公约数的步骤如下(注意步骤中是除不是除以)。

(1) 用小的一个数除大的一个数,得第一个余数,如果余数不为 0,则进行下一步。

(2) 用第一个余数除小的一个数,得第二个余数,如果余数不为 0,则进行下一步。

(3) 用第二个余数除第一个余数,得第三个余数,如果余数不为 0,则进行下一步。

……

(n) 这样逐次用后一个余数去除前一个余数,直到余数是 0 为止。那么,最后一个除数就是所求的最大公约数。

比如两个数 60 和 18,第一次 60/18=3 余 6,第二次 18/6=3 余 0,于是最大公约数就是 6。上面的描述虽然是正确的,但是并不适合直接写出程序来,程序需要更加形式化的描述,所以改写如下:

(1) 计算两个数 a 和 b 的余数 r(注意 a 需要大于等于 b);

(2) 如果余数 r 不为 0,则以 b 和 r 作为新的 a 和 b,回到(1),重复计算;

(3) 否则 b 就是余数。

据此写出程序 L2.12。

【例 2.12】 使用辗转相除法计算最大公约数。

```
#L2.12 例 2.12
a,b=map(int,input("请输入两个整数: ").split())
r=a%b
while r>0:
    a,b=b,r
    r=a%b
print("最大公约数是{}".format(b))
```

同样用前面介绍的表格法,当用户输入 60 和 36 时,对这个程序的循环部分的变量变化情况进行一下模拟运行,如表 2-22 所示。

表 2-22　L2.12 循环运行表

步骤	a	b	r	说　　明
1	60	36	24	进入循环前
2	36	24	12	循环的第 1 轮
3	24	12	0	循环的第 2 轮

2.5.2　循环内的控制

1. 跳出循环 break

break 是一个程序语句,表示退出当前循环。

现模拟一个小游戏,假设 A 同学心里想一个 0～100 的整数,B 同学来猜。每次 B 同学猜一个数,A 同学需告诉 B 同学猜测的数大了还是小了。游戏最后 B 同学一定能在一定的次数内把这个数猜到。

依据以上描述,可以写一个程序,让计算机来想一个数,然后让用户来猜,用户每输入一个数,就告诉它是大了还是小了,直到用户猜中为止,最后还要告诉用户它猜了多少次。

这样的程序显然需要某种形式的循环:不断地让用户猜,直到猜中为止。

猜数游戏程序执行过程描述如下。

(1) 计算机随机生成一个数,记在变量 number 里。

(2) 一个负责计次数的变量 count 初始化为 0。

(3) 让用户输入一个数字 a,计数值 count 加 1。

(4) 如果 a 和 number 是相等的,程序输出"猜中",然后结束。

(5) 如果 a 和 number 是不相等的,则再判断 a 和 number 的大小关系。如果 a 大,就输出"大";如果 a 小,就输出"小"。

(6) 程序转回到(3)。

以上(1)到(6)描述的程序执行步骤,叫作算法。

本算法中明显存在一个循环的结构,可以采用 while 循环,当采用 while 循环结构时需要确定循环结构的进入条件表达式。本算法中,循环结束的条件(或者进入条件)并不是很清晰的比较运算,则可以先写一个 while True 的无穷循环,然后在循环内部再寻找循环退出的条件来结束循环。具体程序如 L2.13 所示。

【例 2.13】 猜数游戏程序。

```
#L2.13 例2.13
import random
number=random.randint(0,100)
count=0
while True:
    a=int(input('输入你猜的数: '))
    count+=1
    if a==number:
        break
    elif a>number:
        print('你猜的数大了')
    else:
        print('你猜的数小了')
print('猜中了!你用了{}次!'.format(count))
```

程序第 7 行的 if 语句,当 a==number 逻辑值为 True 时,执行程序语句 break。于是,当用户输入的 a 和 number 相等时,循环结束,从而输出"猜中了!你用了××次!"这样的内容。

2. 跳过一轮循环 continue

continue 是 Python 的一条语句,表示要跳过它当前循环中剩下的所有语句(不管现在执行到当前循环的哪一个位置),返回到 while 处开始下一次循环。

现在观察一个计算的例子:写一个程序,让用户输入一系列的整数,最后输入−1 表示输入结束,然后程序计算出这些数字中的偶数的平均数,输出输入的数字中的偶数的个数和偶数的平均数。

程序算法描述如下:

(1) 初始化变量 sum 和 count 为 0;

(2) 读入 number;

(3) 如果 number 是 -1,循环结束;

(4) 如果 number 是奇数,继续下一轮循环;

(5) 将 number 加入 sum,并将 count 加 1,回到(2);

(6) 计算和打印出 sum/count。

注意算法中的步骤(4),表示当输入的数据不满足计算要求时,不再继续本次循环的后续操作,即算法中的步骤(5),直接开始下一次循环。步骤(4)需要使用语句 continue。

根据上面的算法,可以写出程序 L2.14。

【例 2.14】 计算偶数的平均数。

```
#L2.14 例 2.14
sum=0
count=0
while True:
    number=int(input())
    if number==-1:
        break
    if number%2==1:
        continue
    sum+=number
    count+=1
average=sum/count
print(average)
```

这里继续用了 while True:循环来方便用户编写程序,循环中判断读到的 number 是否为 -1,如果是,则 break 退出循环;然后再判断能否被 2 整除,如果不能,那么就 continue。

以下再观察一个例子 L2.15,程序功能为:输入一个大于等于 2 的正整数,判断是否为素数。

【例 2.15】 判断素数。

```
#L2.15 例 2.15
num=int(input())
a=num-1
while a>1:
    if num%a==0:
        print("不是素数")
        break
    a=a-1
else:
    print("是素数")
```

注意:else 语句是 while 结构的组成部分。

在这个程序中,循环控制变量 a 从 num-1 递减到 1,程序在每次循环判断 a 是否是 num 的因数。如是,则打印输出"不是素数",然后 break 语句跳出 while 语句,当然也跳过了 else 子句。如果循环过程中"num%a"始终不为 0,表示是素数,在循环结束后就会执行

else 子句，打印输出"是素数"。

2.6 for 循环

当程序中有一个序列，需要按照顺序遍历其中的每一个单元时，就可以用 for 循环，for 循环的格式如表 2-23 所示。

表 2-23 for 语句语法格式

无 else 子句	带 else 子句
for 循环变量 in 序列： 　　语句块 1	for 循环变量 in 序列： 　　语句块 1 else： 　　语句块 2

2.6.1 for…in 循环

设定在列表 month 里放了 12 个月的英文缩写：

```
month=['JAN','FEB','MAR','APR','MAY','JUN','JUL','AUG','SEP','OCT','NOV','DEC']
```

如果要遍历这个列表，输出每个月的缩写，使用 while 循环，则程序如下：

```
i=0
while i<len(month):
    print(month[i])
    i=i+1
```

也可以用 for 循环：

```
for name in month:
    print(name)
```

对比以上两段程序代码，从程序结构可读性上和简洁性上，显然 for 循环比 while 循环更有优势。

for 循环又被叫作 for…in 循环，因为它的一般形式是：

```
for <变量> in <容器>：
语句块
```

在循环的每一轮，<变量>会依次表示列表中的一个单元的值。要注意的是，在循环的每一轮，这个<变量>只是表达了列表中的一个单元的值，而不是表达了那个单元本身，所以，下面的代码：

```
a=[1,2,3,4,5]
for x in a:
    x=x+1
```

执行后,a 的内容还是[1,2,3,4,5]。

除了可以遍历列表外,for 循环也可以用来遍历任何有序的数据集合。如果要遍历一定范围内的整数,可以使用 range()函数来构造一个有序序列。

2.6.2　range()函数

range()函数用来构造一个有序序列,本函数有 3 种用法。

(1) range(n)构造一个[0,n]之间所有整数的有序序列,包括 0,不包括 n,如 range(10)就得到 0,1,2,3,4,5,6,7,8,9 这样 10 个数的一个序列。

(2) range(a,b)构造一个[a,b]之间所有整数的有序序列,包括 a,不包括 b,如 range(1,10)就得到 1,2,3,4,5,6,7,8,9 这样 9 个数的一个序列。

(3) range(a,b,s)构造一个[a,b]之间的整数的有序序列,包括 a,不包括 b,从 a 开始,每次加 s,直到等于或超过 b 为止。如 range(10,−10,−2)就得到 10,8,6,4,2,0,−2,−4,−6,−8 这样 10 个数的一个序列。

说明:range()中的"()"只能书写为"()",是因为这是 Python 语言的函数格式,所有函数都以()为标志。而上面讲解使用的[]、()或者[),是数学上的开闭区间的书写格式。事实上,对于 range()函数,只需记住很熟的取值范围为左闭右开即可。

前面 while 循环的 L2.15 介绍了使用 while 循环实现输入一个大于等于 2 的正整数,判断其是否为素数的功能,也可以使用 for 循环实现,程序如下。

【例 2.16】　for 循环判断素数。

```
#L2.16 例 2.16
num=int(input())
for i in range(num-1,1,-1):
    if num%i==0:
        print("不是素数")
        break
else:
    print("是素数")
```

L2.16 程序的逻辑结构与 L2.15 相似,但显然 L2.16 可读性更简洁。

下面用一个比较复杂的例子来尝试这两种 for 循环。设计一个程序,程序中用户输入两个正整数 m 和 n,m<n,找出[m,n]之间所有的素数,将它们累加起来,输出累加和。

思考这个程序,首先需要一个循环来遍历[m,n]范围内所有的整数,此循环可以使用 for x in range(m,n+1)来实现。

然后对于每一个 x,要写代码来验证它是否是素数,如果是素数,就把它加到总和 sum 里去。因此,基本的程序框架是这样的:

```
sum=0
m,n=map(int,input().split())
for x in range(m,n+1):
    if x is prime:
        sum+=x
print(sum)
```

接下去要解决判断 x 是否是素数的问题。素数的定义是只能被 1 和它自己整除的整数，不包括 1，根据这个定义，可以写一个 for 循环，遍历[2,x)之间所有的整数，看能否整除 x，比如这样：

```
isprime=True
for k in range(2,x):
    if x%k==0:
        isprime=False
        break
```

先假设 x 是素数，然后遍历[2,x)，如果发现某个数能整除 x，就判定它不是素数，循环提前结束。这个算法的具体代码见 L2.17。

【例 2.17】 计算[m,n]之间素数的和。

```
#L2.17 例 2.17
sum=0
m,n=map(int,input().split())
for x in range(m,n+1):
    isprime=True
    for k in range(2,x):
        if x%k==0:
            isprime=False
            break
    if isprime:
        sum+=x
print(sum)
```

这个算法功能是完整的，但是可以有更好的算法，新算法描述如下：对于一个数 x，如果所有小于 x 的素数都不能整除它，它就是素数。

根据新算法，需要构造一个已知素数的列表，每次发现一个新的素数，就将它加入这个列表；而需要判断 x 是否是素数时，就用这个列表中的每一个素数来测试它。这样做，测试所需的循环次数可以大大降低。

【例 2.18】 使用素数列表求[m,n]之间的素数和。

```
#L2.18 例 2.18
sum=0
m,n=map(int,input().split())
if m==1:                          #1 不是素数
    m=2
prime=[]                          #记录已知素数的列表
for x in range(2,n+1):
    isprime=True
    for k in prime:
        if x%k==0:
            isprime=False
            break
```

```
        if isprime:
            if x>=m:
                sum+=x
            prime.append(x)            #加入已知素数的列表,用于下一次计算
print(sum)
```

从代码行数看,L2.18 比 L2.17 多,但显然 L2.18 的运算次数远少于 L2.17,L2.18 执行过程请自行分析。

2.7 应用举例

学习了 while 和 for 循环后,可以用来解决很多实际的应用需求。在一个数据集中搜索某个数据是否存在,或是对已有的数据集按照某个规则进行排序,是数据处理中最常见的两种任务。

2.7.1 线性搜索

在一个数据集中,要检查某个数据是否存在,可以使用简单的线性搜索。所谓线性搜索,就是依次检查数据集中的每一个数据,看是否与要搜索的数据相同,如果相同,就得到了结果。程序 L2.19 就是拥有该功能的代码。

【例 2.19】 线性搜索程序(1)。

```
#L2.19 例 2.19
a=[2,3,5,7,11,13,17,23,29,31,37]
x=int(input())
found=False
for k in a:
    if k==x:
        found=True
        break
print(found)
```

这个程序使用了 for…in 循环,可以知道用户输入的 x 是否在程序内置的数据集 a 中。如果 a 的某个元素的值 k 和 x 相等,就置 found 为 True,同时利用 break 提前结束循环。如果遍历了整个列表都找不到 x,当循环结束时,found 就还是 False。但是因为使用了 for…in 循环,所以这个程序只能知道 x 是否在 a 里面,却不能知道在 a 的哪个位置。如果需要知道 x 在 a 的哪个位置,需要通过下标逐一访问 a 里的每个元素。

【例 2.20】 线性搜索程序(2)。

```
#L2.20 例 2.20
a=[2,3,5,7,11,13,17,23,29,31,37]
x=int(input())
found=False
for i in range(len(a)):
    if a[i]==x:
```

```
            found=i
            break
print(found)
```

for 循环使用 range 来建立 a 的所有下标的有序序列，len(a) 给出 a 的元素的数量，这样，range(len(a)) 所建立的序列就是从 0 到 a 的元素数量减 1，刚好就是全部有效的下标。在这个程序中，found 不再表示找到与否，而是表示 x 所在的位置。如果没有在 a 中找到 x，found 的值就是 False，因为列表中元素的下标是从 0 开始的，False 不是一个有效的下标，因此可以用来表示没有找到。用有效范围外的值来表示某种特殊的情况，比如找不到，或是出错，是一种常用的设计技巧。

说明：

（1）列表本身实际有查找列表值的方法 index，具体列表的使用，参见本书后续内容；

（2）变量 found 初始值为布尔型数据 False，循环中被新赋值为数字数据，恰好体现了 Python 变量数据值可以变化，数据类型也随时可以改变。

2.7.2 搜索最值

还有一种搜索需求，是在一个数据集中寻找最大或最小的值。同样的，如果不需要给出最值所在的位置，可以直接遍历列表的每个单元；而如果需要给出位置，就需要用下标来做搜索。

L2.21 程序列表数据为用户一行一行输入，以输入 0 表示输入结束，然后程序搜索给出最大值所在的位置。

【例 2.21】 线性搜索最值。

```
1   #L2.21 例 2.21
2   a=[]
3   while True:
4       x=int(input())
5       if x==0:
6           break
7       a.append(x)
8   maxidx=0
9   for i in range(1,len(a)):
10      if a[i]>a[maxidx]:
11          maxidx=i
12  print(maxidx)
```

第 8 行令 maxidx=0，实际上就是先假设第 0 号元素就是最大值，然后第 9 行的 for 循环就可以从第 1 号单元开始遍历整个列表。如果发现当前的单元 a[i] 比已知的最大的单元 a[maxidx] 大，则 maxidx 指向当前单元。列表遍历结束，maxidx 就指向最大值所在单元。

2.7.3 二分搜索

线性搜索可以找到目标是否在数据集中，但是当数据集很大时，这样的搜索可能会花费很多时间。最坏情况，要搜索的数据正好位于数据集的最后一个位置，那么一个 n 个数据的数据集上的搜索就需要做 n 轮的循环。当 n 很大时,这个时间消耗是一个非常大的值,前面介绍的线性搜索就不是很合适的算法。

不过,当数据集中的数据已经排好序时,就有一种高效的算法,可以快速找到目标。假设数据集如下:

a=[11,14,17,24,31,31,34,39,46,52,58,61,61,62,73,79,80,90,92,93]。

这可以被表示为图 2-7 的形式。

0	1	2	3	4	5	6	7	8	9	10	11	12	13	14	15	16	17	18	19
11	14	17	24	31	31	34	39	46	52	58	61	61	62	73	79	80	90	92	93

图 2-7 一个有序的数据集

如果要搜索的值 x 为 79,可以从中间的位置开始做比较。如果 a[10] 的元素比 79 小,这说明 79 位于 a[10] 的右边,而 a[10] 左边的所有元素就不再需要被比较了。

这样一下子就把搜索的范围减少了一半,如图 2-8 所示。

0	1	2	3	4	5	6	7	8	9	10	11	12	13	14	15	16	17	18	19
11	14	17	24	31	31	34	39	46	52	58	61	61	62	73	79	80	90	92	93

图 2-8 左边一半不再需要被搜索

对剩下的右边一半,可以继续重复这个过程:用中间位置的元素做比较,如果中间位置的元素比要搜索的元素大,就丢掉右边的一半,否则丢掉左边的一半。这样的搜索,每次都把数据集分成两部分,所以就叫作二分搜索。

为了在程序中表达这个过程,需要用两个变量 left 和 right 分别表示正在搜索的数据集的上下界。程序开始时,设置 left=0 而 right=len(a)−1。这样,中间的位置 mid 的值则为 (left+right)//2。如果 a[mid]>x,则令 right=mid−1,就把搜索的范围缩小为左边的一半了;如果 a[mid]<x,则令 left=mid+1,就把搜索的范围缩小为右边的一半了。这部分的代码如下:

```
found=-1
left=0
right=len(a)-1
while True:
    mid=(left+right)//2
    if a[mid]>x:
        right=mid-1
    elif a[mid]<x:
        left=mid+1
    else:              #a[mid]==x
        found=mid
        break
```

如果中间位置的元素正好等于要搜索的值,表示找到了要搜索的值的位置。那么在什么情况下表明找不到呢?搜索的过程在不断地减少搜索的范围,使得 left 和 right 越来越接近,到最后,无非两种可能:①mid 的值就是 left;②left>right。所以,一旦出现 left>right

的情况,也就可以认定搜索结束了。

根据上面的分析,完整的搜索代码如 L2.22 所示。

【例 2.22】 二分搜索。

```
#L2.22 例2.22
a=[11,14,17,24,31,31,34,39,46,52,58,61,61,62,73,79,80,90,92,93]
found=False
left=0
x=int(input())
right=len(a)-1
while left<=right:
    mid=(left+right)//2
    if a[mid]>x:
        right=mid-1
    elif a[mid]<x:
        left=mid+1
    else:                      #a[mid]==x
        found=mid
        break
print(found)
```

由于每次都能去掉一半的数据,所以对于一个大小为 n 的数据集来说,二分搜索的搜索次数就是 $\log_2 n$。当 n 很大的时候,$\log_2 n$ 的值远远小于 n。

本书程序 L2.13 提到的猜数游戏,使用二分搜索思想,对于一个 100 以内的数字,最多 7 次即可猜中,请自行模拟分析过程。

2.7.4 冒泡排序

二分搜索有很好的效率,但是能够使用二分搜索有一个前提,就是数据集是已经排好序的。如果数据集是无序列表,则需要对数据集排序。

排序是计算机对数据处理的一个基本操作,目前有很多种排序的算法。冒泡排序是一种简单的排序算法。它的基本思想是,依次将列表中的元素与它的下一个元素做比较,如果下一个元素不如自己大,就将两者交换。这样一轮下来,就能将最大的元素交换到列表的最后面,就好像一个气泡慢慢地冒到了水面一样。具体的代码如下:

```
a=[80,58,73,90,31,92,39,24,14,79,46,61,31,61,93,62,11,52,34,17]
right=len(a)
for i in range(0,right-1):
    if a[i]>a[i+1]:
        a[i],a[i+1]=a[i+1],a[i]
print(a)
```

这一轮冒泡的结果是:

```
[58,73,80,31,90,39,24,14,79,46,61,31,61,92,62,11,52,34,17,93]
```

也就是说,93 冒上来了。最大的元素冒上来之后,就相当于最大的元素已经就位了。

再对剩下的数据集重复这个冒泡的动作,就能逐步地完成排序。实际上,冒泡排序需要两重循环,外重循环负责组织列表数据,数据范围从[0,len)逐渐缩小到[0,1);内重则负责当前列表数据冒泡。完整的冒泡排序程序 L2.23 如下。

【例 2.23】 冒泡排序。

```
#L2.23 例 2.23
a=[80,58,73,90,31,92,39,24,14,79,46,61,31,61,93,62,11,52,34,17]
right=len(a)
for right in range(len(a),0,-1):
    for i in range(0,right-1):
        if a[i]>a[i+1]:
            a[i],a[i+1]=a[i+1],a[i]
print(a)
```

如果想要观察每一轮冒泡的效果,可以在内重循环结束后,显示出整个列表的情况,即:在内循环"for i in range(0,right−1):"结束后,显示当前列表 a 的内容,这样就可以看出这个"泡"是怎么冒上来的。程序执行的结果如下:

```
[58, 73, 80, 31, 90, 39, 24, 14, 79, 46, 61, 31, 61, 92, 62, 11, 52, 34, 17, 93]
[58, 73, 31, 80, 39, 24, 14, 79, 46, 61, 31, 61, 90, 62, 11, 52, 34, 17, 92, 93]
[58, 31, 73, 39, 24, 14, 79, 46, 61, 31, 61, 80, 62, 11, 52, 34, 17, 90, 92, 93]
[31, 58, 39, 24, 14, 73, 46, 61, 31, 61, 79, 62, 11, 52, 34, 17, 80, 90, 92, 93]
[31, 39, 24, 14, 58, 46, 61, 31, 61, 73, 62, 11, 52, 34, 17, 79, 80, 90, 92, 93]
[31, 24, 14, 39, 46, 58, 31, 61, 61, 62, 11, 52, 34, 17, 73, 79, 80, 90, 92, 93]
[24, 14, 31, 39, 46, 31, 58, 61, 61, 11, 52, 34, 17, 62, 73, 79, 80, 90, 92, 93]
[14, 24, 31, 39, 31, 46, 58, 61, 11, 52, 34, 17, 61, 62, 73, 79, 80, 90, 92, 93]
[14, 24, 31, 31, 39, 46, 58, 11, 52, 34, 17, 61, 61, 62, 73, 79, 80, 90, 92, 93]
[14, 24, 31, 31, 39, 46, 11, 52, 34, 17, 58, 61, 61, 62, 73, 79, 80, 90, 92, 93]
[14, 24, 31, 31, 39, 11, 46, 34, 17, 52, 58, 61, 61, 62, 73, 79, 80, 90, 92, 93]
[14, 24, 31, 31, 11, 39, 34, 17, 46, 52, 58, 61, 61, 62, 73, 79, 80, 90, 92, 93]
[14, 24, 31, 11, 31, 34, 17, 39, 46, 52, 58, 61, 61, 62, 73, 79, 80, 90, 92, 93]
[14, 24, 11, 31, 31, 17, 34, 39, 46, 52, 58, 61, 61, 62, 73, 79, 80, 90, 92, 93]
[14, 11, 24, 31, 17, 31, 34, 39, 46, 52, 58, 61, 61, 62, 73, 79, 80, 90, 92, 93]
[11, 14, 24, 17, 31, 31, 34, 39, 46, 52, 58, 61, 61, 62, 73, 79, 80, 90, 92, 93]
[11, 14, 17, 24, 31, 31, 34, 39, 46, 52, 58, 61, 61, 62, 73, 79, 80, 90, 92, 93]
[11, 14, 17, 24, 31, 31, 34, 39, 46, 52, 58, 61, 61, 62, 73, 79, 80, 90, 92, 93]
[11, 14, 17, 24, 31, 31, 34, 39, 46, 52, 58, 61, 61, 62, 73, 79, 80, 90, 92, 93]
[11, 14, 17, 24, 31, 31, 34, 39, 46, 52, 58, 61, 61, 62, 73, 79, 80, 90, 92, 93]
```

注意,因有 20 个数据,故显示有 20 行。从结果的右边观察,最大数依次被交换到右边。因程序是"if a[i]>a[i+1]:",即大数交换到列表后面,则排序结果是升序(由小到大),如果将比较更改为"if a[i]<a[i+1]:"则变成了降序(由大到小)。

2.8 思考与练习

一、判断题

1. Python 中"4"+"5"结果为"9"。   (   )
2. 在循环中 continue 语句的作用是跳出当前循环。   (   )

3. 带有 else 子句的循环如果因为执行了 break 语句而退出的话，会执行 else 子句的代码。（　）

4. 使用 for i in range(10) 和 for i in range(10,20) 控制循环次数是一样的。（　）

5. 在 Python 中，循环结构必须有 else 子句。（　）

6. 带有 else 子句的异常处理结构，如果不发生异常，则执行 else 子句中的代码。（　）

7. Python 分支结构使用保留字 if、elif 和 else 来实现，每个 if 后面必须有 elif 或 else。（　）

8. while 循环使用 break 保留字能够跳出所在层循环体。（　）

二、单选题

1. 下列表达式错误的是_____。
   A. 'abcd'<'ad'　　　　　　　　B. 'abc'<'abcd'
   C. ''<'a'　　　　　　　　　　D. 'Hello'>'hello'

2. continue 语句用于_____。
   A. 退出循环程序　　　　　　　B. 结束本次循环
   C. 空操作　　　　　　　　　　D. 引发异常处理

3. for i in range(10)：...中，循环中最大的 i 是_____。
   A. 9　　　　B. 10　　　　C. 11　　　　D. 都不对

4. 下面程序中语句 print(i*j) 共执行了_____次。

```
for i in range(5):
    for j in range(2,5):
        print(i*j)
```

   A. 15　　　　B. 14　　　　C. 20　　　　D. 12

5. 执行下面程序产生的结果是_____。

```
x=2;y=2.0    #分号可把两个语句写在一行
if(x==y):
    print("相等")
else:
    print("不相等")
```

   A. 相等　　　　B. 不相等　　　　C. 运行错误　　　　D. 死循环

6. 下面_____语句不能完成 1～10 的累加功能，total 初值为 0。
   A. for i in range(10,0)：total+=i
   B. for i in range(1,11)：total+=i
   C. for i in range(10,0,-1)：total+=i
   D. for i in (10,9,8,7,6,5,4,3,2,1)：total+=i

三、填空题

1. 下面程序运行后，位于最后一行最后一列的值是_____。

```
for i in range(1,5):
    j=0
    while j<i:
        print(j,end="")
        j+=1
    print()
```

2. 下面程序运行后,倒数第二行打印出_____。

```
i=5
while i>=1:
    num=1
    for j in range(1,i+1):
        print(num,end="xxx")
        num*=2
    print()
    i-=1
```

3. 下面程序运行后,最后一行有_____个"G"。

```
i=1
while i<=5:
    num=1
    for j in range(1,i+1):
        print(num,end="G")
        num+=2
    print()
    i+=1
```

4. 下面程序运行后输出是_____。

```
a=[1,2,3,4,[5,6],[7,8,9]]
s=0
for row in a:
    if type(row)==list:
        for elem in row:
            s+=elem
    else:
        s+=row
print(s)
```

5. 下面程序运行后,输出是_____。

```
x=[i+j for i in range(1,6) for j in range(1,6)]
print(sum(x))
```

6. 下面程序运行后,输出是_____。

```
x=[[(i,j) for i in range(1,6)] for j in range(1,6)]
print(x[2][1])
```

7. 下面程序运行后,输出是_____。

```
n=3
m=4
a=[0]*n
for i in range(n):
    a[i]=[0]*m
print(a[0])
```

四、简答题

1. 既然浮点数可以表示所有整数数值,为何 Python 语言要同时提供整数和浮点数两种数据类型?

2. Python 语言中整数 1010 的二进制、八进制和十六进制表示分别是什么?

3. Python 语言中 −77. 的科学计数法表示是什么? 4.3e−3 的十进制表示是什么?

4. 复数 2.3e+3−1.34e−3j 的实部和虚部分别是什么? 采用什么方法提取一个复数的实部和虚部?

5. 思考各操作符的优先级,计算下列表达式。

(1) 30−3**2+8//3**2*10

(2) 3*4**2/8%5

(3) 2**2**3

(4) (2.5+1.25j)*4j/2

6. 假设 x=1,x*=3+5**2 的运算结果是什么?

7. 请思考并描述下面 Python 语句的输出结果:

```
print("{:>15s}: {:<8.2f}".format("Length",23.87501))
```

8. 格式化输出 389 的二进制、八进制、十进制、十六进制的表达形式,以及对应的 Unicode 字符。

9. 格式化输出 0.002178 对应的科学表示法形式,保留 4 位有效位的标准浮点形式以及百分形式。

10. s="Python String",写出下列操作的输出结果:

```
s.upper()、s.lower()、s.find('i')、s.replace('ing','gni')、s.split(' ')
```

五、编程题

1. 编写程序,输出下面(a)、(b)、(c)三种图案。

```
    *                 *                *
    **               ***              ***
    ***             *****            *****
    ****           *******            ***
    *****         *********            *
    (a)              (b)              (c)
```

2. 有 30 人围成一圈,从 1 到 30 依次编号。每个人开始报数,报到 9 的自动离开。当有人离开时,后一个人开始重新从 1 报数,以此类推。求离开的前 10 人编号。

3. 一个数刚好等于它的因子之和,则这个数被称为完数。例如,6 的因子为 1、2、3,而 6=1+2+3,因此 6 是完数。求 1000 内的所有完数,一行输出。

4. 求 100 到 1000 范围内所有素数的和。

5. 猴子吃桃问题。猴子第一天将一堆桃子吃了一半,觉得不过瘾,又多吃一个。第二天将剩下的吃掉一半,又多吃一个。以后每天都这样吃。第十天发现只剩一个桃子了。求这堆桃子有多少个?

6. 四则运算。在第一行中输入一个数字,在第二行中输入一个四则运算符(+,-,*,/),在第三行再输入一个数字,根据运算符执行相应的运算,求运算结果(保留两位小数)。

7. 求矩阵各行元素之和。第一行输入矩阵的行数 m 和列数 n,用空格分开。后面 m 行,每行输入 n 个数字,用空格分开。

第 3 章 组合数据类型

为满足程序中复杂的数据表示，Python 提供了组合数据类型。组合数据类型可以将多个基本数据类型或组合数据类型作为一个整体进行操作，能够更清晰地反映数据之间的关系，也能更加方便地管理和操作数据。

在 Python 中，常用的组合数据类型有以下四种。

(1) 列表(list)，是一种有序、可更改的集合，允许重复的成员。

(2) 元组(tuple)，是一种有序且不可更改的集合，允许重复的成员。

(3) 字典(dictionary)，是一个无序、可变、有索引的集合，没有重复的成员。

(4) 集合(set)，是一个无序、可变、无索引的集合，没有重复的成员。

3.1 列表

列表是由一组任意类型的数据组合而成的序列，具有可变对象、可变长度、异构和任意嵌套的特点。列表中的每一个数据称为元素，列表将数据元素放在一对方括号内并以逗号分隔。一个列表中的数据元素可以是基本数据类型，也可以是组合数据类型或自定义数据类型的数据，并且 Python 允许同一个列表中元素的数据类型不同。例如下面的列表都是合法的列表对象：

```
[1, 2, 3, 4, 5]
[1, "Hello", 3.14]
[1, "北京", "010", True]
["日期", "中国", [2020, 8, 1]]
```

3.1.1 创建列表

创建列表有两种方法。一种是使用方括号，在方括号内把每一个列表元素用逗号进行分隔，并用赋值运算符将一个列表赋值给变量。具体格式如下：

```
<列表名>=[<元素 1>,<元素 2>,<元素 3>,…,<元素 n>]
```

例如：

```
list1=[]
list2=[1, 2, 3, 4]
list3=["red", "green", "blue"]
```

另一种创建列表的方法是使用 list() 函数,例如:

```
list4=list("贵州大学")        #每个字符作为列表中的一个数据元素,即['贵','州','大','学']
list5=list("Hello", "World")
list6=list(range(2, 4))      #将 range()函数产生的序列变为列表,即[2,3,4]
```

列表可以包括不同类型的元素,例如:

```
list7=list(1, "Hello", 3.14)
```

但通常建议列表中元素最好使用相同的数据类型。

列表可以嵌套使用,例如:

```
list8=[list2, list3]
```

运行结果如下:

```
>>>list2=[1, 2, 3, 4]
>>>list3=["red", "green", "blue"]
>>>list8=[list2, list3]          #创建一个嵌套列表
>>>print(list8)
[[1, 2, 3, 4], ['red', 'green', 'blue']]
```

3.1.2 访问列表

1. 使用下标

列表是一个有序序列,可以通过序号或下标来访问列表中的元素。格式如下:

```
<列表名>[<index>]
```

其中列表名为一个列表的名称,index 为访问的列表元素下标或索引。index 的值从 0 开始,它可以是一个正数,也可以是一个负数,为正数时表示正向访问列表,为负数时表示逆向访问列表,如图 3-1 所示。

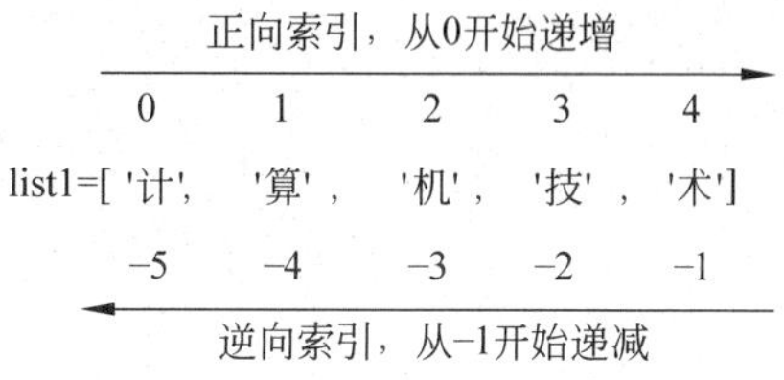

如果一个列表的长度是 N,则合法的下标在 0 到 N−1 之间或者在 −1 到 −N 之间。例如,定义列表 list1 如下:

正向索引,从0开始递增

0	1	2	3	4
list1=['计', '算', '机', '技', '术']
−5	−4	−3	−2	−1

逆向索引,从−1开始递减

图 3-1 列表的索引序号

```
list1=['a', 'b', 'c', 'd', 'e', 'f']
```

则 list1[0]的值为'a';list1[3]的值为'd';而 list1[−2]的值为'e',表示从列表的右侧开始

倒数第 2 个的元素。如果在程序中试图访问下标大于 5 的元素,那么会导致一个运行的错误 IndexError,如下所示:

```
>>>list1=['a', 'b', 'c', 'd', 'e', 'f']
>>>list1[0]                             #访问列表 list1 中正向索引序号为 0 的列表元素
'a'
>>>list1[3]                             #访问列表 list1 中正向索引序号为 3 的列表元素
'd'
>>>list1[-2]                            #访问列表 list1 中逆向索引序号为-2 的列表元素
'e'
>>>list1[8]                             #如果访问的列表序号不存在,则返回索引序号错误
...
IndexError: list index out of range     #如果访问的列表序号不存在,则返回索引序号错误
```

2. 列表切片

列表切片可以从列表中取得多个元素并组成一个新列表。格式如下:

```
<列表名>[<start>: <end>: <step>]
```

说明:

(1) 切片就是在序列中划定一个区间(start:end),并按步长 step 选取元素,但不包括 end 下标指示的元素;

(2) 步长的默认值为 1,即不指定步长,就是获取指定区间中的每个元素,但不包括终止下标指示的元素;

(3) 起始下标 start 和终止下标 end 缺省或表示为 None,分别默认为列表起点和终点;

(4) 起始在左、终止在右时,步长应为正;起始在右、终止在左时,步长应为负,否则切片为空。

切片操作举例如下:

```
>>>newList=['a', 'b', 'c', 'd', 'e', 'f']
>>>newList[2: 4]        #访问列表 newList 中正向索引序号从 2 到 4(不包括) 的列表元素
['c', 'd']
>>>newList[3: ]         #访问列表 newList 中正向索引序号从 3 到最后的列表元素
['d', 'e', 'f']
>>>newList[: -3]        #访问列表 newList 中从开始到逆向索引序号为-3(不包括) 的列表元素
['a', 'b', 'c']
>>>newList[: : 2]       #访问列表 newList 中正向索引序号从开始到最后且步长为 2 的列表元素
['a', 'c', 'e']
>>>newList[-4: -2]      #访问列表 newList 中反向索引序号从-4 到-3 的列表元素
['c', 'd']
>>>newList[4: 1: -2]    #访问列表 newList 中正向索引序号从 4 到 2 且步长为-2 的列表元素
['e', 'c']
>>>newList[-1:: -1]     #访问列表 newList 中反向索引序号从-1 到-6 的列表元素,即逆序列表
['f', 'e', 'd', 'c', 'b', 'a']
>>>newList[4: 1: 2]     #正向索引:起始在右、终止在左,步长为正,则返回空列表
[]
```

3.1.3 更新列表

列表是一种可变的数据类型,列表的长度和列表元素的值都是可以更改的。更新列表主要有修改列表元素、添加列表元素和删除列表元素等操作。

1. 修改列表元素

修改列表元素只需索引需要修改的元素并对其赋新值即可。具体格式如下:

```
列表名[<index>]=<值>
```

其中,列表名为一个已经存在的列表,index 为该列表的正向或逆向索引序号,值为任意数据值。例如:

```
>>>color=['red', 'green', 'blue', 'white']
>>>color
['red', 'green', 'blue', 'white']
>>>color[1]=['绿色']              #将列表 color 中索引序号为 1 的元素的值改为'绿色'
>>>color
['red', '绿色', 'blue', 'white']
>>>color[0], color[2]='红色', '蓝色'
                                 #将列表 color 中下标为 0 和 2 的元素值分别改为'红色'和'蓝色'
>>>color
['红色', '绿色', '蓝色', 'white']
>>>color[0: 2]=['R', 'G']         #当索引为一个范围时,值也需是列表
>>>color
['R', 'G', '蓝色', 'white']
```

在修改列表元素时,当列表序号范围和赋值列表长度不相等时,可以增加或删除列表。例如:

```
>>>list=[1, 2, 3, 4, 5]
>>>list
[1, 2, 3, 4, 5]
>>>list[0: 2]=['one', 'two', 'three', 'four']   #用 4 个列表元素替换选定的两个列表元素
>>>list
['one', 'two', 'three', 'four', 3, 4, 5]
>>>list[-3: ]=['five']            #用一个列表元素替换选定的 3 个列表元素
>>>list
['one', 'two', 'three', 'four', 'five']
```

2. 添加列表元素

虽然可以通过对列表赋值来添加列表元素,但通常还是使用专门的内置方法对列表进行添加元素的操作。常用添加元素的方法有多个,如表 3-1 所示。

表 3-1 添加元素方法

方 法	说 明
列表名.append(obj)	在列表末尾添加元素
列表名.insert(index,obj)	在列表中的 index 索引序号处插入元素
列表名.extend(序列)	在列表末尾一次性添加另一个序列中的多个元素

例如：

```
>>>color=['白','黑','红']
>>>color.append('蓝')
>>>color
['白','黑','红','蓝']
>>>color.insert(0,'绿')
>>>color
['绿','白','黑','红','蓝']
>>>color.extend(['黄','紫'])
>>>color
['绿','白','黑','红','蓝','黄','紫']
```

注意：使用append()和insert()方法每次只能插入一个列表元素。

3. 删除列表元素

删除列表元素，可以使用del语句。格式如下：

```
del <列表名>[<索引>]或者del <列表名>
```

其中，列表名为一个已经存在的列表名称，索引为列表索引序号，此时del语句表示将删除列表中对应索引序号的列表元素。如果del语句后省略了索引序号，则表示将删除整个列表。

```
>>>color=['白','黑','红','蓝','黄']
>>>del color[2]        #删除列表中索引序号为2的列表元素
>>>color
['白','黑','蓝','黄']
>>>del color[:2]       #删除列表中0,1索引序号的列表元素
>>>color
['蓝','黄']
>>>del color           #删除列表color
>>>color               #列表删除后，再次使用列表，将出现"未定义"错误
…
NameError: name 'color' is not defined
```

删除列表元素还可以使用内置方法，如表3-2所示。

表3-2　删除元素方法

方　法	说　　明
列表名.remove(obj)	删除列表中第一个和obj值相等的元素。如果列表中有1个以上相同的列表元素，则需多次使用remove()方法
列表名.pop(index)	删除列表中索引序号为index(默认值为−1)的元素，并且返回该元素的值
列表名.clear()	删除列表中所有元素

例如：

```
>>>color=['白','蓝','绿','黑','黄','蓝']
>>>color.remove('蓝')              #remove()方法使用一次只能删除一个"蓝"
>>>color
['白','绿','黑','黄','蓝']
>>>color.pop(2)                    #删除列表color中下标为2的元素并返回该元素的值
'黑'
>>>print(color)
['白','绿','黄','蓝']
>>>color.clear()                   #删除列表中的所有列表元素
>>>color
[]
```

3.1.4 列表常用的其他操作

1. 列表的拼接和复制

在 Python 中，可以使用运算符＋来连接两个列表，并返回一个新列表。例如：

```
>>>list1=[1, 2]
>>>list2=[3, 4]
>>>list3=list1+list2
>>>list3
[1, 2, 3, 4]
```

复制列表可以使用 copy() 方法，例如：

```
>>>list1=[1, 2, 3, 4]
>>>list2=list1.copy()              #复制列表list1并返回一个新的列表
>>>print(list1,list2)
[1, 2, 3, 4] [1, 2, 3, 4]
```

使用运算符"＊"可以将一个列表复制若干次后形成一个新的列表。例如：

```
>>>list1=[1, 2]
>>>list2=list1*2
>>>list2
[1, 2, 1, 2]
```

list1＊2 和 2＊list1 相同。

注意：列表也可以像变量之间的赋值那样，将一个列表的值赋给另一个列表，但是和基本变量赋值不同的是，列表的赋值只是将实际数据的地址引用进行了赋值，而不是将实际数据赋值一份给新的列表。例如：

```
>>>x1=100
>>>x2=x1
>>>x1, x2
(100, 100)                         #两个变量的值相等
>>>x2=200
>>>x1, x2
```

```
(100, 200)                    #更改一个变量的值,另一个不会变
>>>list1=[1, 2, 3, 4]
>>>list2=list1                #将list1赋值给list2
>>>list2[0]=5                 #更改list2中的某些元素值
>>>list2[1]=6
>>>list1, list2
([5, 6, 3, 4], [5, 6, 3, 4])  #list1和list2同时改变。可以看出,list2使用了list1的
                               存储地址。当改变list2的元素,list1的元素同时改变
>>>list2=[7, 8, 9, 10]        #对list2进行实际数据的赋值,list2会使用独立的存储地
                               址,不再和list1关联
>>>list1, list2
([5, 6, 3, 4], [7, 8, 9, 10])
```

2. 列表的遍历

对列表中的每个元素均做一次访问称为对列表的一次遍历。通过 while 循环依次访问列表的各个下标就可以实现对列表的一次访问。例如:

```
>>>list=[1, 2, 3]
>>>i=0
>>>while(i<len(list)):
        print (list[i])
        i+=1
1
2
3
```

其中,len()函数是 Python 的内置函数,其功能是返回列表的元素个数。

也可以使用 for 循环实现列表的遍历,这样就可以在不使用下标变量的情况下顺序遍历列表。例如:

```
>>>list=[1, 2, 3]
>>>for ele in list:
        print(ele)
1
2
3
```

通过灵活地运用循环结构,可以以不同的方式来访问列表中的元素。例如,下面的代码输出列表中所有偶数下标的元素:

```
>>>list=[1, 2, 3]
>>>for i in range(0, len(list), 2):
        print(list[i])
1
3
```

3. in/not in 运算符

使用 in/not in 运算符可以判断一个元素是否在列表中。例如,列表 list 包含的元素为

[1,3,5,7],变量 i 的值为 4,那么表达式 i in list 的返回值为 False,而表达式 i not in list 的返回值为 True,具体代码如下:

```
>>>list=[1, 3, 5, 7]
>>>i=4
>>>print(i in list)
False
>>>print(i not in list)
True
```

4. 列表的比较

对列表的比较可以使用关系运算符(<、>、==、<=、>=、!=)。两个列表的比较规则如下:比较两个列表的第一个元素,如果元素相同,则继续比较下面两个元素;如果两个元素不同,则返回两个元素的比较结果;一直重复这个过程直到有不同的元素或比较完所有的元素为止。例如:

```
>>>list1=["vb", "java", "C++"]
>>>list2=["C++", "vb", "java"]
>>>print(list1>list2)
True
```

说明:字符串之间的比较是按正向下标,从 0 开始,以对应字符的码值(如 ASCII 码值)作为依据进行的,直到对应字符不同,或所有字符都相同,才能决定大小,或是否相等。

5. 列表推导式

利用列表推导式可以使用非常简捷的方式生成满足特定需要的列表。语法格式如下:

```
[<表达式> for <变量> in <序列>]
```

例如:

```
>>>list1=[x * x for x in range(1, 10)]
>>>list1
[1, 4, 9, 16, 25, 36, 49, 64, 81]
>>>list2=[i for i in list1 if i%2==0]
>>>list2
[4, 16, 36, 64]
```

说明:

(1) list1 是由 10 以内的自然数的平方组成的列表;

(2) list2 是由 list1 中的偶数组成的列表。

列表推导式还可以在第一个 for 子句后面添加 for 子句或 if 子句。例如:

```
>>>list3=[1, 2]
>>>list4=[2, 4]
>>>list5=[x+y for x in list3 for y in list4 if x!=y]
>>>list5
[3, 5, 6]
```

这里的 list5 将包含 list3 和 list4 列表中所有不相等的元素的和。

6. 列表元素排序

可以使用内置函数 sorted() 返回一个元素排序后的列表。该函数的格式如下：

```
sorted(<列表名>[, <key>=<排序属性>][, <reverse>=False/True])
```

说明：

（1）排序的前提是元素间可以相互比较，用术语 iterable（可迭代）表示。若一个序列中有不可相互比较的元素，就不可排序。

（2）一个列表中的元素对象可以有许多属性，要用 key 指定按照哪个属性排序。例如对字符串可以指定 str.lower，即按小写字母表顺序（不区分大小写）排序。通常，对于字符串元素以及数值型元素对象，key 项可以缺省，默认按照数值排序。对于字符串对象，按照编码值（如 ASCII 码值）排序。

（3）sorted() 函数默认按照升序排序，但可以用 reverse 的取值为 True/False，决定是否反转，reverse 默认值为 False。

（4）sorted() 返回一个列表。

例如：

```
>>>list1=['hello', 'World', "Ok", "abc"]
>>>list2=[4, 2, 8, 3]
>>>list3=["e", 1, "a", "n", 2]
>>>sorted(list1, key=str.lower)          #将 list1 列表元素按小写字母表顺序升序排序
['abc', 'hello', 'Ok', 'World']
>>>sorted(list2)                          #将 list2 列表元素按升序排序
[2, 3, 4, 8]
>>>sorted(list2, reverse=True)            #将 list2 列表元素按降序排序
[8, 4, 3, 2]
>>>sorted(list3)                          #错误，list3 中含有不可比较的元素
Traceback (most recent call last):
  File "<pyshell #16>", line 1, in <module>
    sorted(list2)
TypeError: '<' not supported between instances of 'int' and 'str'
```

3.1.5 列表的内置函数与其他方法

1. 列表相关的内置函数

Python 中的一些内置函数为列表的使用提供了便利。这些内置函数有 len()、max()、min() 和 sorted() 等，如表 3-3 所示。

表 3-3 列表的常用内置函数

函　数	说　明
len(list1)	返回 list1 中列表元素的个数
max(list1)	返回 list1 列表中元素的最大值，要求 list1 中列表元素类型相同

续表

函 数	说 明
min(list1)	返回 list1 列表中元素的最小值,要求 list1 中列表元素类型相同
reversed(list1)	返回 1 个新列表,新列表将 list1 翻转,即第 1 个元素与最后一个对换;第 2 个与倒数第 2 个对换,以此类推
sum(list1)	如果 list1 中所有列表元素都是数字,则函数返回列表元素之和
list(tuple)	将元组 tuple 转换为列表

注意:以上函数不仅能应用到列表上,还能应用于所有可迭代对象,如后面要介绍的元组、字典、集合等。

2. 列表的其他方法

列表常用的其他方法有 index()、count() 等,如表 3-4 所示。

表 3-4 列表的其他方法

方 法	说 明
list1.index(x)	返回列表 list1 中第一个值为 x 的元素的索引(下标),如果没有这样的元素则会报错
list1.count(x)	返回列表 list1 中 x 出现的次数
list1.sort()	将列表 list1 进行升序排序。如果需要对列表进行降序排序,则可加参数 reverse=True,例如:list1.sort(reverse=True)
list1.reverse()	将翻转列表 list1 中的所有元素位置
list1.copy()	复制列表

3.1.6 二维列表

列表的元素可以是任何类型的对象,当然也可以是列表。如果一个列表中的列表元素也是由列表构成,那就构成了类似矩阵的二维列表。二维列表可以理解为一个由行组成的列表。例如,图 3-2 中定义的名为 list1 的列表是一个长度为 3 的列表,其中的每一个元素又是一个列表。

```
list1=[
    [1, 2, 3, 4, 5]
    [6, 7, 8, 9, 10]
    [11, 12, 13, 14, 15]
]
```

	[0]	[1]	[2]	[3]	[4]
[0]	1	2	3	4	5
[1]	6	7	8	9	10
[2]	11	12	13	14	15

图 3-2 二维列表

二维列表的每一行可以使用索引号或下标来访问,称为行下标。例如图 3-2 中的二维列表 list1 中,list1[0] 的值即是列表 [1, 2, 3, 4, 5]。每一行中的值又可以通过列下标来访问。

访问二维列表的格式如下：

```
<列表名>[<索引1>][<索引2>]
```

其中，索引 1 为二维列表的元素索引号，即行下标，索引 2 为二维列中索引 1 指向的列表元素中的元素索引号，即列下标。例如：

```
>>>a=[1, 2, 3, 4, 5]
>>>b=[6, 7, 8, 9, 10]
>>>c=[11, 12, 13, 14, 15]
>>>list1=[a, b, c]
>>>list1[0]
[1, 2, 3, 4, 5]
>>>list1[1][3]
9
```

语句 list1[1][3] 中，[1] 中的 1 代表访问的是 list1 列表的索引序号为 1 的列表元素，即列表 b；3 代表访问列表 b 中索引序号为 3 的列表元素，即数字 9。

要遍历一个二维列表，一般需要使用两层嵌套的循环结构来实现。其中，外层循环遍历每一行，内层循环遍历一行的每个元素，如程序 L3.1 所示。

【例 3.1】 遍历二维列表。

```
#L3.1 例3.1
stu1=['2001', '李华', '男', '19']
stu2=['2002', '王燕', '女', '18']
stu3=['2003', '陈强', '男', '20']
stu4=['2004', '赵晓红', '女', '19']
list=[stu1, stu2, stu3, stu4]
for i in range(len(list)):
    for j in range(len(list[i])):
        print(list[i][j], end=" ")      #end=""负责输出每项数据后加个空格
    print()                              #输出一行数据后换行
```

程序运行结果如下：

```
2001 李华 男 19
2002 王燕 女 18
2003 陈强 男 20
2004 赵晓红 女 19
```

说明：

(1) 列表 list1 到 list4 为 4 名同学的基本信息，列表 list 是包含了以上 4 个列表的二维列表；

(2) len(list) 用来求列表 list 的列表元素个数，range(len(list)) 可以返回 list 中列表元素的正向索引序号；

(3) 在双重循环中，外层循环遍历列表 list 中的每个列表元素，内层循环遍历 list[i] 中的每个列表元素；

(4) print()作用为输出一行数据后换行。

在Python中也可以建立更高维度的列表。三维列表就需要三个下标来确定一个元素,也需要三层嵌套的循环结构来遍历整个列表。

3.1.7 列表应用举例

【例3.2】 输入一行字符,分别统计其中英文字母、空格、数字和其他字符的个数。

【解析】 首先是输入一个字符串,根据字符串中每个字符的ASCII码值判断其类型。数字0~9对应的ASCII码值为48~57,大写字母A~Z对应的ASCII码值为65~90,小写字母a~z对应的ASCII码值为97~122。使用ord()函数将字符转换为ASCII码值。可以先找出各类型的字符,放到不同的列表中,再分别计算各个列表的长度,代码如下。

【例3.2】 统计各类字符的个数。

```
#L3.2 例 3.2
a_list =list(input('请输入一行字符: '))
letter=[]
space=[]
numb=[]
other=[]
for i in range(len(a_list)):
    if ord(a_list[i]) in range(65, 91) or ord(a_list[i]) in range(97,123):
        letter.append(a_list[i])
    elif a_list[i] ==' ':
        space.append(' ')
    elif ord(a_list[i]) in range(48, 58):
        numb.append(a_list[i])
    else:
        other.append(a_list[i])
print('英文字母个数: %s' %len(letter))
print('空格个数: %s' %len(space))
print('数字个数: %s' %len(numb))
print('其他字符个数: %s' %len(other))
```

程序运行结果如下:

```
请输入一行字符: dfu12 * &^jif
英文字母个数: 6
空格个数: 2
数字个数: 2
其他字符个数: 3
```

目前,很多网站都引入了验证码技术,以有效地防止用户利用机器人自动注册、登录、刷票等。验证码一般是包含一串随机产生的数字或符号以及一些干扰元素(如数字直线、若干圆点、背景图片等)的图片。用户通过肉眼观察验证码,输入其中的数字或符号并提交给网站验证。

常见的6位验证码: Kk64ul、eOGpUz、4Gfs81。

【例3.3】 随机生成一组6位验证码,验证码的每个字符可以是大写字母、小写字母或数字,有且只能是这三种类型的一种,具体生成哪种类型的字符是随机的。

【解析】 6位验证码功能需随机生成6个字符,可以将每个字符临时存放在列表中,因为列表是可变且有顺序的。通过列表实现6位验证码功能的基本实现思路是:

(1) 创建一个空列表;

(2) 生成6个随机字符逐个添加到列表中;

(3) 将列表元素拼接成字符串。

上述思路的步骤(2)是验证码功能的核心。为确保每次生成的字符类型只能是大写字母、小写字母和数字的任一种,可使用1、2、3分别代表这三种类型:若产生随机数1,表示生成大写字母;若产生随机数2,表示生成小写字母;若产生随机数3,表示生成数字。

为确保每次生成的是大写字母、小写字母或数字类型的字符,可以根据数值范围或字符的ASCII码控制每个类型中包含的所有字符:数字对应的数值范围为0~9;大写字母对应的ASCII码范围为65~90;小写字母对应的ASCII码为97~122。之后再从这些字符中随机选择一个字符即可,具体代码如下。

【例3.3】 随机生成6位验证码。

```
#L3.3 例 3.3
import random                              #导入随机模块
code_list=[]
for i in range(6):                         #控制验证码的位数
    state=random.randint(1,3)              #随机生成字符分类
    if state==1:
        kind1=random.randint(65,90)
        uppercase=chr(kind1)               #随机生成大写字母
        code_list.append(uppercase)
    elif state==2:
        kind2=random.randint(97,122)
        lowercase=chr(kind2)               #随机生成小写字母
        code_list.append(lowercase)
    elif state==3:
        numb=random.randint(0,9)           #随机生成数字
        code_list.append(str(numb))
code="".join(code_list)                    #将列表元素连接成字符串
print(code)
```

程序运行结果如下:

```
T90eWg
```

3.2 元组

Python中的元组与列表非常相似,不同的是元组中的元素是不可变的,即元组一旦创建,其元素不可修改,也不能添加或者删除元素。元组由用逗号分隔的若干元素组成。一个元组中的数据元素可以是基本数据类型,也可以是组合数据类型或自定义数据类型的数据。例如,下面的元组都是合法的:

```
(1, 2, 3, 4, 5)
("a", 3.5, True)
()
(("red", "green", "blue"), (1, 2, 3))
```

3.2.1 创建元组

创建元组可以使用一对小括号,在小括号内用逗号分隔元组元素,具体格式如下:

<元组名>=(<元素 1>,<元素 2>,<元素 3>,…,<元素 n>)

例如:

```
tuple1=(1, 2, 3, 4)
tuple2=()                #创建一个空元组
tuple3=('a', 'b', 'c')
tuple4=(True, )          #创建只有一个元素的元组
```

注意:只含有一个元素的元组,元素后面一定要有逗号,否则就是一个表达式,而不是元组了;含有两个或者两个以上元素的元组,最后一个元素后可以有逗号,也可以没有。

使用小括号创建元组时,小括号也可以省略,例如:

```
tuple5=1, 2, 3, 4, 5
```

另一种创建元组的方法是使用 tuple( )函数。例如:

```
tuple6=tuple()                  #产生一个空元组,等价于 tuple6=()
tuple7=tuple(range(1, 8, 2))    #将 range 函数产生的序列变为元组,即(1,3,5,7)
tuple8=tuple("贵州大学")         #每字符作为元组中的一个数据元素,即('贵','州','大','学')
```

3.2.2 访问元组

访问一个元组和访问列表的方法类似,可以使用索引序号即下标来访问元组元素,也可以使用切片访问多个元素。例如:

```
>>>tuple1=('a', 'b', 'c', 'd', 'e', 'f')
>>>tuple1[3]          #访问元组 tuple1 中正向索引序号为 3 的元素
'd'
>>>tuple1[-2]         #访问元组 tuple1 中逆向索引序号为-2 的元素
'e'
>>>tuple1[2: 4]       #访问元组 tuple1 中正向索引序号从 2 到 3 的元素
('c', 'd')
>>>tuple1[1: -3]      #访问元组 tuple1 中从正向索引序号为 1 到逆向索引序号为-4 的元素
('b', 'c')
```

注意:元组属于不可变序列,一旦创建,元组中的值就固定不可变了,也无法为元组增加元素或删除元素,所以不能通过索引下标或切片修改元组中的元素。

另外元组的切片还是元组，就像列表的切片还是列表一样。

3.2.3 元组的常用操作

1. 元组的连接

和列表类似，元组可以使用运算符＋来连接两个元组，并返回一个新元组。例如：

```
>>>t1=(1, 2)
>>>t2=(3, 4)
>>>t3=t1+t2
>>>t3
(1, 2, 3, 4)
```

使用运算符＊可以将一个元组复制若干次后形成一个新的元组。例如：

```
>>>t4=(1, 2)
>>>t5=t4 * 2
>>>t5
(1, 2, 1, 2)
```

注意：元组不支持copy()方法。

2. 元组的遍历

元组的遍历和列表的遍历类似，可以通过for循环或while循环实现。例如：

```
>>>t1=(1, 2, 3)
>>>for i in t1:
        print(i)
1
2
3
```

3. 删除元组

由于元组中的元素是不可变的，也就是不允许删除元素，但可以使用del语句删除整个元组。格式如下：

```
del <元组名>
```

例如：

```
>>>t1=(1, 2, 3)
>>>del t1
```

4. 元组与列表的转换

使用list()函数可以将元组转换为列表，而使用tuple()函数可以将列表转换为元组。例如：

```
>>>list1=[1, 2, 3]
>>>t1=tuple(list1)
>>>print(t1)
(1, 2, 3)
```

元组的其他常见操作与列表类似,具体可参考本书 3.1.4 节,这里不再赘述。

5. 元组的常用函数和方法

元组的常用函数和方法与列表的基本一致,具体用法可参考本书 3.1.5 节中的表 3-3 和表 3-4。需要注意的是,元组不支持 sort()、reverse()和 copy()方法。

3.2.4 元组与列表的比较

元组和列表都属于序列,两者的创建和使用的方法非常类似。元组和列表的不同之处主要体现在以下几个方面。

(1) 列表属于可变序列,可以随意修改列表中元素的值以及对列表进行增加和删除元素操作;而元组则属于不可变序列,元组中的元素一旦定义就不允许进行增加、删除和替换操作。因此,tuple 类没有提供 append()、insert()、remove()等成员函数。在使用下标访问或切片操作时,也只允许读取元组中的值而不能对其进行修改。

(2) 元组的访问速度和处理速度比列表更快。如果所需要定义的序列内容不会对其进行修改,这种情况一般使用元组。

(3) 使用元组可以使元素在实现上无法被修改,从而使代码更加安全。

(4) 作为不可变序列,元组可以用作字典的键,而列表不可以充当字典键,因为列表是可变的。

3.3 字典

在 Python 中,字典属于映射类型,由键值对组成,通过键来实现对元素的存取。在字典中"键"的作用就是索引,就像列表用整数做索引一样。列表的一个索引对应列表中的一个数据,字典中的一个"键"对应着字典中的一个数据。一个键值对就形成字典中的一个条目。

在一个字典结构中,键是唯一的,但值不唯一。这就好比在一个学校里,一个学生只能有唯一的学号,但是不同学号的学生的姓名有可能是相同的。字典将键值对放在一对大括号内,并使用逗号作为分隔,每个键值对内部用冒号分隔。例如下面的字典都是合法的:

```
{'a': 1, 'b': 2, 'c': 3}
{}
{'203001': '张三', '203002': '李四', '203003': '张三'}
```

3.3.1 创建字典

创建字典可以采用以下几种方法。

1. 使用赋值语句创建字典

使用赋值语句创建字典的格式如下：

字典名={<键1>:<值1>,<键2>:<值2>,<键3>:<值3>,…,<键n>:<值n>}

其中,字典的键可以是任何不可变类型(如数字、字符串、元组等),列表、字典、集合等可变类型不能作为键,值可以是任意类型。

例如：

```
>>>d1={}                        #创建一个空字典
>>>d1
{}
>>>d2={'A': 90, 'B': 80, 'C': 70, 'D': 60}
>>>d2
{'A': 90, 'B': 80, 'C': 70, 'D': 60}
```

在创建字典时,如果同一个键被两次赋值,那么第一个值无效,第二个值被认为是该键的值。例如：

```
>>>d3={'A': 90,'B': 80,'B': 70}
>>>d3
{'A': 90, 'B': 70}
```

这里的键 B 生效的值是 70。

2. 使用 dict() 函数创建字典

使用 dict() 函数可以将键值对形式的列表创建为字典,也可以将键值对形式的元组创建为字典。例如：

```
>>>item1=[('A', 90), ('B', 80), ('C', 70), ('D', 60)]
                                #定义 item1 为一个列表
>>>d4=dict(item1)               #通过 dict()函数将列表 item1 创建为字典
>>>d4
{'A': 90, 'B': 80, 'C': 70, 'D': 60}
>>>item2=(('A', 90), ('B', 80), ('C', 70), ('D', 60))   #定义 item2 为一个元组
>>>d5=dict(item2)               #通过 dict()函数将元组 item2 创建为字典
>>>d5
{'A': 90, 'B': 80, 'C': 70, 'D': 60}
```

使用 dict() 函数还可以通过设置关键字参数创建字典,例如：

```
>>>d6=dict(A=90, B=80, C=70)
>>>d6
{'A': 90, 'B': 80, 'C': 70}
```

3. 调用 fromkeys() 方法创建字典

通过调用 fromkeys() 方法可以创建值相同的字典。例如：

```
>>>d7={}.fromkeys(['A', 'B', 'C', 'D'],"大于 60 分")
>>>d7
{'A': '大于 60 分', 'B': '大于 60 分', 'C': '大于 60 分', 'D': '大于 60 分'}
```

调用 fromkeys()方法也可以不指定值,此时创建的字典默认为 None 空值。例如:

```
>>>d8={}.fromkeys(['A', 'B', 'C', 'D'])
>>>d8
{'A': None, 'B': None, 'C': None, 'D': None}
```

注意:字典是一个无序序列,在内部存储时,不一定与创建字典的键值对顺序相同,所以在访问字典时,不需要特别关注显示的前后顺序。

字典与列表比较,有以下几个特点。

(1)字典通过用空间来换取时间,其查找和插入的速度极快,运行时间不会随着键的增加而增加。

(2)字典需要占用大量的内存。

(3)字典是无序的对象集合,字典中的元素(即值)是通过键来存取的,而不是通过下标(索引)来存取的。

3.3.2 访问字典

访问字典中的值可以使用[]运算符,在[]中指定键,就能直接访问到对应的数据。格式如下:

```
<字典名>[<key>]
```

通过这个方式可以获得数据,也可以修改数据。例如:

```
>>>score={'张三': 87, '李四': 75}          #创建字典 score
>>>score
{'张三': 87, '李四': 75}
>>>score['李四']                            #访问 score 中键为'李四'的值
75
>>>score['李四']=90                         #将 score 中键为'李四'的值修改为 90
>>>score['李四']
90
```

对字典内的数据赋值时,如果那个键不存在,就直接给字典添加一个新的键对值元素。例如在上面的 score 字典中,加入如下代码:

```
>>>score['王五']=70
>>>score
{'张三': 87, '李四': 90, '王五': 70}
```

此时,score 中就有了三个条目。因此,字典可以直接使用[]运算符来添加元素。在添加元素过程中,如果加入的键是已经存在的,那么新的数据会将之前的数据覆盖。

有时不确定字典中是否存在某个键而又想访问该键对应的值,则可以通过 get() 方法实现。格式如下:

```
<字典名>.get(<key>[, <default>])
```

其中,字典名为一个字典的名称,key 是字典中的关键字。这个方法将返回关键字 key 所对应的值,否则返回参数 default 的值。如果没有设置可选参数 default,则默认返回 None。例如:

```
>>>score={'张三': 96, '李四': 75, '王五': 62}
>>>score.get('李四','键不存在')     #字典 score 中存在键'李四',则返回对应的值
75
>>>print(score.get('甲'))           #字典 score 中不存在键'甲',返回 None,而不是报错
None
>>>score.get('陈六','键不存在')
                                    #字典中不存在键'陈六',返回指定值'键不存在',即第二个参数键不存在
```

使用[]运算符和 get(key) 方法不同的地方:如果字典中不存在键 key,[] 会抛出 KeyError 异常,而 get(key) 方法则返回一个特殊的 None 值。

3.3.3 更新字典

字典是一个可变对象,和列表类似,可以对字典进行修改元素、添加元素、删除元素和字典等操作。

1. 修改元素

可以使用赋值语句修改字典中元素的值。例如:

```
>>>score={'张三': 87, '李四': 75}
>>>score
{'张三': 87, '李四': 75}
>>>score['张三']=96          #将字典 score 中键为'张三'的值改为 96
>>>score
{'张三': 96, '李四': 75}
```

2. 添加元素

使用赋值语句也可以向字典中添加元素。例如:

```
>>>score={'张三': 87, '李四': 75}
>>>score
{'张三': 87, '李四': 75}
>>>score['王五']=62          #如果访问的键在原字典中不存在,则添加一个键值对元素
>>>score
{'张三': 87, '李四': 75, '王五': 62}
```

3. 删除元素和字典

删除字典元素或字典可以使用 del 语句,格式如下:

```
del <字典名>[<键>]或者 del <字典名>
```

其中,字典名为一个已经存在的字典名称,键为字典中存在的关键字,此时 del 语句表示将删除字典中对应键的字典元素。如果 del 语句后省略了键参数,则表示将删除整个字典。例如:

```
>>>score={'张三': 96, '李四': 75, '王五': 62}
>>>del score['张三']        #删除字典 score 中键为'张三'的键值对元素
>>>score
{'李四': 75, '王五': 62}
>>>del score                #删除字典 score
```

删除字典元素还可以使用 pop()方法,格式如下:

```
<字典名>.pop(<key>[, <default>])
```

如果字典中存在键 key,则 pop()方法将删除 key 所在的条目并返回该条目的值,否则将返回参数 default 的值。如果没有设置可选参数 default 且 key 不在字典中,则提示一个 KeyError 异常。例如:

```
>>>score={'张三': 96, '李四': 75, '王五': 62}
>>>score.pop('张三')
96
>>>score.pop('陈六','键不存在')
'键不存在'
>>>score.pop('陈六')
...
KeyError: '陈六'
```

3.3.4 字典常用的其他操作

1. 合并字典

使用 update()方法可以将一个字典中的元素添加到当前字典中,如果两个字典的键有重名,则用另一个字典中的值对当前字典的值进行更新,例如:

```
>>>d1={'a': 1,'b': 2}
>>>d2={'c': 3, 'd': 4}
>>>d3={'b': 11}
>>>d1.update(d2)     #如果 d2 和 d1 的键没有重复,则将 d2 中的所有元素添加到 d1
>>>d1
{'a': 1, 'b': 2, 'c': 3, 'd': 4}
>>>d1.update(d3) #如果 d3 中有和 d1 重复的键,则用 d3 中重复键'b'的值 11 更新 d1 中键'b'的值
>>>d1
{'a': 1, 'b': 11, 'c': 3, 'd': 4}
```

2. 字典的遍历

使用 for 循环可以遍历一个字典。需要注意的是，遍历得到的是字典的关键字。例如：

```
>>>score={'张三': 96,'李四': 75,'王五': 62,'陈六': 82}
>>>for key in score:
        print(key,end="")
张三 李四 王五 陈六
```

3. in/not in 运算符

使用 in 或 not in 运算符可以用来判断一个关键字是否在字典中。例如在前面定义的 score 对象，表达式 "'张三' in score" 将返回 True，而表达式 "'李四' not in score" 将返回 False。

4. 比较运算符

可以使用运算符==和！=来检测两个字典中的条目是否相同。由于字典的条目是无序存储的，所以比较时不考虑这些条目在字典中的顺序。例如：

```
>>>d1={'a': 1,'b': 2,'c': 3}
>>>d2={'a': 1,'b': 2,'c': 4}
>>>d3={'c': 3,'b': 2,'a': 1}
>>>print(d1==d2,d1!=d3)
False False
```

注意：字典只支持相等性比较，而不支持使用其他比较运算符（>、<、>=、<=）的比较。

5. 字典推导式

和列表类似，字典也支持推导式生成，格式如下：

```
{<键>: <值> for <变量> in <序列>}
```

例如：

```
>>>d4={x: x * x for x in range(1, 5)}
>>>d4
{1: 1, 2: 4, 3: 9, 4: 16}
```

3.3.5 字典的函数与方法

字典的常用内置函数有 len()、max()、min()等，如表 3-5 所示。

表 3-5 字典的函数

函　数	说　明
len(d1)	计算字典 d1 中元素的个数
max(d1)	返回 d1 字典中键的最大值，要求 d1 中所有键数据类型相同
min(d1)	返回 d1 字典中键的最小值，要求 d1 中所有键数据类型相同

续表

函　数	说　　明
type(d1)	返回字典 d1 的类型
list(d1)	返回由字典 d1 中所有键组成的列表
list(d1.items())	返回由字典 d1 的元素组成的列表,键值对转化为元组(key,value)
list(d1.values())	返回由字典 d1 的值组成的列表

字典常用的其他方法有 items()、keys()、values()等,如表 3-6 所示。

表 3-6　字典的常用方法

方　法	说　　明
d1.items()	返回一个由字典 d1 中所有键值对组成的序列
d1.keys()	返回一个由字典 d1 中所有键组成的序列
d1.values()	返回一个由字典 d1 中所有值组成的序列
d1.clear()	删除字典 d1 的所有元素
d1.copy()	复制字典 d1
d1.popitem()	以元组的形式返回字典 d1 中任意一个键值对元素(一般为末尾元素),并且删除该元素

需要注意的是,keys()、values()和 items()方法返回的是一个特殊的序列,通常用 tuple()或 list()函数将它们转换为元组或列表后再做计算。一般来说,keys()和 items()方法返回的结果可以转换成元组,因为不会有重复的键;而 values()方法返回的结果应该转换成列表,因为可能存在重复的值。

3.3.6　字典应用举例

【例 3.4】 输入一个字符串,统计其中单词出现的次数,单词之间用空格分隔开。

```
#L3.4 例 3.4
str=input("input string: ")
str_list=str.split()              #将字符串 str 用空格进行分隔并返回分隔后的字符串列表
word_dict={}
for word in str_list:
    if word in word_dict:
        word_dict[word]+=1        #如果 word 已经在字典中,则相应的值加 1
    else:
        word_dict[word]=1         #如果 word 不在字典中,则在字典中添加键值对元素 word:1
print(word_dict)
```

程序运行结果如下:

```
input string: He is a student and i am a student
{'He': 1, 'is': 1, 'a': 2, 'student': 2, 'and': 1, 'i': 1, 'am': 1}
```

3.4 集合

Python 中的集合和数学中的集合概念一致,它是由一组无序排列且不重复的元素组成。集合将元素放在一对大括号之间(和字典一样),元素之间用逗号分隔。集合的元素类型只能是固定的数据类型,如整型、字符串、元组等,而列表、字典和集合类型本身是可变数据类型,不能作为集合中的数据元素。例如下面的集合都是合法的:

```
{1, 2, 3, 4, 5}
{"苹果", "香蕉", "橙子"}
{(1, 3), (2, 4), (3, 5)}
```

3.4.1 创建集合

集合分为可变集合和不可变集合两种类型。可变集合的元素可以添加、删除,而不可变集合则不能。可以使用赋值语句或者 set() 函数创建可变集合;使用 frozenset() 函数创建不可变集合。

1. 使用赋值语句

使用赋值语句创建可变集合的格式如下:

```
<集合名>={<元素 1>,<元素 2>,<元素 3>,…,<元素 n>}
```

例如:

```
>>>s1={1, 2, 3, 4}
>>>s1
{1, 2, 3, 4}
>>>s2={1,2,2,3,4,3}            #创建集合时,重复元素会被自动去掉
>>>s2
{1,2,3,4}
>>>s3={(1,2),(2,1),(1,3)}
>>>s3
{(1, 2), (1, 3), (2, 1)}
```

2. 使用 set() 函数

使用 set() 函数创建可变集合的格式如下:

```
<集合名>=set([<元素 1>,<元素 2>,<元素 3>,…,<元素 n>])
```

使用 set() 函数创建集合可以把任何序列,例如列表或元组转换成集合。如果要创建一个空集合,只能使用 set() 函数,因为空的一对大括号{}是用来创建一个空字典的。例如:

```
>>>s1=set("abc")           #将字符串创建为集合
>>>s2=set([1, 2, 3])        #将列表创建为集合
>>>s1,s2
{'a', 'c', 'b'}, {1, 2, 3}
```

3. 使用 frozenset() 函数

使用 frozenset() 创建不可变集合的格式如下：

```
<集合名>=frozenset([<元素1>,<元素2>,<元素3>,…,<元素n>])
```

例如：

```
>>>s1=frozenset([1, 2, 3])      #创建不可变集合s1,创建后s1不可更新
>>>s1
frozenset({1, 2, 3})
```

需要注意的是，由于集合元素是无序的，集合的输出顺序与定义顺序可以不一致。

由于集合元素是不可重复的，所以集合类型主要用于元素去重，适合于任何组合数据类型。

3.4.2 访问集合

由于集合的元素存储是无序的，没有索引或键与集合元素对应，所以不能用索引号和键来访问集合中某个位置上的元素，但可以使用 for 循环来遍历其中的所有元素。例如：

```
>>>s1={1,2,3,4,5}
>>>for x in s1:
       print(x,end=',')
1,2,3,4,5,
```

3.4.3 更新集合

可变集合的更新只有添加元素和删除元素两种。不可变集合创建后是不能更新的。

1. 添加元素

向集合中添加一个元素可以使用 add() 方法，在向集合中添加元素时，如果新元素与集合中原有的元素重复，则不会被添加。add() 方法的使用格式如下：

```
<集合名>.add(<值>)
```

例如：

```
>>>s1={1,2,3}
>>>s1.add(4)    #add()方法一次只能添加一个元素
>>>s1
{1, 2, 3, 4}
>>>s1.add(2)    #如果添加的元素已经在集合中存在,则新元素不会被添加
>>>s1
{1, 2, 3, 4}
```

2. 合并集合

使用 update() 方法可以将一个集合中的元素添加到当前集合中，如果添加的新元素在当前集合中重复，则不会被添加。例如：

```
>>>s1={1,2,3}
>>>s2={2,3,5}
>>>s1.update(s2)
>>>s1
{1, 2, 3, 5}
```

3. 删除元素

在集合中删除元素可以使用 remove() 和 discard() 方法。例如：

```
>>>s1={1,2,3,4,5}
>>>s1.remove(4)         #删除集合 s1 中元素 4
>>>s1.discard(5)        #删除集合 s1 中元素 5
>>>s1
{1, 2, 3}
>>>s1.remove(4)         #当 remove() 方法删除不存在的元素时会报错 KeyError
……
KeyError: 4
>>>s1.discard(4)        #当 discard() 方法删除不存在的元素时不会报错
```

使用 pop() 方法也可以删除集合中的元素，其功能是随机删除集合中的元素并返回被删除元素的值。例如：

```
>>>s1={2,8,3,9}
>>>s1.pop()
8
>>>s1
{9, 2, 3}
```

也可以调用 clear() 方法清空集合中的所有元素。如果需要删除集合，则可以使用 del 语句。例如：

```
>>>s1.clear()        #清空集合 s1
>>>s1
set()
>>>del s1            #删除集合 s1
>>>s1
……
NameError: name 's1' is not defined
```

3.4.4　集合常用的其他操作

1. 集合运算

Python 中提供了集合的 4 种基本运算：交（&）、并（|）、差（-）和补（^）。这些运算既可以通过运算符进行，也可以通过集合的方法进行。除此之外，集合还可以参与多种运算，如表 3-7 所示。

表 3-7 集合的运算符

运算符或方法	功　能
s1 | s2 或 s1.update(s2)	求 s1 和 s2 的并集,即返回一个新集合,包括集合 s1 和 s2 中的所有元素
s1 & s2 或 s1.intersection(s2)	求 s1 和 s2 的交集,即返回一个新集合,包括同时在集合 s1 和 s2 中的元素
s1－s2 或 s1.difference(s2)	求 s1 和 s2 的差集,即返回一个新集合,包括在集合 s1 中但不在集合 s2 中的元素
s1 ^ s2 或 s1.symmetric_difference(s2)	求 s1 和 s2 的补集,即返回一个新集合,包括集合 s1 和 s2 中的元素,但不包括同时在其中的元素
x in s	如果元素 x 在集合 s 中,返回 True;否则返回 False
x not in s	如果元素 x 不在集合 s 中,返回 True;否则返回 False
s1==s2	如果 s1 与 s2 元素个数、元素值完全相同,返回 True;否则返回 False
s1!=s2	如果 s1 与 s2 不同,返回 True;否则返回 False
s1＜s2	s1 是 s2 的真子集,返回 True;否则返回 False
s1＜=s2	s1 是 s2 的子集,返回 True;否则返回 False
s1＞s2	s1 是 s2 的超集,返回 True;否则返回 False

图 3-3 形象地说明了集合之间的交、并、差、补运算之间的关系。

　　s1 & s2　　　　　s1 | s2　　　　　s1-s2　　　　　s1^s2

图 3-3　两个集合之间的交、并、差、补

集合运算举例如下:

```
>>>s1,s2={1,2,3},{2,3,4}
>>>print(1 in s1)      #s1中包含元素1
True
>>>print(s1==s2)       #s1与s2不相等
False
>>>print(s1>=s2)       #s1不是s2的超集
False
>>>print(s1|s2)        #求s1和s2的并集
{1, 2, 3, 4}
>>>print(s1&s2)        #求s1和s2的交集
{2, 3}
>>>print(s1-s2)        #求s1和s2的差集
{1}
>>>print(s1^s2)        #求s1和s2的补集
{1, 4}
```

2. 集合的函数与方法

集合常用的函数和方法如表 3-8 所示。

表 3-8 集合常用的函数

函数/方法	说明
len(s1)	返回集合 s1 中元素的个数
max(s1)	返回集合 s1 的最大值,要求 s1 中集合元素类型相同
min(s1)	返回集合 s1 的最小值,要求 s1 中集合元素类型相同
sum(s1)	返回集合 s1 中所有元素之和,要求集合中不可有非数值元素
set(s)	将序列 s 转换为集合
s1.copy()	复制集合

3.5 思考与练习

一、单选题

1. 关于列表的说法,描述错误的是(　　)。
   A. list 是一个有序集合,没有固定大小
   B. list 可以存放 Python 中任意类型的数据
   C. 使用 list 时其下标可以是负数
   D. list 是不可变数据类型

2. 以下程序的输出结果是(　　)。

```
list_demo=[1,2,3,4,5,'a','b']
print(list_demo[1],list_demo[5])
```

  A. 1 5　　　　　B. 2 a　　　　　C. 1 97　　　　　D. 2 97

3. 执行以下操作后,list_two 的值是(　　)。

```
list_one=[4,5,6]
list_two=list_one
list_one[2]=3
```

  A. [4,5,6]　　　B. [4,3,6]　　　C. [4,5,3]　　　D. 都不对

4. 下列不是 Python 语言中定义元组的方式的是(　　)。
  A. (1)　　　　　B. (1,)　　　　C. (1,2)　　　　D. (1,2,(3,4))

5. Python 语句

```
a=[1,2,3,None,[[]],[]]
print(len(a))
```

以上代码的运行结果是(　　)。

  A. 4　　　　　　B. 5　　　　　　C. 6　　　　　　D. 7

6. 在 Python 中有

```
s=['a','b']
s.append([1,2])
s.insert(1,7)
```

执行以上代码后,s 值为( )。

  A. ['a', 7, 'b', 1, 2]   B. [[1, 2], 7, 'a', 'b']

  C. [1, 2, 'a', 7, 'b']   D. ['a', 7, 'b', [1, 2]]

7. 下列关于元组的描述中正确的是( )。

  A. 可以用 tup=() 创建元组 tup

  B. 可以用 tup=(50) 创建元组 tup

  C. 元组中的元素允许修改

  D. 元组中的元素允许删除

8. 以下不能创建字典的语句是( )。

  A. dict1={ }   B. dict2={3: 5}

  C. dict3={[1,2,3]: "abcd"}   D. dict4={(1, 2, 3): "abcd"}

9. 以下关于字典的描述中错误的是( )。

  A. 字典是一种可变容器,可以存储任何类型的对象

  B. 每个键值对中的键和值用冒号隔开,键值对之间用逗号隔开

  C. 键值对中,值必须唯一

  D. 键值对中,键必须不可变

10. list=['a', 'b', 'c', 'd', 'e'],下列操作会正常输出结果的是( )。

  A. list[-4: -1: -1]   B. list[: 3: 2]

  C. list[1: 3: 0]   D. list['a': 'd': 2]

11. 下列函数中,用于返回元组中元素最小值的是( )。

  A. len   B. max   C. min   D. uple

12. Python 语句 print(type((1,2,3,4))) 的结果是( )。

  A. <class 'tuple'>   B. <class 'dict'>

  C. <class 'set'>   D. <class 'list'>

13. 字典的( )方法返回字典的"键"列表。

  A. keys()   B. key()   C. values()   D. items()

14. 下列选项中,正确定义了一个字典的是( )。

  A. a=['a',1,'b',2,'c',3]   B. b=('a',1,'b',2,'c',3)

  C. c={'a',1,'b',2,'c',3}   D. d={'a': 1,'b': 2,'c': 3}

15. Python 语句如下:

```
s1=[1, 2, 3, 4]
s2=[5,6,7]
print(len(s1+s2))
```

以上代码的运行结果是( )。

  A. 3   B. 4   C. 6   D. 7

二、填空题

1. 字典的_____方法返回字典中的"键-值"对列表。
2. Python 内置函数_____可以返回列表、元组、字典、集合、字符串以及 range 对象中元素个数。
3. Python 语句 s='abcdefg',则 s[::-1]的值是_____。
4. 任意长度的 Python 列表、元组和字符串中最后一个元素的索引为_____。
5. 字典中每个元素的"键"与"值"之间使用_____分隔开。
6. 假设列表对象 list1 的值为[3,4,5,6,7,9,11,13,15,17],那么切片 list1[3:7]得到的值是_____。
7. 已知字典 x={i:(i+3)**2 for i in range(4)},那么表达式 sum(x.values())的值为_____。
8. 表达式 set([3,2,3,1])=={1,2,3}的值为_____。

三、判断题

1. 列表、元组、字符串都是 Python 的有序序列。（　　）
2. 通过 insert()方法可以在指定的索引位置插入元素。（　　）
3. 使用下标可以修改列表的元素值。（　　）
4. del 语句只能删除整个列表。（　　）
5. append()方法可以将元素添加到列表的任意位置。（　　）
6. pop()方法在省略参数的情况下,会删除列表的最后一个元素。（　　）
7. 无法删除集合中指定位置的元素,只能删除特定值的元素。（　　）
8. 通过索引可以修改和访问元组的元素。（　　）
9. 元组是不可变的,不支持列表对象的 inset()、remove()等方法,也不支持 del 命令删除其中的元素,但可以使用 del 命令删除整个元组对象。（　　）
10. Python 集合中的元素允许重复。（　　）
11. Python 支持使用字典的"键"作为索引来访问字典中的值。（　　）
12. 列表可以作为字典的"键"。（　　）

四、编程题

1. 有如下列表：

```
list1=[2,7,11,15,1,8,7],
```

找到列表中和等于 9 的元素对的集合,以[(2,7),(1,8)]的形式输出。

2. 任意输入 10 个学生的姓名和成绩构成字典,按照成绩从高到低排序。
3. 任意输入 10 个学生的姓名和年龄构成字典,读出其键和值,保存输出到两个列表中。
4. 如果一个列表中有一个元素出现两次,那么该列表即被判定为包含重复元素。编写程序判定列表中是否包含重复元素,如果包含输出 True,否则输出 False。
5. 输入一句英文,统计英文中出现的字母及次数,使用字典保存每个字母及次数。

第 4 章 函数与模块

在程序开发过程中,有很多操作的功能是完全相同或相似的,如果这一功能在整个应用会经常使用,则每一处需要该功能的位置都要写上同样的代码,这必将会造成大量的冗余代码,不便于程序的开发及后期维护。为此,Python 中引入了函数的概念。为了更好地管理大规模且反复被重用的大段程序代码,Python 引入了模块的概念,模块将大段程序或多个函数段封装为一个文件,可以反复使用,进一步地提出了包的概念。

4.1 函数的定义与调用

函数是具有特定功能、可以被重复使用的一段代码,通过函数名来表示并通过函数名进行调用。使用函数不仅可以提高应用程序的模块化,还能提高代码的重复利用率。

Python 中的函数可以分为内置函数和用户自定义函数。内置函数是由系统事先定义好的、可以被用户直接且重复使用的程序单位,也称为系统函数,如 print()函数、input()函数等;而自定义函数是用户根据需求定义的具有特定功能的代码块。本章主要介绍的是自定义函数。

4.1.1 函数的定义

在 Python 中,函数使用 def 关键字定义,具体语法格式如下:

```
def <函数名>(<[参数列表]>):
    函数体
    [return <返回值列表>]
```

说明:

(1) 函数使用关键字 def(define 的缩写)定义,表示函数的开始。

(2) 函数名是由用户自定义的任何有效的标识符。函数名后面的冒号必不可少,用于标记函数体的开始。

(3) 参数列表可以省略,但小括号必须有。参数列表中可以有零个、一个或多个参数,多个参数之间用逗号分隔。根据参数的有无,函数可分为带参函数和无参函数。

(4) 函数体由一行或多行 Python 语句构成,这些语句要按照 Python 要求缩进,即必须保持与 def 关键字有一定的空格缩进。

(5) 函数体的第一行语句可以选择性地使用文档字符串来描述函数的功能。

(6) return 语句标志着函数体的结束，用于将函数中的数据返回给函数调用者，如果省略 return 语句，表明函数在函数体顺序执行完毕后结束，函数返回 None 值。

定义函数时，函数参数列表中的参数是形式参数，简称形参，形参用来接收调用该函数时传入函数的参数。形参只会在函数被调用的时候才分配内存空间，一旦调用结束就会即刻释放，因此形参只在函数内部有效。

函数定义举例如下：

```
>>>def hello ():              #定义函数 hello()
    print("Hello World!")
>>>hello()                    #直接调用函数 hello()
Hello World!
```

注意：用 def 定义函数时，要注意区分字母大小写，函数名后面的括号不能省略；在主程序中直接通过函数名调用函数，函数名后面也必须要有括号。

4.1.2 函数的调用

函数的调用过程就是执行函数中语句的过程。程序调用一个函数需要执行以下 4 个步骤：

(1) 调用程序在调用处暂停执行；
(2) 在调用时将实参传递给函数的形参；
(3) 执行函数体语句；
(4) 函数调用结束给出返回值，程序回到调用前的暂停处继续执行。

调用函数要在函数定义之后进行，格式如下：

```
<函数名>([<参数列表>])
```

其中，函数名为已经定义的函数名，参数列表中给出要传入函数内部的参数，这些参数称为实际参数，简称实参。实参可以是常量、变量、表达式、函数等，但必须有确定的值。实参可以由多个参数组成，中间用逗号分隔。例如：

```
>>>def my_max(x,y):           #定义函数 my_max()，其功能是求两个数中的较大值
    if x>y:
        return x
    else:
        return y
>>>z=my_max(3,5)              #调用函数 my_max()
>>>print(z)
5
```

在具体的程序语句中，调用函数可以有如下 3 种方式：

(1) 直接调用函数名，此时调用程序往往不需要函数的返回值；
(2) 函数作为表达式的一部分出现，此时调用程序将使用函数的返回值，并参与表达式的数据计算；
(3) 函数被嵌套在另一个函数中，函数的返回值被当做另外函数的实参使用。

【例 4.1】 定义一个求阶乘的函数,在主程序中输入一个值,调用该函数,求得该值的阶乘并输出。

```
#L4.1 例 4.1
def fact(x):
    n=1
    for i in range(1,x+1):
        n=n*i
    return n
y=int(input("请输入一个正整数: "))
if y>0:
    print(y,"的阶乘是: ",fact(y))          #调用函数 fact()
else:
    print("输入错误!")
```

程序运行结果如下:

```
请输入一个正整数: 5
5 的阶乘是: 120
```

4.2 函数的参数与返回值

4.2.1 参数传递

1. 形参与实参

函数的参数列表由一个或多个参数组成,多个参数之间用逗号分隔。形参是在定义函数时位于函数名后面括号中的变量,用来接收调用该函数时传递进来的实参。而实参是在调用函数时,由调用语句传给函数的常量、变量或表达式。

形参和实参具有如下特点。

(1) 形参只能是变量,不能是常量或表达式。函数在被调用前,形参只是代表了使用该函数所需要的参数的个数、数据类型和位置,并没有具体的数值。只有当调用时,主调函数将实参传递给形参,形参才有值。

(2) 形参只有在函数被调用时才分配内存单元,调用结束后释放内存单元,因此形参只在函数内部有效,函数调用结束,返回主调函数后,则不能再使用该形参。

(3) 实参可以是常量、变量、表达式、函数等。无论实参是何种数据类型的变量,函数调用时必须是确定的值,以便把这些值传递给形参。

(4) 实参和形参在个数、数据类型、位置上应严格一致,否则会发生不匹配错误。

2. 参数传递的方式

函数的参数传递就是指将实参传递给形参的过程。参数传递是函数调用时的一个关键环节。在 Python 中,参数传递采用的是"传对象引用"的方式,即传递的是一个对象的内存地址,这种方式相当于传值和传址的一种结合。

Python 中的对象按照内容是否可变分为可变对象和不可变对象。所谓可变对象指的是对象的内容是可以改变的,而不可变对象指的是对象内容不可以改变。不可变对象包括数字(整型、浮点型、布尔型等)、字符串、元组。可变对象包括列表、字典。在传递参数时,如果传递的对象是可变对象,那么在函数中形参值的变化会影响到实参(相当于引用传递)。如果传递的对象是不可变对象,则在函数体形参值的变化不会影响到实参(相当于值传递)。

【例 4.2】 传递不可变对象,形参的变化不会影响到实参。

```
#L4.2 例 4.2
def mul(x):
    x*=2
    print(x)
a=4
mul(a)              #实参 a 为整型
print(a)
```

程序运行结果如下:

```
8
4
```

说明:
(1) 调用 mul()函数时,实参 a 传递给形参 x,此时 x 和 a 都指向数值 4;
(2) 执行 mul()函数时,x 被赋值为 8,因为数值是不可变对象,所以 x 指向了新的对象数值 8,此时实参 a 仍然指向原数值 4,即 a 的值不变。

【例 4.3】 传递可变对象(形参的变化会影响到实参)。

```
#L4.3 例 4.3
def change(x):
    x.append(4)
    print(x)
a=[1,2]
change(a)           #实参 a 为列表
print(a)
```

程序运行结果如下:

```
[1, 2, 4]
[1, 2, 4]
```

说明:
(1) 主程序中定义了一个变量 a,a 指向列表[1,2];
(2) 在主程序中调用 change()函数时,列表变量 a 作为实参传递给形参 x,此时 x 和 a 都指向列表[1,2];
(3) 执行 change()函数时,形参 x 执行了 append 操作,由于列表是可变对象,所以该操作是直接在原来的列表上进行的,原列表变为[1,2,4],此时并不会生成新的对象,x 和 a 都指向列表[1,2,4]。

【例 4.4】 字符串和字典作为形参。

```
#L4.4 例 4.4
def change(x,y):
    x='222'
    y['a']=5
str1='1111'
dic1={'a': 1,'b': 2,'c': 3}
change(str1,dic1)          #实参 str1 为字符串,实参 dic1 为字典
print(str1,dic1)
```

程序运行结果如下：

```
1111 {'a': 5, 'b': 2, 'c': 3}
```

在上述例子中，str1 为字符串是不可变对象，所以其值没有变化；dic1 为字典是可变对象，所以其值被改变了。

4.2.2 函数参数

Python 的函数参数分为位置参数、关键字参数、默认值参数和可变参数 4 类。

1. 位置参数

位置参数是指在调用函数时根据函数定义的参数的个数、位置和顺序将对应的实参传递给形参。示例如下：

```
>>>def stu(name,age):
        print("姓名：",name)
        print("年龄：",age)
>>>stu("张三",19)
姓名：张三
年龄：19
```

在上述例子中，当调用 stu()函数时，第一个实参"张三"传递给形参 name，第二个实参 19 传递给形参 age，其数据传递如图 4-1 所示。

通过位置传递方式传参时，实参的个数必须与形参的个数保持一致，否则程序会出现异常。

当函数参数较多时，由于很难记住每个参

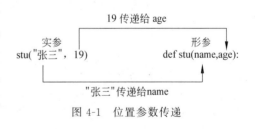

图 4-1　位置参数传递

数的作用，使得按位置传递参数的方式可读性较差，这时可以使用关键字方式传递参数。

2. 关键字参数

关键字参数是指在函数调用时，通过对形参赋值传递的参数。这种传递方式通过"形参变量名=实参"的形式将形参与实参关联，根据形参的名称进行参数传递，它允许实参与形参的顺序不一致。示例如下：

```
>>>def stu(name,age):
       print("姓名: ",name)
       print("年龄: ",age)
>>>stu(name="张三",age=19)
姓名：张三
年龄：19
>>>stu(age=20,name="李四")
姓名：李四
年龄：20
```

采用关键字参数传递的方式不需要保持参数传递的顺序,参数之间的顺序可以任意调整,只需要对每个必要参数赋予实际值即可,这种方式能显著增强程序的可读性。

位置参数和关键字参数可以混合使用,但要注意位置参数不能出现在任何关键字参数之后,并且位置参数和关键字参数不能传给同一个形参。例如,定义函数 func() 的函数头如下：

```
func(a=2,b=4,c=6):
```

此时,可以使用 func(9,c=1,b=3) 或者 func(10,b=1) 等语句来调用。而使用 func(a=3,20,c=7) 会出错,因为位置参数 20 位于关键字参数 a 之后,使解释器不知道该参数位置上对应于哪个形参。使用 func(30,a=1) 也会报错,因为两个参数传递给了同一个形参,解释器不知道程序想要接收哪个值。

3. 默认值参数

默认值参数也称为可选参数,是指在函数定义时指定了默认值的参数,其基本形式如下：

```
def<函数名>(…<形参=默认值>…)
```

这样在调用时既可以给带有默认值的参数重新赋值,也可以省略相应的实参,使用参数的默认值。例如：

```
>>>def stu(name,sex="男"):        #定义默认值参数 sex
       print("姓名: ",name)
       print("性别: ",sex)
>>>stu("张三")                     #形参 sex 的默认值为"男"
姓名：张三
性别：男
>>>stu("李四","女")                #改变默认值参数 sex 的值
姓名：李四
性别：女
```

需要注意如下事项。

(1) 默认值参数必须指向不可变对象,因为默认值参数使用的值是在函数定义时就确定的。为了避免造成程序错误,可变对象不能作为默认值参数的值,例如不能将列表作为参数的默认值。

(2) 当函数具有多个参数时,有默认值的参数一定要放在必选参数的后面。

【例 4.5】 定义求 X^n 的函数。

```
#L4.5 例 4.5
def func(x,n=2):              #定义默认值参数 n
    s=1
    for i in range(1,n+1):
        s=s*x
    return s
print(func(3))                #形参 n 的默认值为 2,求 3 的平方
print(func(4,3))              #改变默认值参数 n 的值,求 4 的 3 次方
```

程序运行结果如下:

```
9
64
```

说明:

(1) 在函数 func()中,定义了两个参数 x 和 n,其中 x 为必选参数,n 为默认值参数;

(2) 形参 n 的默认值为 2,调用函数时可以不为 n 传递值,则将求任意数的平方,如 func(3);

(3) 调用函数时也可以为形参 n 传递不同的值,从而改变默认值参数 n 的值,此时函数的功能为求任意数的 n 次方,如 func(4,3)为求 4 的 3 次方。

4. 可变参数

在实际应用中,有时并不能事先确定函数到底需要多少个参数,或者参数的数量可以根据调用时的具体情况有所变化,此时可以使用可变参数,不事先指定参数的数量,当调用函数时,可变参数可以接收任意多个参数。

可变参数是在函数定义时可以使用的个数不确定的参数,同一个函数可以使用不同个数(包括 0 个)的参数调用。若参数以 * 开头,则代表一个任意长度的元组,可以接收连续的一串参数;若参数以**开头,则代表一个字典,参数的形式是 key=value,可以接收连续的任意多个参数。

【例 4.6】 单星号参数的使用。

```
#L4.6 例 4.6
def tup_sum(a=0, * n):
    print(type(n))
    print(a,n)
    print("可变参数 n 的值为: ",n)
    s=a
    for i in n:                #遍历元组
        s=s+i
    print("和为: ",s)
    return s
tup_sum(1)
tup_sum(1,2,3,4)
```

程序运行结果如下:

```
<class 'tuple'>
1 ()
可变参数 n 的值为: ()
和为: 1
<class 'tuple'>
1 (2, 3, 4)
可变参数 n 的值为: (2, 3, 4)
和为: 10
```

说明:

(1) 函数 tup_sum() 的形参 n 的前面带有 *,说明 n 为可变参数,被调用时可以接收任意多个参数;

(2) 第一次调用时,将 1 个数值传递给参数 a,0 个数值传递给 n,n 在函数内被组装为包含 0 个元素的元组;

(3) 第二次调用时,将第 1 个数值传递给参数 a,后面 3 个数值传递给参数 n,n 在函数内被组装为包含 3 个元素的元组。

可变参数还可以接收关键字参数并将其放置在一个字典中传递给函数,此时需要在定义函数时,通过在参数前面添加两个星号(**)来实现。如果在一个函数定义中的最后一个形参前有双星号,则所有正常形参之外的其他关键字参数都将被放置在一个字典中传递给该参数。

【例 4.7】 双星号参数的使用。

```
#L4.7 例 4.7
def my_sum(a, * n, * * m):
    print(type(n),type(m))
    print(a,n,m)
    s=a
    for i in n:              #遍历元组
        s=s+i
    for j in m:              #遍历字典
        s=s+m[j]
    print("和为: ",s)
    return s
my_sum(1,2,3,4)
my_sum(1,b=3,c=5)
my_sum(1,2,3,4,b=5,c=6)
```

程序运行结果如下:

```
<class 'tuple'><class 'dict'>
1 (2, 3, 4) {}
和为: 10
<class 'tuple'><class 'dict'>
1 () {'b': 3, 'c': 5}
和为: 9
```

```
<class 'tuple'><class 'dict'>
1 (2, 3, 4) {'b': 5, 'c': 6}
和为：21
```

说明：

(1) 函数 my_sum() 中定义的参数 n 为单星号参数，m 为双星号参数，n 和 m 都可以接收任意多个参数，且 n 将接收到的参数组装为一个元组，m 将接收到的关键字参数组装为一个字典；

(2) 第一次调用时，将第一个参数"1"传递给位置参数 a，其他 3 个参数值被组装为一个元组，传递给参数 n，可选参数 m 接收到零个参数，为空字典；

(3) 第二次调用时，将第一个参数"1"传递给位置参数 a，可选参数 n 接收到零个参数，为空元组，其他 2 个关键字参数被组装为一个字典，传递给参数 m；

(4) 第三次调用时，将第一个参数"1"传递给位置参数 a，后面 3 个参数值被组装为一个元组，传递给参数 n，最后 2 个关键字参数被组装为一个字典，传递给参数 m。

4.2.3 参数传递时的解包传递

当函数中的形参为含有多个单变量的可变参数，而实参又是列表、元组、集合、字典等可迭代对象时，可以使用在实参前添加 * 进行序列解包，然后再传递给形参的方法，示例如下。

【例 4.8】 将实参序列解包后传递给可变参数。

```
#L4.8 例4.8
def func(*n):
    print(n)
lis=[1,2,3]
func(*lis)                    #实参 lis 为一个列表
tup=(2,3,1)
func(*tup)                    #实参 tup 为一个元组
set1={3,2,1}
func(*set1)                   #实参 set1 为一个集合
dic={'b':2,'a':1,'c':3}
func(*dic)                    #实参 dic 为一个字典
```

程序运行结果如下：

```
(1, 2, 3)
(2, 3, 1)
(1, 2, 3)
('b', 'a', 'c')
```

说明：

(1) 第一次调用函数 func() 时，实参 lis 前面添加了星号，将对其进行序列解包；

(2) 将列表 lis 解包为 3 个数值对象，并将这 3 个数值对象组装为一个元组传递给可变参数，从而程序可以正确执行；

(3) 同理，在之后的 3 次调用 func() 函数中，Python 将分别对 tup、set1 和 dic 进行解包形成元组,然后再传递给形参。

【例 4.9】 将实参序列解包后传递给多个普通参数。

```
#L4.9 例 4.9
def func(a,b,c):
    print(a,b,c)
lis,tup,set1=[1,2,3],(2,1,3),{3,2,1}
                                    #实参 lis 为一个列表,tup 为一个元组,set1 为一个集合
func(*lis)
func(*tup)
func(*set1)
w={'b':2,'a':3,'c':1}               #实参 w 为一个字典
func(**w)                           #实参 w 前添加**,表示将字典 w 中的 3 个键值对拆分为 3 个值
```

程序运行结果如下:

```
1 2 3
2 1 3
1 2 3
3 2 1
```

说明:

(1) 函数 func()包含 3 个普通参数,注意不是可变参数;

(2) 当实参为元组、列表、集合、字典等可迭代对象时,可在实参前添加*,将实参解包后进行参数传递;

(3) 最后一次调用函数 func()时,实参 dic 前添加了**,此时 Python 将字典 dic 中的 3 个键值对拆分为 3 个值,并分别按参数名称传递给形参 a、b、c;

(4) 如果不将实参进行序列解包而直接传递,实参与形参个数不相等,程序将会出错。

4.2.4 函数的返回值

函数的返回值是指被调用的函数执行完后,返回给主调程序的结果,通过 return 语句来实现。return 语句的语法格式如下:

```
return<表达式列表>
```

return 语句用来结束函数并将程序返回到主调程序中函数被调用的位置继续执行,同时把返回值带给主调程序。

【例 4.10】 包含单个 return 语句的函数。

```
#L4.10 例 4.10
def add(x,y):
    z=x+y
    return z
a=add(3,6)
print(a)
```

程序运行结果如下：

```
9
```

在上述例子中，函数 add() 用 return 语句返回了两个数相加的结果。

如果函数定义时省略 return 语句或者只有 return 而没有返回值，则 Python 将认为该函数以"return None"结束，None 代表没有值，示例如下。

【例 4.11】 省略 return 语句的函数。

```
#L4.11 例 4.11
def hello():
    print("Hello World!")
print(hello())
```

程序运行结果如下：

```
Hello World!
None
```

在上述例子中，定义函数 hello() 时，没有用 return 语句指定返回值，当检查函数返回类型时，系统就返回一个默认的类型 None。

return 语句可以放置在函数体的任何位置，当执行到第一个 return 语句时，程序返回到调用程序处接着执行，此时不会执行该函数中 return 语句后的代码，示例如下。

【例 4.12】 包含多个 return 语句的函数。

```
#L4.12 例 4.12
def my_max(x,y):
    if x>y:
        return x
    else:
        return y
    print(x, y)
a=my_max(4,9)
print(a)
```

程序运行结果如下：

```
9
```

说明：

（1）函数 my_max() 中有多条 return 语句；

（2）调用函数 my_max() 时，将实参 4、9 分别传递给形参 x、y，由于 x 小于 y，因此执行 else 后的 return 语句，此时函数调用结束，不会执行 return 后面的语句，最终函数的返回值是 9。

当函数具有多个返回值时，如果只用一个变量来接收返回值，函数返回的多个值实际上构成了一个元组，示例如下。

【例 4.13】 函数返回多个值。

```
#L4.13 例4.13
def my_maxmin(a):
    max=a[0]
    min=a[0]
    for i in range(0,len(a)):
        if max<a[i]:
            max=a[i]
        if min>a[i]:
            min=a[i]
    return max,min
list1=[4,9,3,0,-2,78,6]
x,y=my_maxmin(list1)
print("最大值为: ",x,"\n最小值为: ",y)
```

程序运行结果如下：

最大值为: 78
最小值为: -2

4.3 变量的作用域

变量的作用域是指变量起作用的代码范围。根据变量作用域的不同，可以将变量分为两类：全局变量和局部变量。全局变量指在函数之外定义的变量，一般没有缩进，在程序执行全过程有效。局部变量指在函数内部使用的变量，仅在函数内部有效，当函数退出时变量将不存在。

4.3.1 全局变量

全局变量是指定义在函数之外的变量，一般没有缩进，在程序执行全过程有效，可在其他模块和函数中使用。全局变量可以在程序的任何位置访问。

在 Python 中，判断一个变量是否是全局变量可以使用如下规则：

(1) 在主程序中定义的变量是全局变量，即在主程序中出现在赋值语句等号左侧的变量是全局变量；

(2) 用 global 声明的变量是全局变量，global 语句可以声明多个变量为全局变量，变量中间用逗号分隔；

(3) 没有用 global 语句声明，但出现在函数内赋值号右侧且不是函数参数的变量是全局变量，或者说，如果在函数体内只是引用了某个变量的值而没有为其赋新值，则该变量为全局变量。

4.3.2 局部变量

局部变量是指定义在函数体内的变量。它只能被本函数使用，其作用域从创建变量的地方开始，到包含该局部变量的函数结束为止。与函数外具有相同名称的其他变量没有任何关系。

判断局部变量可以使用如下规则：

(1) 函数的形式参数是局部变量；

(2) 在函数体内赋值号左侧出现的变量是局部变量，作用域在该函数体内部，或者说只要在函数体内部有为变量赋值的操作，该变量即为局部变量。

【例 4.14】 全局变量和局部变量。

```
#L4.14 例 4.14
a,b=4,8           #变量 a 在主程序中定义，为全局变量
def func():
    c=a+b         #变量 c 出现在函数体内赋值号的左侧，是局部变量
    print(c)      #在函数体内输出局部变量 c 的值
func()            #在主程序中调用函数
print(a, b)       #在主程序中输出全局变量 a、b 的值
```

程序运行结果如下：

```
12
4 8
```

说明：

(1) 变量 a 和 b 在主程序中定义，且在函数内出现在赋值号后侧，虽然没有用 global 语句声明，但仍然为全局变量，主程序调用 func() 函数后，执行 print 语句输出变量 a 和 b 的值，仍然为原来的值；

(2) 在函数 func() 中，变量 c 没有被 global 声明为全局变量，且出现在赋值号的左侧，所以是局部变量，仅在函数 func() 内部有效，当函数退出时该变量将不存在。

【例 4.15】 局部变量与全局变量同名。

```
#L4.15 例 4.15
a,b=4,8           #a 在主程序中定义，为全局变量
def func():
    a=10          #a 在函数体内赋值号的左侧，为局部变量，与主程序中的 a 不是同一个变量
    c=a+b         #c 为局部变量
    print(a, b, c)
func()
print(a, b)
```

程序运行结果如下：

```
10 8 18
4 8
```

说明：

(1) 主程序中 a 和 b 为全局变量；

(2) 在 func() 函数体内，变量 a 虽然与主程序中的全局变量 a 同名，但由于函数中的 a 出现在赋值号左侧，说明这个变量是局部变量，仅在 func() 函数内部有效，与主程序中的 a

不是同一个变量。

【例 4.16】 global 关键字的使用。

```
#L4.16 例 4.16
a,b=4,8              #a 在主程序中定义,为全局变量
def func():
    global a         #声明变量 a 为全局变量
    a=10             #这里的 a 与主程序中的变量 a 为同一个变量
    b=20             #b 为局部变量,与主程序中 b 不是同一个变量
    c=a+b
    print(a, b, c)
func()
print(a,b)
```

程序运行结果如下:

```
10 20 30
10 8
```

说明:

（1）主程序中 a 和 b 为全局变量;

（2）在 func()函数体内,变量 a 用 global 语句声明为全局变量,其作用范围为整个程序,因此函数体内的变量 a 与主程序中的变量 a 为同一个变量;

（3）由于在函数体内部对全局变量 a 进行了重新赋值,因此在主程序中,执行输出语句 print(a,b)时,变量 a 的值发生了改变;

（4）函数体内的变量 b 为局部变量,与主程序中的变量 b 不是同一个变量,因此在主程序中变量 b 的值不变。

4.4 匿名函数

匿名函数是指不使用 def 语句定义的函数,它与普通函数一样可以在程序的任何位置使用,但是在定义时被严格限定为单一表达式。Python 中使用 lambda 表达式来定义匿名函数,所以匿名函数又称为 lambda 函数,其定义的语法格式如下:

```
<函数名>=lambda <参数列表>:<表达式>
```

其中,<参数列表>为匿名函数的形式参数列表,<表达式>表示函数体,通过对表达式的计算,将函数的返回结果赋值给函数名,因此,匿名函数相当于下面的普通函数定义格式:

```
def <函数名>(参数列表):
    return<表达式>
```

简单地说,匿名函数用于定义简单的、能够在一行内表示的函数,返回一个函数类型,示例如下:

```
>>>f=lambda x,y: x+y          #定义匿名函数 f()
>>>type(f)
<class 'function'>
>>>f(10,24)                   #调用函数 f()
34
```

lambda 表达式值可以包含一个表达式,不允许包含其他复杂的语句,但在表达式中可以调用其他函数,并支持默认值参数和关键字参数,表达式的计算结果相当于普通函数的返回值。示例如下:

```
>>>f1=lambda x: pow(x,2)      #定义匿名函数 f1()
>>>f1(3)
9
>>>f2=lambda x,y=2,z=6: x+y+z #定义匿名函数 f2()
>>>f2(4)                      #使用默认值参数
12
>>>f2(5,z=3,y=9)              #使用关键字参数
17
```

使用 lambda 表达式声明的匿名函数可以作为内置函数的实参,示例如下。

【例 4.17】 lambda 表达式声明的匿名函数作为内置函数的实参。

```
#L4.17 例 4.17
sco=[{'name': 'Tom','score': 97},\
     {'name': 'Jones','score': 87},\
     {'name': 'Alice','score': 94}]
sco1=sorted(sco, key=lambda x: x['name'], reverse=True)    #按姓名字符编码由大到小排序
print(sco1)
sco2=sorted(sco, key=lambda x: x['score'])                 #按分数由小到大排序
print(sco2)
```

程序运行结果如下:

```
[{'name': 'Tom', 'score': 97}, {'name': 'Jones', 'score': 87}, {'name': 'Alice', 'score': 94}]
[{'name': 'Jones', 'score': 87}, {'name': 'Alice', 'score': 94}, {'name': 'Tom', 'score': 97}]
```

说明:

(1) sco 为字典组成的列表;

(2) 第一次调用 sorted()函数时,"key=lambda x: x['name']"作为 sorted()函数的关键参数,此时 sorted()函数将列表 sco 中的元素按照'name'对应的值进行排序并赋值给 sco1,"reverse=True"指定排序规则为由大到小排序;

(3) 第二次调用 sorted()函数时,"key=lambda x: x['score']"作为 sorted()函数的关键参数,此时 sorted()函数将列表 sco 中的元素按照'score'对应的值进行排序并赋值给 sco2,这里省略了 reverse 参数,则按默认排序规则由小到大排序。

使用 lambda 表达式声明的匿名函数还可以作为列表或字典的元素，例如：

```
>>>f=[lambda x: x**2,lambda x: x**3,lambda x: x**4]
                                            #定义匿名函数列表
>>>print(f[0](2),f[1](2),f[2](2))           #分别调用f中的每个匿名函数
4 8 16
>>>d={1: lambda x: print(x),2: lambda x="红色": print(x)}
>>>d[1]("绿色")                              #调用字典d中键为1对应的匿名函数
绿色
>>>d[2]()                                   #调用字典d中键为2对应的匿名函数
红色
```

说明：

（1）列表 f 中的每个元素都是一个 lambda 表达式，即构成一个匿名函数列表；

（2）第 2 行 print 语句中分别调用列表 f 中的每个匿名函数；

（3）字典 d 中键对应的值为 lambda 表达式，注意 lambda 表达式中也可以含有默认参数；

（4）"d[1]("绿色")"调用了字典 d 中键为 1 对应的匿名函数；

（5）"d[2]()"调用字典 d 中键为 2 对应的匿名函数，此处使用默认值参数。

4.5 模块

模块（module）的功能与函数类似，使用模块和函数都是为了更好地组织代码，减小程序体积，提高代码的可重用性和可维护性。

4.5.1 模块的概念

在程序开发过程中，随着程序功能的增多，在一个文件中的代码会越来越长，从而造成程序不易维护，此时可以把相关功能的代码分配到一个文件，也可以把很多函数分组，分别放到不同的文件中，从而使代码更易懂，也更易维护，这个文件被称为模块（module）。在 Python 中，一个.py 文件便可称为一个模块。模块是一个保存了 Python 代码的文件，其中可以包括变量、函数或类的定义，也可以包含其他各种 Python 语句。一个模块可以包含若干个函数。模块可以被别的程序引入，以使用该模块中的函数等功能。

在 Python 中，模块可以分为 3 类：内置模块、自定义模块和第三方模块。其中内置模块是 Python 内置标准库中的模块，是 Python 自带的模块，如 sys、os 等，可直接带入程序；自定义模块是用户为了实现某个功能自己编写的模块；第三方模块是指其他人已经编写好的模块，由非官方制作发布，供给大众使用。

4.5.2 模块的导入

模块需要先导入，才能使用其中的函数或变量。在 Python 中使用 import 或 from…import 语句来导入相应的模块，具体有 3 种语法格式。

1. 导入整个模块

导入整个模块的语句格式如下：

```
import <模块名>[as <别名>]
```

其中,import 用于导入整个模块,"as <别名>"是可选项,可为导入的模块指定一个别名。使用 import 导入模块后,模块内的对象必须以"模块名(或别名).对象名称"的方式来引用。例如:

```
>>>import sys              #导入模块 sys
>>>sys.platform
'win32'
>>>import math as m        #导入模块 math 并设置别名 m
>>>m.sqrt(16)
4.0
```

使用 import 语句也可以一次导入多个模块,多个模块之间用逗号分隔,例如:

```
>>>import sys, math        #导入模块 sys 和 math
>>>sys.platform
'win32'
>>>math.sqrt(9)
3.0
```

注意:在 IDLE 交互环境中,有一个小技巧,当输入导入模块的模块名和点号"."后,系统会将模块内的函数罗列出来供用户选择。另外可以通过"help(模块名)"语句来查看模块的帮助信息,其中,FUNCTIONS 介绍了模块内函数的使用方法。例如:

```
>>>import math
>>>help(math)
Help on built-in module math:
NAME
    math
DESCRIPTION
    This module provides access to the mathematical functions
    defined by the C standard.
FUNCTIONS
    acos(x, /)
        Return the arc cosine (measured in radians) of x
        The result is between 0 and pi.
    acosh(x, /)
        Return the inverse hyperbolic cosine of x.
    asin(x, /)
        Return the arc sine (measured in radians) of x.
        The result is between -pi/2 and pi/2.
...
```

2. 导入模块下的单个对象

导入模块下单个对象的语句格式如下:

```
from <模块名>import <对象名>[as <别名>]
```

注意：使用 from 导入的对象可以直接使用，不需要使用模块名作为限定符。如果要导入的模块对象与当前的某对象同名，可以使用 as 子句来为要导入的对象设置别名，从而避免这一情况。例如：

```
>>> from math import sin          #导入模块 math 中的函数 sin()
>>> sin(60)                       #sin()返回弧度的正弦值,不能写成 math.sin(60)
-0.3048106211022167
>>> from math import sqrt as sq   #导入模块 math 中的函数 sqrt()并设置别名 sq
>>> sq(4)
2.0
```

3. 导入模块下的所有对象

导入模块下所有函数的语句格式如下：

```
from <模块名> import *
```

例如：

```
>>> from math import *            #导入模块 math 中的所有函数
>>> sin(60)
-0.3048106211022167
>>> sqrt(4)
2.0
```

这种方式虽然简单省事，但是并不推荐使用。一旦不同模块里有重名的对象，这种导入方式将会引发混乱，而且模块整体导入的开销是比较大的。

import 和 from 导入模块各有特点，使用 import 导入模块时比较简单，使用 from 导入模块时需列出想要导入的对象名，但无论哪种导入方式，模块只能进行一次导入。

4.5.3 自定义模块和包

1. 自定义模块

在 Python 中，一个 Python 文件（扩展名为 py）就是一个模块，文件的名字就是模块的名字。因此，可以创建 Python 文件，作为模块被导入并使用模块内部的对象。

下面举例说明如何自定义模块。

新建一个 maths.py 文件，在文件中定义函数 add()，其代码如下：

```
#求和
def add(x,y):
    print(x+y)
```

在 Python 交互环境下或其他程序中就可以调用 maths.py 模块并使用其中的函数 add()。调用模块的过程如下：

```
>>> import maths
>>> maths.add(3,5)
8
```

在自定义模块时,需要注意以下几点。

(1) 为了使 IDLE 能找到自定义模块,该模块需要和调用的程序在同一目录下,否则在导入模块时会提示找不到模块的错误;

(2) 模块名遵循 Python 变量命名规则,不要使用中文、特殊字符等;

(3) 自定义模块的模块名不要和系统内置的模块名相同,可以在 IDLE 交互环境中先用"import 模块名"命令检查,若成功则说明系统已存在此模块,然后考虑更改自定义的模块名。

在实际开发中,自定义完模块后,为了保证模块编写正确,一般需要在模块中添加测试信息。例如:

```
#求和
def add(x,y):
    print(x+y)
#测试
add(3,9)
```

此时,若执行导入模块命令"import maths",则运行结果如下:

```
>>> import maths
12
```

从上述运行结果可发现,maths.py 执行了测试代码,这是不期望出现的结果。为了解决上述问题,Python 提供一个_name_属性,它存在于每个 py 文件中。当模块被其他程序导入使用时,模块_name_属性值为模块文件的主名(不包含扩展名);当模块直接被执行时,_name_属性值为'_main_'。

可以修改 maths.py 文件,使其作为模块导入时不执行测试代码,具体代码如下:

```
#求和
def add(x,y):
    print(x+y)
#测试
if _name_=='_main_':
    add(3,9)
```

修改完成后,执行导入模块命令"import maths",此时程序就不会执行 maths 模块中的测试代码,运行结果如下:

```
>>> import maths
>>>
```

2. 包

在大型项目开发中,有多个程序员协作共同开发一个项目,为了避免不同人编写的模块名产生冲突,Python 引入了按目录组织模块的方法,称为包(Package)。包可以看作包含大量 Python 程序模块的文件夹,是一个分层级的文件目录结构,它定义了由模块及子包,以及子包下的子包等组成的命名空间。在包的每个目录中都必须包含一个_init_.py 文件,用来声明当前文件夹是一个包，_init_.py 可以是空文件，也可以有代码。如果没有这个文件，Python 就把这个目录当成普通目录，而不是一个包。

例如，已有一个名为 maths 的模块文件 maths.py，如果再定义一个 maths 模块，就会与原模块产生冲突，此时可以通过包组织模块，避免冲突。方法是选择一个顶层包名，如 mypack，按照如下目录存放。

```
mypack/
    _init_.py
        maths.py
```

引入包后，引用模块时就需要在模块名前面加上包的名字，例如上例中 maths.py 模块的名字就变成了 mypack.maths。只要顶层的包名不产生冲突，不同包内的模块即使重名也不会产生冲突。

在一个包内可以包含多个模块，一个包内也可以包含多个子包，组成多级目录，形成多级层次的包结构。例如，顶层包 mypack 内包含 1 个模块 mk 和 3 个子包 pack1、pack2、pack3，在每个子包内都用文件 _init_.py 声明该目录是一个包，在每一个子包内又包含多个 py 文件，每个 py 文件都是一个模块，不同包内的模块可以重名，不会产生冲突，包 mypack 的文件结构如下所示：

```
mypack/                 #顶层包
|    _init_.py          #声明 mypack 目录是一个包
|    mk.py
|——pack1/               #pack1 子包
|      _init_.py        #声明 pack1 目录是一个包
|      mk1.py
|       …
|——pack2/               #pack2 子包
|      _init_.py        #声明 pack2 目录是一个包
|      mk2.py
|       …
|——pack3/               #pack3 子包
       _init_.py        #声明 pack3 目录是一个包
       mk.py
        …
```

文件 mk1.py 的模块名就是 mypack.pack1.mk1，两个文件 mk.py 的模块名分别是 mypack.mk 和 mypack.pack3.mk。

4.5.4 第三方模块的安装

Python 如此流行的一个重要原因是其丰富的第三方模块（扩展库），这些模块数量众多、涉及各领域开发且功能强大，使得 Python 程序员可以方便地使用已经开发完整的模块来帮助自己编写程序。Python 提供了两个包管理工具来方便安装第三方模块：pip 和 easy_install，pip 是目前的主流方式。这里介绍使用 pip 来安装和使用第三方模块。

使用 pip 方式安装第三方模块，首先要求计算机必须联网，通过简单命令即可实现对第三方模块的安装和卸载等操作。

1. pip 的安装

Python 3.4 及之后的版本已经自动安装了 pip,但需要对其进行升级。升级 pip 需要在操作系统的命令行下输入如下命令。

(1) Linux/OS X 下:pip install -U pip。

(2) Windows 下:python -m pip install -U pip。

如果 Python 没有自动安装 pip,则需要自行安装。可以使用浏览器访问网页 https://pypi.org/project/pip,下载和解压安装包,并执行以下命令以安装 pip。

```
python setup.py install
```

2. 使用 pip

pip 通过在命令行中运行各种命令可对包进行安装、卸载、升级等操作。常用的 pip 命令的使用方法如表 4-1 所示。

表 4-1 常用 pip 命令使用方法

命令格式	说　　明
pip install ＜模块名＞	安装模块
pip show＜模块名＞	查看已安装的模块信息
pip list	列出已安装的所有模块
pip list --outdated	列出需要更新的模块
pip install --upgrade ＜模块名＞	升级模块
pip uninstall ＜模块名＞	卸载模块
pip search ＜模块名＞	搜索模块

在 Python 官方网站 https://www.pypi.org 可以查询、注册发布的第三方模块,包括模块的历史版本号、支持的应用环境等模块信息。想要安装一个第三方模块,可以先在 pypi 上搜索。

下面以安装第三方模块 Pillow 为例,介绍安装第三方模块的过程。Pillow 是 Python 图像处理的第三方模块,包含了旋转图像、改变图像大小等基本图像处理功能的函数。

首先,使用 pip 命令安装第三方模块必须在命令提示符环境中进行,并且要切换到 pip 命令所在的目录。然后输入如下命令:

```
pip install Pillow
```

该命令执行后会通过网络下载 Pillow 并安装,如图 4-2 所示。

安装成功后,就可以在 Python 开发环境中导入该模块并使用其中的函数。

如果需要卸载已安装的第三方模块,可以使用 pip uninstall 命令,例如:

```
pip uninstall Pillow
```

图 4-2　使用 pip 命令安装 Pillow 模块

4.5.5　常用内置模块

Python 标准库中包括了很多模块,这里主要介绍基础阶段常见的内置标准模块。

1. sys 模块

sys 模块是 Python 自带模块,包含了和系统相关的信息。导入 sys 模块需使用如下命令:

```
import sys
```

通过 dir(sys) 或者 help(sys) 命令可以查看 sys 模块可用的方法。例如:

```
>>>dir(sys)
['__breakpointhook__', '__displayhook__', '__doc__', '__excepthook__',
'__interactivehook__', '__loader__', '__name__', '__package__', '__spec__',
'__stderr__', '__stdin__', '__stdout__', '__unraisablehook__', 'base_executable',
'clear_type_cache', '_current_frames', '_debugmallocstats',……]
```

sys 模块常用的方法如下。
(1) sys.path:包含输入模块的目录名列表。
该命令的运行结果如下:

```
>>>sys.path
['', 'C:\\Program Files\\Lib\\idlelib', 'C:\\Program Files\\python39.zip', 'C:\\
Program Files\\DLLs', 'C:\\Program Files\\lib', 'C:\\Program Files', 'C:\\Users\\
starlen\\AppData\\Roaming\\Python\\Python39\\site-packages', 'C:\\Program Files
\\lib\\site-packages']
```

从上面的运行结果可以看出,该命令获取了指定模块搜索路径的字符串集合,其中第一项空串(''),代表当前目录即执行 Python 解释器的目录。将写好的模块存放在该命令得到的某个路径下,就可以在导入时正确找到程序中的该模块文件。在 import 导入模块名时的,就是根据 sys.path 的路径来搜索模块名的,也可以用命令 sys.path.append(自定义模块路径)添加模块路径。

sys.path 通常由 4 部分组成,具体如下:
① 程序的当前目录;
② 操作系统的环境变量 PYTHONPATH 中包含的目录(如果存在);
③ Python 标准库目录;
④ 任何.pth 文件包含的目录(如果存在)。
(2) sys.argv:在外部向程序内部传递参数。
sys.argv 变量是一个包含了命令行参数的字符串列表,利用命令行向程序传递参数。其中,脚本的名称是 sys.argv 列表的第一个参数。例如:

```
>>>sys.argv
['D:/Python/example.py']
```

2. platform 模块

platform 模块提供了很多方法用于获取有关开发平台的信息。例如:

```
>>>import platform
>>>platform.platform()              #获取当前系统名称及版本号
'Windows-7-6.1.7601-SP1'
>>>platform.architecture()          #获取计算机类型信息
('64bit', 'WindowsPE')
>>>platform.python_build()          #获取 Python 版本信息
('tags/v3.9.0: 9cf6752', 'Oct 5 2020 15: 34: 40')
```

在上述示例中,通过 platform 模块可以获取有关开发平台的信息。

3. random 模块

random 模块的功能是生成随机数。导入 random 模块需使用如下命令:

```
import random
```

random 模块中常用的函数如表 4-2 所示。

表 4-2 random 模块的主要函数

函 数	说 明
seed(a=None)	初始化随机数种子,默认值为当前系统时间
random()	返回一个[0.0,1.0)之间的随机小数
uniform(a,b)	返回一个[a,b]或[b,a]之间的随机小数
randint(a,b)	返回一个[a,b]之间的随机整数
randrange([start],stop[,k])	返回一个[star,stop)内以 k 为步长的随机整数
choice(seq)	从序列 seq 中随机选择一个元素
shuffle(seq)	将序列 seq 中的元素随机排列
sample(seq,k)	从序列 seq 中随机选取 k 个元素,以列表类型返回,原有序列不会被修改

random 模块中主要函数的用法举例如下：

```
>>> import random
>>> random.random()                #生成 0～1 的一个随机浮点数
0.119260802151411
>>> random.uniform(10,20)          #生成 10～20 的一个随机浮点数
12.815263747229668
>>> random.uniform(35,10)          #生成 10～35 的一个随机浮点数
28.41852685250071
>>> random.randint(0,10)           #生成 0～10 的一个随机整数
8
>>> random.randrange(0,8,2)        #从 0、2、4、6 中随机获取一个数
2
>>> list=[1,2,3,4,5]
>>> random.shuffle(list)           #打乱列表 list 中的元素
>>> list
[1, 5, 3, 4, 2]
>>> random.sample(list,3)          #从列表 list 中随机获取 3 个元素
[4, 2, 1]
```

注意：以上命令每次运行时，结果可能会发生变化。生成随机数之前可以通过 seed() 函数指定随机数种子，随机数种子一般是一个整数，只要种子相同，每次生成的随机数序列也相同。这种情况便于测试和同步数据，例如：

```
>>> random.seed(10)                #随机数种子赋值为 10
>>> random.randint(1,20)
'19'
>>> random.randint(1,20)
'2'
>>> random.seed(10)                #再次给随机数种子赋值为 10
>>> random.randint(1,20)
'19'
```

由上述例子可以看出，在设定相同种子后，每次调用随机函数生成的随机数是相同的。这就是随机数种子的作用，也是伪随机序列的应用之一。

4. time 模块

处理时间是程序最常用的功能之一，Python 提供了专门处理时间的 time 模块，该模块提供了很多获取和处理时间的方法，使用这些方法可以从系统中获得时间，并以用户选择的格式进行输出。导入 time 模块需使用如下命令：

```
import time
```

time 模块以格林尼治时间 1970 年 01 月 01 日 00 时 00 分 00 秒（北京时间 1970 年 01 月 01 日 08 时 00 分 00 秒）为基础，将每天用 3600×24 秒精确定义。当前时间的时间戳就是以格林尼治时间起到现在的总秒数。

time 模块包含时间获取、时间格式化和程序计时应用 3 类函数。

1) 时间获取函数

时间获取函数如表 4-3 所示。

表 4-3 时间获取函数

函 数	说 明
time()	获取当前时间戳,返回浮点数
ctime()	获取本地当前时间戳并以易读字符串表示,返回字符串
localtime()	获取本地当前时间戳,表示为计算机可处理的时间格式
gmtime()	获取当前时间戳,表示为计算机可处理的时间格式

时间获取函数具体如下:

```
>>> import time                    #导入 time 模块
>>> time.time()                    #获取当前时间
1605966172.2431936
>>> time.ctime()                   #获取本地当前时间,以易读字符串表示
'Sat Nov 21 21: 36: 47 2020'
>>> time.localtime()               #获取本地当前时间,表示为 struct_time 对象
time.struct_time(tm_year=2020, tm_mon=11, tm_mday=21, tm_hour=21, tm_min=37, tm_
sec=15, tm_wday=5, tm_yday=326, tm_isdst=0)
>>> time.gmtime()                  #获取当前时间,表示为 struct_time 对象
time.struct_time(tm_year=2020, tm_mon=11, tm_mday=21, tm_hour=13, tm_min=37, tm_
sec=35, tm_wday=5, tm_yday=326, tm_isdst=0)
```

在上述例子中,通过 time.time() 函数获取当前时间的时间戳,但从该结果中不能直接得出它所表示的时间,此时可以使用 time.localtime() 函数或 time.gmtime() 函数获取当前时间对应的 struct_time 对象,再进行格式化输出。

时间元组 struct_time 对象包含 9 个元素,具体如表 4-4 所示。

表 4-4 struct_time 对象的元素构成

下标	属 性	说 明
0	tm_year	年份,0000~9999 的整数
1	tm_mon	月份,1~12 的整数
2	tm_day	日期,1~31 的整数
3	tm_hour	小时,0~23 的整数
4	tm_min	分钟,0~59 的整数
5	tm_sec	秒,0~59 的整数
6	tm_wday	星期,0~6 的整数(0 表示星期一)
7	tm_yday	该年第几天,1~366 的整数
8	tm_isdst	是否夏令时,0 否,1 是,-1 未知

2)时间格式化函数

time 模块使用函数 time.strftime()、time.strptime()、time.mktime() 进行时间格式化。time.strftime() 函数是时间格式化最有效的方法,几乎可以以任何通用格式输出时间,

该方法利用一个格式字符串,对时间格式进行表示。其格式如下:

```
time.strftime(tpl,ts)
```

其中,tpl 是格式化模板字符串,用来定义输出格式;ts 是计算机内部时间类型变量。例如:

```
>>>lctime=time.localtime()
>>>lctime
time.struct_time(tm_year=2020, tm_mon=11, tm_mday=21, tm_hour=21, tm_min=39, tm_sec=49, tm_wday=5, tm_yday=326, tm_isdst=0)
>>>time.strftime("%Y-%m-%d %H: %M: %S",lctime)
'2020-11-21 21: 39: 49'
```

表 4-5 给出了 strftime() 方法的格式化控制符。

表 4-5　strftime() 方法的格式化控制符

格式化符号	说　　明	格式化符号	说　　明
%y	年份,00～99 的整数	%M	分钟,00～59 的整数
%Y	年份,0000～9999 的整数	%S	秒,00～59 的整数
%m	月份,01～12 的整数	%c	本地相应的日期表示和时间表示
%b	月份缩写,Jan～Dec	%j	天数,001～366 的整数
%B	月份,January～December	%U	星期数,00～53 的整数,星期天为星期的开始
%d	天数,01～31 的整数	%W	星期数,00～53 的整数,星期一为星期的开始
%a	星期缩写,Mon～Sun	%w	星期,0～6 的整数,星期天为星期的开始
%A	星期,Monday～Sunday	%x	本地相应的日期表示
%H	小时(24h 制),00～23 的整数	%X	本地相应的时间表示
%I	小时(12h 制),01～12 的整数	%Z	当前时区的名称
%p	上/下午,AM 或 PM	%%	%号本身

strptime() 方法和 strftime() 方法完全相反,用于提取字符串中的时间来生成 strut_time 对象,可以很灵活地作为 time 模块的输入接口。例如:

```
>>>timestr='2020-11-21 21: 45: 20'
>>>time.strptime(timestr,"%Y-%m-%d %H: %M: %S")
time.struct_time(tm_year=2020, tm_mon=11, tm_mday=21, tm_hour=21, tm_min=45, tm_sec=20, tm_wday=5, tm_yday=326, tm_isdst=-1)
```

使用 time.mktime(t) 函数是将 struct_time 对象 t 转换为时间戳,t 代表当地时间。例如:

```
>>>t=time.localtime()
>>>time.mktime(t)            #将本地当前时间的 struct_time 对象转换为时间戳
1605966111.0
>>>time.ctime(time.mktime(t))
'Sat Nov 21 21: 41: 51 2020'
```

3）程序计时应用函数

程序计时应用函数如表 4-6 所示。

表 4-6 程序计时应用函数

函　数	说　　明
perf_counter()	返回一个 CPU 级别的精确时间计数值,单位为秒。由于这个计数值起点不确定,连续调用并取差值才有意义
sleep(s)	s 为休眠的时间,单位为秒,可以是浮点数

例如：

```
>>>start=time.perf_counter()      #获取计数起始值
>>>start
1430.4977025
>>>end=time.perf_counter()        #获取计数终止值
>>>end
1500.0709014
>>>end-start                      #计算计数时间
69.57319889999985
>>>def wait():
       time.sleep(4.2)
>>>wait()                         #程序将等待 4.2s 后再退出
```

4.6　函数的高级应用

4.6.1　递归

　　函数作为一种代码封装,可以被其他程序调用,也可以被函数内部代码调用。这种在函数定义中调用函数自身的方式被称为递归。递归作为一种算法在程序设计过程中广泛应用。它通常把一个大型复杂的问题层层转化为一个与原问题相似的规模较小的问题来求解,递归方法只需少量的程序代码就可以描述出解题过程所需要的多次重复计算,大大减少了程序的代码量。

　　递归有以下两个基本要素。

　　（1）基例：子问题的最小规模,用于确定递归何时终止,也称为递归出口。

　　（2）递归模式：将复杂问题分解成若干子问题的基础结构,也称为递归体或递归表达式。

　　递归函数的一般形式如下：

```
def 函数名称(参数列表):
    if 基例:
        return 基例结果
    else:
        return 递归体
```

编写递归函数时,必须要有结束条件(即基例),否则函数执行后会返回"超过最大递归深度"的错误提示。默认情况下,当递归调用到 1000 层,Python 解释器将终止程序。

递归最经典的应用就是求 n 的阶乘。下面利用求阶乘的实例进一步分析递归的原理,理解函数的递归调用过程。

阶乘通常定义如下:

$$n! = n \times (n-1) \times (n-2) \times \cdots \times 3 \times 2 \times 1$$

以上定义可以看作为 n!=n×(n-1)!,将原来求 n! 的问题规模变小,变为求(n-1)! 的问题。同理,继续递推,(n-1)!=(n-1)×(n-2)!,进一步缩小问题的规模,变为求(n-2)! 的问题;以此类推,该过程一直进行下去,直到问题的规模最后变为求 2! 和 1! 的问题。这个关系给出了另一种表达阶乘的方式:

$$n! = \begin{cases} 1 & n=1 \\ n(n-1)! & n>1 \end{cases}$$

根据阶乘的定义,1!=1,这是本题递归的基例(即终止条件),此时,递归结束,根据 1!=1,再反过来依次求得 2!、3!,最终求得 n!。

利用函数的递归调用实现求 n!,代码如下。

【例 4.18】 利用递归求 n!。

```
#L4.18 例 4.18
def fact(n):
    if n==1:
        return 1                    #基例
    else:
        return n * fact(n-1)        #递归体
print(fact(3))
print(fact(5))
```

执行程序,计算 3 的阶乘和 5 的阶乘,输出结果如下:

```
6
120
```

递归可以分为如下两个阶段。

(1) 递推:递归本次的执行都基于上一次的运算结果。

(2) 回溯:遇到终止条件时,则沿着递推往回一级一级地把值返回来。

递归在递推阶段,把较复杂的问题(规模为 n)的求解推到比原问题简单一些的问题(规模小于 n),函数不断调用自身,参数依次变化,最终到达递归终止条件;在回溯阶段,从递归终止条件开始,获得问题最简单情况的解,然后逐级返回,函数按照递推相反的顺序逐级返回函数值,依次得到稍复杂问题的解,最终求得原始问题的解。上面例题中的递归函数 fact(),当 n=5 时,递归执行 fact(5)的过程如图 4-3 所示。

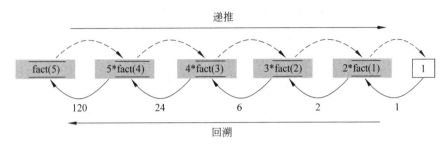

图 4-3 求 fact(5)的递归调用过程

递推过程如下。
第一层递推：n=5,调用函数 fact(),fact(5)=5 * fact(4)。
第二层递推：n=4,调用函数 fact(),fact(4)=4 * fact(3)。
第三层递推：n=3,调用函数 fact(),fact(3)=3 * fact(2)。
第四层递推：n=2,调用函数 fact(),fact(2)=2 * fact(1)。
第五层递推：n=1,调用函数 fact(),fact(1)=1。
此时到达递归的终止条件,得到明确的函数返回值,进入递归调用的第二阶段。
回溯过程如下。
第一层回溯：fact(1)=1,返回 1。
第二层回溯：fact(2)=2 * fact(1)=2 * 1=2,返回 2。
第三层回溯：fact(3)=3 * fact(2)=3 * 2=6,返回 6。
第四层回溯：fact(4)=4 * fact(3)=4 * 6=24,返回 24。
第五层回溯：fact(5)=5 * fact(4)=5 * 24=120,返回 120。
此时回到递归调用的第一层,返回原始问题 fact(5)的解,程序运行结束。

【例 4.19】 汉诺塔问题也是递归函数的经典应用。传说大梵天创造世界的时候做了 3 根金刚石柱子,在一根柱子上从下往上按照大小顺序摆着 64 片黄金圆盘。大梵天命令婆罗门把圆盘按同样顺序重新摆放在另一根柱子上,并且规定,在小圆盘上不能放大圆盘,在 3 根柱子之间一次只能移动一个圆盘。

【解析】 汉诺塔问题如图 4-4 所示。

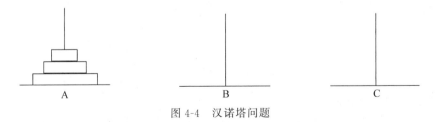

图 4-4 汉诺塔问题

汉诺塔问题的求解可以通过以下 3 步实现:
(1) 将 A 塔上 n-1 个圆盘借助 C 塔先移动到 B 塔上;

(2) 将 A 塔上剩下的一个圆盘移动到 C 塔上；

(3) 将 n−1 个圆盘从 B 塔借助 A 塔移动到 C 塔上。

当圆盘数 n＝3 时，汉诺塔问题的求解过程如图 4-5 所示。

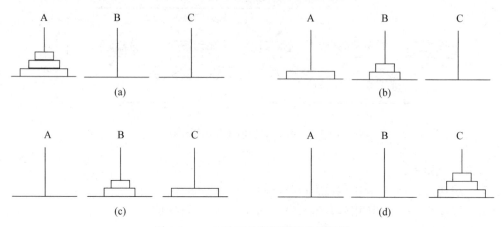

图 4-5　n＝3 时汉诺塔问题的求解过程

程序代码如下。

【例 4.19】 汉诺塔问题。

```
#L4.19 例4.19
count=0
def move(n,x,y):
    global count
    count+=1
    print("第%d步:将%d号圆盘从%s移动到%s"%(count,n,x,y))
def hanoi(n,A,B,C):
    if n==1:
        move(1,A,C)                    #只有一个圆盘时,直接从A塔移动到C塔
    else:
        hanoi(n-1,A,C,B)               #将A塔上剩下的n-1个圆盘借助C塔移动到B塔
        move(n,A,C)                    #将A塔上最后一个圆盘直接移动C塔
        hanoi(n-1,B,A,C)               #将B塔上的n-1个圆盘从A塔移动到C塔
n=int(input("请输入圆盘数: "))
print("移动步骤如下: ")
hanoi(n,'A','B','C')
```

程序运行结果如下：

```
请输入圆盘数:3
移动步骤如下:
第1步:将1号圆盘从A移动到C
第2步:将2号圆盘从A移动到B
第3步:将1号圆盘从C移动到B
第4步:将3号圆盘从A移动到C
第5步:将1号圆盘从B移动到A
```

第 6 步：将 2 号圆盘从 B 移动到 C
第 7 步：将 1 号圆盘从 A 移动到 C

4.6.2 函数的嵌套定义

Python 支持嵌套函数，即在函数定义时，函数体内部又包含另外一个函数的完整定义，并且可以多层嵌套。通常被定义在其他函数体内部的函数称为内部函数，内部函数所在的函数称为外部函数，举例如下。

【例 4.20】 嵌套函数实例 1。

```
#L4.20 例 4.20
def outer():                #定义函数 outer()
    x=4
    def inner():            #在函数 outer()内部定义函数 inner()
        y=5
        print(x+y)
    inner()                 #在函数 outer()中调用 inner()函数
    print(x)
outer()                     #在主程序中调用 outer()函数
```

程序运行结果如下：

```
9
4
>>>inner()                  #在外部直接使用内部函数 inner()，Python 将报 NameError 异常错误
Traceback (most recent call last):
  File "<pyshell#2>", line 1, in <module>
    inner()
NameError: name 'inner' is not defined
```

说明：

（1）内部函数 inner()不能被外部直接使用，否则 Python 会抛出 NameError 异常的错误；

（2）在函数嵌套定义时，局部变量的作用域为该函数体内部，包括该函数的子函数，在外部函数中定义的局部变量，相对于内部函数具有隐含的全局变量的意义；

（3）在外部函数 outer()中定义的变量 x 是局部变量，但其作用范围也包含内部函数 inner()，因此在 inner()中可以使用 print()函数直接引用该变量，此时，在 inner()函数看来，变量 x 相当于全局变量。

但是，如果在内部函数中变量 x 出现在了赋值号的左侧，则情况又不一样了，示例如下。

【例 4.21】 嵌套函数实例 2。

```
#L4.21 例 4.21
def outer():                #定义函数 outer()
    x=4
    def inner():            #在函数 outer()内部定义函数 inner()
```

```
        x=7
        y=5
        print(x+y)
    inner()                 #在函数outer()中调用inner()函数
    print(x)
outer()                     #在主程序中调用outer()函数
```

程序运行结果如下：

```
12
4
```

说明：

（1）相对于inner()函数而言，outer()内部定义的变量x是全局变量，其作用域包含inner()函数内部；

（2）在内部函数inner()中，变量x出现在了赋值号的左侧，所以该变量为函数inner()重新定义的局部变量，与外部函数outer()中定义的变量x为不同的变量。

4.6.3 闭包

闭包是函数式编程的一个重要的语法结构。如果内部函数引用了外部函数的变量（包括其参数），并且外部函数返回内部函数名，这种函数架构称为闭包。从概念中可以得出，闭包需要满足如下3个条件：

（1）内部函数的定义嵌套在外部函数中；

（2）内部函数引用外部函数的变量（包括其参数）；

（3）外部函数返回内部函数名。

【例4.22】 闭包实例1。

```
#L4.22 例4.22
def outer():                #定义函数outer()
    x=3
    def inner(y):           #在函数outer()内部定义函数inner()
        return x+y          #内部函数inner()引用了外部函数outer()的局部变量x
    return inner            #外部函数outer()返回内部函数名inner
f=outer()
print(f(5))
```

程序运行结果如下：

```
8
```

在闭包中，内部函数可以访问外部函数的局部变量，但是不能修改，如果要修改被访问的外部函数局部变量的值，需要在内部函数中使用nonlocal关键字变量，示例如下。

【例4.23】 闭包实例2。

```
#L4.23 例4.23
def outer():                    #定义函数outer()
    x=3
    def inner(y):               #在函数outer()内部定义函数inner()
        nonlocal x              #使用nonlocal关键字声明变量x
        x=x+y                   #引用外部函数outer()中的局部变量x并修改x的值
        return x
    return inner                #外部函数outer()返回内部函数名inner
f=outer()
print(f(5))
print(f(5))
print(f(5))
```

程序运行结果如下：

```
8
13
18
```

4.7 思考与练习

一、单选题

1. 下列不是使用函数的优点的是(　　)。
   A. 减少代码重复　　　　　　　　B. 使程序更加模块化
   C. 使程序便于阅读　　　　　　　D. 为了展现智力优势

2. 下列属于可变类型的是(　　)。
   A. 数字　　　　B. 字符串　　　　C. 列表　　　　D. 元组

3. 在函数定义时某个形参有值，则称这个参数为(　　)。
   A. 不定长参数　　B. 位置参数　　C. 关键字参数　　D. 默认值参数

4. 在Python中，对于函数定义代码的理解，正确的是(　　)。
   A. 必须存在形参
   B. 必须存在return语句
   C. 形参和return语句都是可有可无的
   D. 形参和return语句要么都存在，要么都不存在

5. area是tri模块中的一个函数，执行from tri import area后，调用area()函数应该使用(　　)。
   A. tri(area)　　B. area()　　C. tri.area()　　D. tri()

6. print(type(lambda:3))的输出结果是(　　)。
   A. <class 'function'>　　　　　　B. <class 'int'>
   C. <class 'NoneType'>　　　　　　D. <class 'float'>

7. 函数定义如下：

```
def f1(a,b,c):
    print(a+b)
    nums=(1,2,3)
f1(*nums)
```

程序运行的结果是(　　)。

　　A. 6　　　　　　B. 3　　　　　　C. 1　　　　　　D.语法错

8. 下列有关函数的说法中,正确的是(　　)。

　　A. 函数定义后需要调用才会执行

　　B. 函数的定义必须在程序的开头

　　C. 函数定义后,其中的程序就可以自动执行

　　D. 函数体与关键字 def 必须左对齐

9. 可以创建自定义函数的关键字是(　　)。

　　A. function　　B. func　　　C. procedure　　D. def

10. 有如下程序代码：

```
def Sum(a, b=3, c=5):
    print(a,b,c)
Sum(a=8, c=2)
```

程序运行结果是(　　)。

　　A. 8 2　　　　B. 8,2　　　　C. 8 3 2　　　　D. 8,3,2

11. 可以声明匿名函数的关键字是(　　)。

　　A. function　　B. func　　　C. def　　　　D. lambda

二、填空题

1. 通过_____语句可以返回函数值并退出函数。

2. 在函数内部定义的变量为_____。

3. 省略了 return 语句的函数将返回_____。

4. 在函数内部修改全局变量,需要使用_____关键字声明。

5. 下面程序的运行结果是_____。

```
def scope():
    n=4
    m=5
    print(m,n,end="")
n=5
t=8
scope()
print(n,t)
```

6. 下面程序的运行结果是_____。

```
li=[1]
def scope1():
```

```
    li.append(6)
    print(li,end="")
scope1()
print(li)
```

7. 下面程序的运行结果是_____。

```
b,c=2,4
def g_func(d):
    global a
    a=d*c
g_func(b)
print(a)
```

8. 下面程序的运行结果是_____。

```
a=10
def func():
    global a
    a=20
    print(a,end="")
func()
print(a)
```

9. 下面程序的运行结果是_____。

```
def squ_sum(num):
    sum=0
    for i in num:
        sum=sum+i*i
    print(sum)
m=[1,2,3]
squ_sum(m)
```

10. 下面程序是选择排序的实现,请填空_____。

```
def selSort(nums):
    n=len(nums)
    for i in range(n-1):
        mi=i
        for j in range(_____, n):
            if nums[j]<nums[mi]:
                mi=j
        nums[i],nums[mi]=nums[mi],nums[i]
    return nums
numbers=[49,39,65,97,76,12,28,47]
print(selSort(numbers))
```

三、判断题

1. 不带 return 的函数代表返回 None。   （   ）

2. 函数定义完成后,系统会自动执行其内部的功能。　　　　　　　　(　　)

3. 函数体以冒号起始,并且是缩进格式的。　　　　　　　　　　　　(　　)

4. 函数的名称可以随意命名。　　　　　　　　　　　　　　　　　　(　　)

5. 函数中必须包含 return 语句。　　　　　　　　　　　　　　　　(　　)

6. 定义函数时,即使该函数不需要接收任何参数,也要保留一对空的圆括号来表示这是一个函数。　　　　　　　　　　　　　　　　　　　　　　　　　　　　(　　)

7. 一个函数如果带有默认值参数,那么必须所有参数都设置默认值。　(　　)

8. 调用带有默认值参数的函数时,不能为默认值参数传递任何值,必须使用函数定义时设置的默认值。　　　　　　　　　　　　　　　　　　　　　　　　　　(　　)

9. 在定义函数时,某个参数名字前面带有一个 * 符号来表示可变长度参数,可以接收任意多个位置参数并存放于一个元组之中。　　　　　　　　　　　　　　　(　　)

10. 在函数内部没有办法定义全局变量。　　　　　　　　　　　　　(　　)

11. 不同作用域中的同名变量之间互相不影响,也就是说,在不同的作用域内可以定义同名的变量。　　　　　　　　　　　　　　　　　　　　　　　　　　　(　　)

12. 当函数调用结束后,函数内部定义的局部变量会被自动删除。　　(　　)

13. 执行语句 from math import sin 之后,可以直接使用 sin() 函数,例如 sin(5)。
　　　　　　　　　　　　　　　　　　　　　　　　　　　　　　　(　　)

四、编程题

1. 使用函数输出如下图所示的田字格。

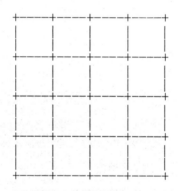

2. 输入一个年份,使用函数判断其是否为闰年。

3. 若将某素数各位数字的顺序颠倒后得到的数仍是素数,则此数为可逆素数。编写一个函数用来判断一个数是否为可逆素数,然后利用该函数求出 100 以内的可逆素数。

4. 编写一个程序求 1!＋2!＋3!＋…＋n!,要求编写一个函数来求 n!,然后利用该函数求 1~n 的阶乘和。

5. 设计递归函数,将输入的 5 个字符以相反顺序打印出来。

6. 设计递归函数,打印 100 以内的奇数。

7. 设计递归函数,求两个数的最大公约数。

8. 设计递归函数,求斐波那契数列的第 n 项。

第 5 章 文件操作与管理

每个计算机程序都是用来解决特定问题的。较大规模的程序提供丰富的功能解决完整的计算问题。无论程序规模如何,每个程序都有统一的运算模式:输入数据、处理数据和输出数据。在程序运行时,数据保存在内存的变量里。内存中的数据在程序结束或关机后就会消失。如果想要在下次开机运行程序时还使用同样的数据,就需要把数据存储在不易失的存储介质中,如硬盘、光盘或 U 盘里。不易失存储介质上的数据保存在以存储路径命名的文件中。通过读/写文件,程序就可以在运行时保存数据了。

5.1 文件与文件操作

文件是常用的一种存储数据的载体,文件操作则是对数据进行管理的统称。程序经常需要访问文件和目录,读取文件信息或写入信息到文件,在 Python 语言中对文件的读/写是通过文件对象实现的。文件对象可以是实际的磁盘文件,也可以是其他存储或通信设备,如内存缓冲区、网络、键盘和控制台等。

5.1.1 文件的定义

在日常生活中,无论是 Word 还是 Excel 文件,人们经常与之打交道。然而,在计算机领域,文件则被定义为存储在辅助存储器上的一组数据序列,其可以包含任何数据内容。从概念上来说,文件是数据的抽象和集合。

5.1.2 文件的类型

文件包括两种类型:文本文件和二进制文件。

(1) 文本文件。一般由单一特定编码的字符组成,如 UTF-8、GB2312、ISO-8859-1、GBK 等编码格式,内容容易统一展示和阅读。文本文件存储常规字符串,由若干文本行组成,通常每行使用换行符"\n"结尾,其中字符串指的是记事本或其他文本编辑器能够正常显示、编辑并且能够被人类直接阅读和理解的字符串。

(2) 二进制文件。直接由比特 0 和比特 1 组成,文件内部数据的组织格式与文件用途有关。二进制是信息按照非字符但特定格式形成的文件,例如,jpg 格式的图片文件、mp4 格式的视频文件和 mp3 格式的音频文件等。二进制文件无法用记事本或其他普通文件编辑器直接进行编辑,通常也无法被人类直接阅读和理解,需要使用专门的软件进行解码后读取、显示、修改和执行。

5.1.3 文件的操作与管理

在 Python 程序设计中,文件有多种操作和管理方式,文件操作主要包括对文件内容的读/写操作,这些操作是通过文件对象实现的,通过文件对象可以读写文本文件和二进制文件。文本文件可以处理各种语言所需的字符,只包含基本文本字符,不包括诸如字体、字号、颜色等修饰的信息。它可以在文本编辑器和浏览器中显示。即在任何情况下,文本文件都是可读的。使用其他编码方式的文件即二进制文件,如 Word 文档、PDF 文档、图像文件和可执行文件等。

1. 文件的打开与关闭

Python 对文本文件和二进制文件采用统一的操作步骤,即"打开—操作—关闭",对文件首先需要将其打开,使得当前程序有权操作这个文件,打开不存在的文件可以创建文件。打开后的文件处于占用状态,此时,其他程序不能操作这个文件。接下来可以通过一组方法读取文件的内容或向文件写入内容。文件操作完成后需要将文件关闭,关闭释放对文件的控制使文件恢复存储状态,此时,别的程序才能够操作这个文件。

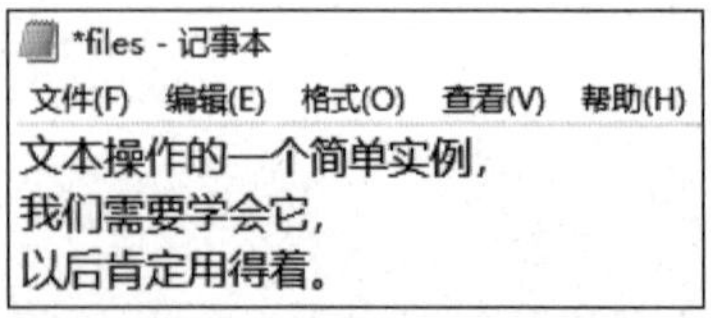

在学习文件的打开和关闭操作之前,需要在计算机的任意盘上创建文件并储入些许文本内容。本书在此以 TXT 文本文档为例,编辑的文件名为 files.txt,文件的存储路径为 C:\Users\test2\Desktop\files.txt,编辑的文本内容如图 5-1 所示。

图 5-1 files.txt 的文本内容

创建好文本文件后,可以通过 open()方法和 close()方法分别对文件进行打开和关闭操作。Python 通过 open()方法打开一个文件,并返回一个操作这个文件的变量,语法形式如下,其中可选参数 <打开模式> 的类型见表 5-1。

表 5-1 open()方法的可选参数 <打开模式> 的类型

打开模式	含　　义
"r"	只读模式,如果文件不存在,返回异常 FileNotFoundError,默认值
"w"	覆盖写模式,文件不存在则创建,存在则完全覆盖源文件
"x"	创建写模式,文件不存在则创建,存在则返回异常 FileExistsError
"a"	追加写模式,文件不存在则创建,存在则在源文件最后追加内容
"b"	二进制文件模式
"t"	文本文件模式,默认值
"+"	与 r/w/x/a 一同使用,在原功能基础上增加同时读写的功能

注意:打开模式使用字符串方式表示,根据字符串定义,单引号或者双引号均可。上述打开模式中,'r'、'w'、'x'、'a'可以和'b'、't'、'+'组合使用,形成既表达读写又表达文件模式的方式。

```
<文件对象名>=open(<文件路径及文件名>,<打开模式>,<编码格式>)
```

其中文件路径及文件名是不可省略的,其他参数都可以省略,省略时会使用默认值。Python 用 close()方法关闭、释放文件的使用授权,语法形式如下:

```
<文件对象名>.close()
```

【例 5.1】 通过 open()和 close()方法打开和关闭文件 files.txt。

```
#L5.1 例 5.1
f = open(r"C:\Users\test2\Desktop\files.txt", "rt", encoding="UTF-8")
print(f.readlines())
f.close()
```

执行结果:

```
['文本操作的一个简单实例,\n', '我们需要学会它,\n', '以后肯定用得着。']
```

读者在实践中可能会发现当输入的文件路径为 C:\Users\Administrator\Desktop\files.txt 时,Python 解释器会反馈语法错误 SyntaxError。其实这是需要被提醒的一个非常重要的点,即在输入文件路径及文件名时,要么以 r"C:\Users\Administrator\Desktop\files.txt"的方式,要么以"C:/Users/Administrator/Desktop/files.txt" 的方式输入,否则 Python 会反馈语法错误。

此外,一些用户在打开文件进行操作之后可能会忘记关闭文件,这样会造成文档信息丢失等不良后果,因此 Python 提供了一种名叫上下文管理器的模式来进行文件打开和关闭操作,以防信息丢失。

【例 5.2】 通过上下文管理器打开和关闭文件 files.txt。

```
#L5.2 例 5.2
with open(r"C:\Users\test2\Desktop\files.txt", "rt", encoding="UTF-8") as f:
    print(f.readlines())
```

执行结果:

```
['文本操作的一个简单实例,\n', '我们需要学会它,\n', '以后肯定用得着。']
```

编码格式指定文件的编码模式,一般可设定为 cp950(繁体中文 BIG5)或 UTF-8。默认的编码因操作系统不同而有所不同,如果是 Windows 简体中文系统,默认的编码是 cp936(GBK),也就是记事本"存储为"界面中显示的 ANSI 编码。Windows 简体中文的记事本默认使用的是 ANSI 编码存储文本文件,因此在打开文件时不需要输入编码模式。但是如果在指定 encoding = 'cp936'的情况下去读取用 UTF-8 编码的文件,那么显示出来的数据内容有时会出现乱码。由于许多操作系统默认使用 UTF-8 编码,因此建议将文件保存为 UTF-8 编码,而不是 ANSI 形式。如果文件编码已改为 UTF-8,那么读取文件时要加入 encoding = 'UTF-8'编码格式,否则会出现错误。

2. 文件的读写

除了文件的打开与关闭操作,在编写程序的过程中,经常还需要对文件进行读写。

通常来说,与文件打开方式相同,文件读写方式也会根据文本文件或二进制文件的不同而有所不同。常用的关于读取文件的方法及含义如表 5-2 所示。

表 5-2 常用的文件读取的方法及含义

方法	含义
文件对象名.read(size=-1)	从文件中读入整个文件内容。参数可选,如果给出,读入前 size 长度的字符串或字节流
文件对象名.readline(size=-1)	从文件中读入一行内容。参数可选,如果给出,读入该行前 size 长度的字符串或字节流
文件对象名.readlines(hint=-1)	从文件中读入所有行,以每行为元素形成一个列表。参数可选,如果给出,读入 hint 行
文件对象名.seek(offset)	改变当前文件操作指针的位置。offset 的值:0 代表文件开头;2 代表文件结尾

当文件中存储的内容不多时,可以使用 read()方法一次性将文本内容读取到文件对象中,该方法也是 Python 程序设计中常用于一次性读入文本内容的方法。

【例 5.3】 通过 read()方法读取文件 files.txt 中存储的内容。

```
#L5.3 例 5.3
with open(r"C:\Users\test2\Desktop\files.txt", "rt", encoding="UTF-8") as f:
    contents = f.read()
print(contents)
```

执行结果:

```
文本操作的一个简单实例,
我们需要学会它,
以后肯定用得着。
```

当文件中存储的内容过大时,通常采用 readline()方法对文件中存储的内容进行读取操作。readline()方法主要用于从文件中按行读取存储的内容,值得注意的是,当读取的内容超过文本中存储的行数时,该函数读取到的内容为空。

【例 5.4】 通过 readline()方法按行读取文件 files.txt 中存储的内容。

```
#L5.4 例 5.4
with open(r"C:\Users\test2\Desktop\files.txt", "rt", encoding="UTF-8") as f:
    contents1 = f.readline()
    contents2 = f.readline()
    contents3 = f.readline()
    contents4 = f.readline()
print(contents1)
print(contents2)
print(contents3)
print(contents4)
```

执行结果：

文本操作的一个简单实例，

我们需要学会它，

以后肯定用得着。

readlines()方法和 read()方法相似,也是用于一次性将文本内容读入文件对象的方法,不过 readlines()方法读入的文本内容是以列表的形式存储在文件对象中的,而 read()方法则是直接存储在文件对象中。

【例 5.5】 通过 readlines()方法读取文件 files.txt 中存储的内容。

```
#L5.5 例 5.5
with open(r"C:\Users\test2\Desktop\files.txt", "rt", encoding="UTF-8") as f:
    contents =f.readlines()
print(contents)
```

执行结果：

['文本操作的一个简单实例,\n', '我们需要学会它,\n', '以后肯定用得着。']

在 seek()方法的使用中引入了文件读取指针的概念,在文件打开后,对文件的读写有一个读取指针,当从文件中读入内容后,读取指针将向前进,再次读取的内容将从指针的新位置开始。比如当使用完 read()方法对文件进行读取之后,读取指针将指向文件的末尾,如果再次使用其他读取函数对文件进行读取的话由于读取指针无法读取到任何内容,因此返回的结果将为空。此时,seek()方法便可以发挥其作用,移动读取指针,令读取指针指向文件的其他位置。

【例 5.6】 通过 seek()方法移动文件读取指针。

```
#L5.6 例 5.6
with open(r"C:\Users\test2\Desktop\files.txt", "rt", encoding="UTF-8") as f:
    contents =f.readlines()
                            #通过 readlines()方法读取文件 files.txt 中存储的全部内容
    contents1 =f.readlines()
            #再次调用 readlines()方法读取文件 files.txt 中存储的内容,将返回一个空列表
    print("第一次读取的内容: ", contents)         #将读取的全部内容打印到屏幕上
    print("再次读取的内容: ", contents1)        #将返回的空列表打印到屏幕上
    f.seek(0)                                #将文件指针移动到文件开头
    contents1 =f.readlines()    #调用 readlines()方法读取文件 files.txt 中存储的内容
    print("读取的内容: ", contents1)            #将读取的文件内容打印到屏幕上
```

执行结果：

```
第一次读取的内容：['文本操作的一个简单实例,\n', '我们需要学会它,\n', '以后肯定用得着。']
再次读取的内容：[]
读取的内容：['文本操作的一个简单实例,\n', '我们需要学会它,\n', '以后肯定用得着。']
```

除了以上 4 个常用的关于文件读取的方法之外，从文本文件按行读取内容并进行处理也是文件读取的一个常用操作，由于文本文件可以看作由行组成的对象，因此可以使用循环遍历来对文件进行读取和处理操作。

【例 5.7】 通过循环读取文件 files.txt 中存储的内容。

```
#L5.7 例 5.7
with open(r"C:\Users\test2\Desktop\files.txt", "rt", encoding="UTF-8") as f:
    for line in f:              #使用 for 循环读取文件 files.txt 中存储的内容
        print(line)             #将 for 循环按行读取到的内容打印到屏幕上，也可进行其他的处理操作
```

执行结果：

```
文本操作的一个简单实例,

我们需要学会它,

以后肯定用得着。
```

接下来将介绍关于文件写的方法，常用的文件写的方法及其含义如表 5-3 所示。

表 5-3　常用的文件写的方法及含义

方　　法	含　　义
文件对象名.write(str)	向文件写入一个字符串或字节流
文件对象名.writelines(lists)	将一个字符串列表写入文件

write() 方法用于向指定文件中写入字符串，每次写入后，都会记录一个写入指针。该方法可以反复调用，将在写入指针后分批写入内容，直至文件被关闭。

【例 5.8】 通过 write() 方法向指定文件中写入内容。

```
#L5.8 例 5.8
with open(r"D:\example.txt", "w", encoding="UTF-8") as f:
    f.write("读者，您好！\n")           #向指定文件 example.txt 中写入字符串"读者,您好!"
    f.write("这是文件写的一个示例程序。")
                                      #向指定文件 example.txt 中追加写入字符串"这是文件写的一个示例程序。"
```

以上语句运行后将在 D 盘目录下生成一个文件 example.txt，并写入如图 5-2 所示的内容。当使用 write() 方法时，要显式地使用换行符"\n"对写入的文本进行换行，如果不进行换行的话，每次写入的字符串会被连接起来。

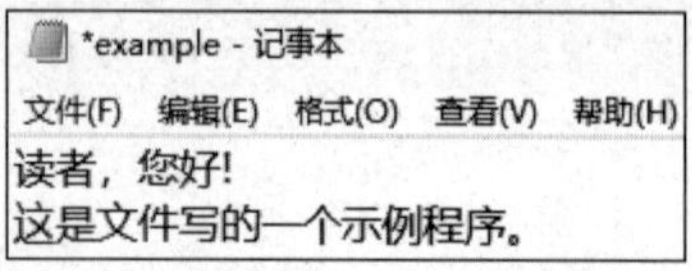

图 5-2　使用 write() 方法写入的内容

writelines() 方法用于直接将列表类型的各元素连

接起来写入文件。

【例 5.9】 通过 writelines()方法向指定文件中写入内容。

```
#L5.9 例 5.9
lists =["1, 2, 3\n", "读者,您好!\n", "这是文件写的另一个示例程序。\n"]
with open(r"D:\example1.txt", "w", encoding="UTF-8") as f:
    f.writelines(lists)              #向文件 example1.txt 中写入 lists 列表
```

以上语句运行后将在 D 盘目录下生成一个文件 example1.txt,并写入如图 5-3 所示的内容。

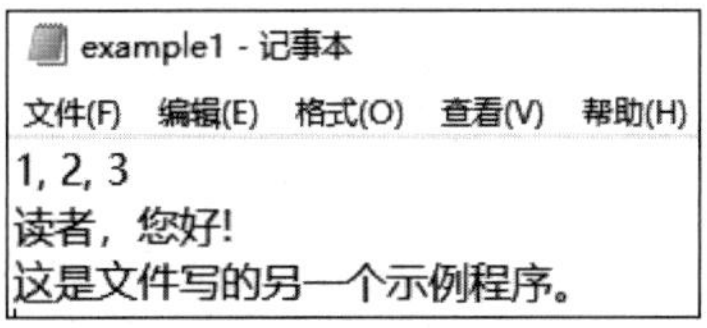

图 5-3 使用 writelines()方法写入的内容

5.2 os 模块的使用

OS,操作系统(operating system)的缩写形式。很明显,os 模块可以直接对操作系统进行操作,因此,os 模块是 Python 语言中相当重要的一个模块。使用 os 模块,可以访问操作系统提供的功能。此外,通过使用 os 模块中提供的接口,还可以实现跨平台访问。本节将介绍 os 模块的系统操作、对目录的增删改查操作及 path 模块中基本方法的使用。

5.2.1 os 模块的系统操作

在 Python 语言中,os 模块用于系统操作的基本方法有 4 个,这 4 个基本方法及含义如表 5-4 所示。

表 5-4 os 模块用于系统操作的基本方法及含义

方　　法	含　　义
os.sep	用于系统路径的分隔符,其中 Windows 系统的分隔符为"\"或"\\";Linux 类系统如 Ubuntu 的分隔符是"/"
os.name	指示当前使用的工作平台,比如对于 Windows 用户,它是"nt";对于 Linux 或 Unix 用户,它是"posix"
os.getenv(环境变量名称)	读取环境变量
os.getcwd()	获取当前的工作路径

【例 5.10】 通过 os 模块的 4 个基本方法查看当前操作系统的相关信息。

```
#L5.10 例 5.10
import os                    #导入 os 模块
print(os.sep)                #打印当前系统的分隔符
```

```
print(os.name)                    #打印当前正在使用的工作平台信息
print(os.getenv("path"))          #打印出系统当前配置的环境变量(每个人的配置可能有所不同)
print(os.getcwd())                #打印当前的工作路径
```

执行结果：

```
\
nt
H:\Anaconda3\envs\tensorflow; H:\Anaconda3\envs\tensorflow\Library\usr\bin; H:\
Anaconda3\envs\tensorflow\Library\bin
G:\PythonProjects\figure_examples
```

5.2.2 对目录和文件的管理

对目录的增删改查操作是 Python 程序设计中必不可少的一部分，在 os 模块中用于对目录进行增删改查操作的基本方法及含义如表 5-5 所示。

表 5-5　os 模块中用于对目录进行增删改查操作的基本方法及含义

方　　法	含　　义
os.listdir()	返回指定目录下的所有目录和文件名
os.mkdir(dirname)	创建一个目录文件。若目录已经存在,则创建目录失败
os.rmdir(dirname)	删除一个空目录。若目录中有文件则无法删除
os.makedirs(dirname)	可以生成多层递归目录。若目录全部存在,则创建目录失败
os.removedirs(dirname)	可以删除多层递归的空目录,若目录中有文件则无法删除
os.remove(filename)	删除 filename 参数指定的文件
os.chdir()	改变当前目录,到指定目录中
os.rename()	重命名目录名或者文件名。若重命名后的文件名已存在,则重命名失败

由于表 5-5 中列出的方法的使用流程基本相同，因此仅以 listdir() 和 mkdir() 方法为例，剩余的方法请自己实践完成。

【例 5.11】　通过 os 模块中的 listdir() 和 mkdir() 方法实现对目录的操作。

```
#L5.11 例 5.11
import os                          #导入 os 模块
print(os.listdir(r"G:\\"))         #打印出 G 盘下的所有目录和文件名
os.mkdir(r"G:\examples")           #在 G 盘下创建 examples 目录
```

以上语句运行后将在屏幕上打印出 G 盘下的所有目录和文件名，并在 G 盘下创建了 examples 目录文件。

【例 5.12】　通过 os 模块中的 remove() 方法实现对文件的删除操作。

```
#L5.12 例 5.12
import os                          #导入 os 模块
```

```
file ="testfile.txt"
if os.path.exists(file):            #检查当前路径下testfile.txt是否存在
    os.remove(file)                 #如果文件存在则删除该文件
else:
    print(file+"文件未找到!")
```

【例 5.13】 通过 os 模块中的 system( )方法管理目录。

```
#L5.13 例 5.13
import os                                                   #导入 os 模块
my_path =os.path.dirname(__file__)                          #取得当前路径
os.system("cls")                                            #清除屏幕
os.system("mkdir testdir")                                  #创建 testdir 目录
os.system("copy testfile.txt testdir\copytestfile.txt")     #复制文件
file =my_path +"\testdir\copytestfile.txt"
os.system("notepad" +file)                                  #以记事本方式打开 copytestfile.txt
```

5.2.3　path 模块中基本方法的使用

path，汉语翻译为路径，顾名思义，path 模块与目录或文件路径的操作相关。在 path 模块中用于对文件或目录路径进行操作的基本方法及含义如表 5-6 所示。

表 5-6　path 模块中用于对文件或路径进行操作的基本方法及含义

方　　法	含　　义
os.path.exists(path)	判断文件或者目录是否存在,存在则返回 True,否则返回 False
os.path.isfile(path)	判断是否为文件,是文件则返回 True,否则返回 False
os.path.isdir(path)	判断是否为目录,是目录则返回 True,否则返回 False
os.path.basename(path)	返回文件名
os.path.dirname(path)	返回文件路径
os.path.getsize(name)	获得文件大小
os.path.abspath(name)	获得文件或目录的绝对路径
os.path.join(path，name)	连接路径与文件/目录

【例 5.14】 通过 path 模块中的方法实现对目录或文件的操作。

```
#L5.14 例 5.14
import os                                         #导入 os 模块
path =r"G:\\"                                     #定义 path 路径
os.mkdir(r"G:\examples")
            #在 G 盘下创建 examples 目录,如果 G 盘下存在 examples 目录,则先删除再运行
print(os.path.exists(r"G:\examples"))   #判断 G 盘下是否存在 examples 目录
print(os.path.isfile (r"G:\examples"))  #判断 G 盘下的 examples 是否为文件
print(os.path.isdir (r"G:\examples"))   #判断 G 盘下的 examples 是否为目录
```

```
print(os.path.basename (r"G:\examples"))      #打印 G 盘下的 examples 的文件名
print(os.path.dirname (r"G:\examples"))       #打印 G 盘下的 examples 的父路径
print(os.path.getsize (r"G:\examples"))       #打印 G 盘下的 examples 目录的大小
print(os.path.abspath (r"G:\examples"))       #打印 G 盘下的 examples 目录的绝对路径
new_path =os.path.join(path, "examples")      #连接 path 路径和 examples 目录,从而形成新的路径
print("新的路径为: ",new_path)
```

执行结果:

```
True
False
True
examples
G:\
0
G:\examples
新的路径为: G:\\examples
```

5.3 数据的处理

数据的存储和处理是 Python 程序设计中必不可少的一个模块,本节将介绍数据的组织维度以及一维数据(如列表)、二维数据(如表格数据)和多维数据(如嵌套字典)的存储与处理。

5.3.1 数据的组织维度

数据在被计算机处理前,都需要一定的组织形式来表明数据之间的逻辑和关系,而不同的组织形式也就形成了不同的"数据的组织维度"。根据数据组织形式的不同,可以将数据的维度分为一维数据、二维数据和多维数据。

5.3.2 一维数据的存储与处理

一维数据(如 C/C++ 语言中的一维数组)是最简单的数据组织形式,由于采用线性关系的方式进行组织,所以在 Python 语言中主要采用 list 列表的形式表示。

一维数据的文件存储方式有多种,通常采用拼接逗号作为分隔元素的方式对其进行存储。使用逗号分隔方式存储的文件叫作 CSV(comma-separated values,逗号分隔值)文件,在 CSV 文件中,各元素间被逗号分隔,形成一行数据。在对 CSV 文件中存储的一维数据进行处理时,需要以 CSV 格式读入和输出。

常见的一维数据如姓名列表:

```
data =["张三","李四","王五"]
```

【例 5.15】 使用 CSV 格式对一维数据进行读写处理。

```
#L5.15 例 5.15
data =["张三","李四","王五"]                    #定义一维数据
```

```
with open(r"G:\examples.txt", "w", encoding="UTF-8") as f:
                                    #以文件写的方式打开G盘下的examples.txt文件
    f.write(",".join(data) +"\n")   #对一维数据进行写处理
with open(r"G:\examples.txt", "r", encoding="UTF-8") as f:
                                    #以文件读的方式打开G盘下的examples.txt文件
    contents =f.read().strip("\n").split(",")
                                    #对写入examples.txt文件中的一维数据进行读处理
print(contents)                     #将读取的内容打印到屏幕上
```

执行结果：

```
['张三', '李四', '王五']
```

5.3.3　二维数据的存储与处理

二维数据（如C/C++语言中的二维数组）由多条一维数据构成，其可看作一维数据的组合。因此，在Python语言中常用二维列表来对二维数据进行存储和处理，即列表的每个元素对应二维数据的一行，这个元素本身也是列表类型，其内部各元素对应该行中的各列值。

常见的二维数据如学生个人信息表：

```
students =[
 ["张三","2019111","男","180"],
 ["李四","2019112","男","176"],
 ["王五","2019113","男","175"]
]
```

【例5.16】　使用CSV格式对二维数据进行读写处理。

```
#L5.16 例5.16
student_info =[                     #定义二维数据
            ["张三","2019111","男","180"],
            ["李四","2019112","男", "176"],
            ["王五","2019113","男","175"]
            ]
stu_info =[]
with open(r"G:\examples.txt", "w", encoding="UTF-8") as f:
                                    #以文件写的方式打开G盘下的examples.txt文件
    for line in student_info:       #对二维数据中的每一行进行处理
        f.write(",".join(line) +"\n") #对二维数据进行写处理
with open(r"G:\examples.txt", "r", encoding="UTF-8") as f:
                                    #以文件读的方式打开G盘下的examples.txt文件
    for line in f:                  #对二维数据中的每一行进行处理
        stu_info.append(line.strip("\n").split(","))
                                    #对写入examples.txt文件中的二维数据进行读处理
print(stu_info)                     #将读取的内容打印到屏幕上
```

执行结果:

```
[['张三', '2019111', '男', '180'], ['李四', '2019112', '男', '176'], ['王五', '2019113',
'男', '175']]
```

5.3.4 多维数据的存储与处理

多维数据由多组键值对类型的数据构成,采用对象方式组织,可以多层嵌套(如嵌套字典)。

常见的多维数据如下:

```
datas ={
'交通': {'平头': 5, '柴油车': 10},
'体育': {'姚明': 13, '奥运会': 4},
'音乐': {'音律': 8, '流行乐': 10},
'文学': {'语文': 5, '小说': 10}
}
```

由于对多维数据进行读写处理的流程与一维或二维数据的读写流程类似,本节仅使用 for 循环对以上多维数据进行输出,其余的处理方式请自行实践完成。

【例 5.17】 使用 for 循环对多维数据进行输出处理。

```
#L5.17 例 5.17
datas ={                                                #定义多维数据
"交通":{"平头":5,"柴油车":10},
"体育":{"姚明":"13","奥运会":4},
"音乐":{"音律":8,"流行乐":10},
"文学":{"语文":5,"小说":10}
}
for text_type, word_info in datas.items():              #对多维数据进行处理
    print("文本类型: ", text_type)
    for word, word_num in word_info.items():            #对多维数据中的嵌套信息进行处理
        print("%s 出现了 %s 次。"%(word, word_num))
```

执行结果:

```
文本类型:交通
平头 出现了 5 次。
柴油车 出现了 10 次。
文本类型:体育
姚明 出现了 13 次。
奥运会 出现了 4 次。
文本类型:音乐
音律 出现了 8 次。
流行乐 出现了 10 次。
文本类型:文学
语文 出现了 5 次。
小说 出现了 10 次。
```

5.4 思考与练习

一、单选题

1. 下列关于 Python 文件处理的说法中,错误的是(　　)。
   A. Python 能处理 JPG 图像文件
   B. Python 能处理 CSV 文件
   C. Python 能处理 excel 文件
   D. 文本文件不能作为二进制文件来处理

2. 下列关于文件操作的说法中,错误的是(　　)。
   A. open()方法用于打开文件
   B. 以文本文件方式打开文件时,文件按照字节流方式进行读取
   C. 文件使用完毕后要用 close()方法关闭
   D. Python 能够以文本和二进制两种方式处理文件

3. 使用 open()方法打开 Windows 操作系统 E 盘 testfile 目录下的文件,以下选项中,路径描述错误的是(　　)。
   A. E:\testfile\test.txt　　　　　　B. E://testfile//test.txt
   C. E:\\testfile\\test.txt　　　　　D. E:/testfile/test.txt

4. 以下选项中,不是 Python 文件的读操作方法的是(　　)。
   A. readlines()　　　　　　　　　B. read()
   C. readchar()　　　　　　　　　 D. readline()

5. Python 文件读取方法 read(n)的作用是(　　)。
   A. 读取文件全部数据
   B. 从文件中读取一行数据
   C. 从文件中读取 n 行数据
   D. 从文件指针位置开始,读取 n 个字符(文本文件)或字节(二进制文件)的数据

6. 下列选项中不能向文件写入数据的是(　　)。
   A. print()　　　B. write()　　　C. writelines()　　　D. seek()

7. 关于 CSV 文件的说法错误的是(　　)。
   A. CSV 文件的每一行是一组一维数据
   B. CSV 文件中的数据可使用自定义符号隔离
   C. 整个 CSV 文件是一组二维数据
   D. CSV 是一种通用的文件格式,可用于在程序之间转移多种格式的表格数据

8. 以下选项中,不是 Python 文件二进制打开模式的是(　　)。
   A. "bt"　　　B. "br"　　　C. "bx"　　　D. "bw"

9. 关于下面代码中的变量 x,以下选项中描述正确的是(　　)。

```
filename = "E:/testfile/test.txt"
file = open(filename)
```

```
for x in file:
    print(x)
file.close()
```

  A. 变量 x 表示文件中的一行字符

  B. 变量 x 表示文件中的一个单词

  C. 变量 x 表示文件中的所有字符

  D. 变量 x 表示文件中的一个字符

10. 下列方法中,用于获取当前目录的是( )。

  A. os.mkdir()   B. os.listdir()

  C. os.getcwd()   D. os.mkdir(path)

二、编程题

1. 将键盘输入的内容逐行写入文件,当输入 Quit 时程序终止执行。

2. 读取一个英文文件,统计文件中某单词出现的次数。

3. 读取一个英文文件,将文件中的所有小写字母转换为大写字母,大写字母转换为小写字母。

三、简答题

1. 什么是文件指针？Python 中操作文件指针使用什么方法？

2. 在 Python 中采用什么方法处理 CSV 格式文件？

3. 通常使用什么方法将一维数据写入文件或从文件中读取并处理？

第 6 章
异常处理

6.1 异常的定义和分类

在任何一门程序设计语言中,异常都是一个重要的防错机制。Python 语言也不例外,它将异常归为一个重要的程序控制模块。

6.1.1 异常的定义

程序执行的过程中可能会发生某些影响程序正常执行的事件,而在 Python 程序中,当 Python 解释器无法正常处理程序时,程序会停止执行并提示一些错误信息,这种导致程序无法正常执行的事件即称之为异常。

6.1.2 异常和错误的区别

异常是因为程序出现了错误无法正常执行并且在正常控制流以外采取的行为。这个行为又分为两个阶段,首先是检测引起异常发生的错误的阶段,然后是采取可能的处理措施阶段。

错误从软件层次来说可分为语法错误和逻辑错误。语法错误指编辑的程序有语法问题,从而导致编辑的程序不能被解释器解释或者不能被编译器编译。而逻辑错误是指编辑的程序中存在逻辑问题,导致程序运行产生的结果和预期的结果不一致。

6.1.3 常见的异常

在一些编程语言中,错误是通过特殊的函数返回值指出的,在 Python 语言中使用异常,异常指的是一段只有错误发生时执行的代码。本书之前已经演示了一些有关错误的例子,如读取列表或者元组的越界位置或者字典中不存在的键。当执行可能出错的代码时,需要适当的异常处理程序用于阻止潜在的错误发生。在异常可能发生的地方添加异常处理程序,对于用户明确错误是一种好方法。即使不会及时解决问题,也至少会记录运行环境且停止程序执行。如果发生在某些函数中的异常不能被立刻捕捉,它会持续,直到被某个调用函数的异常处理程序所捕捉。在不能提供自己的异常捕获代码时,Python 会输出错误消息和关于错误发生处的信息,然后终止程序,例如下面的代码段:

```
>>>mylist=[1,72,3]
>>>position=3
>>>mylist[position]
Traceback (most recent call last):
  File "<pyshell #4>", line 1, in <module>
    mylist[position]
IndexError: list index out of range
```

以上操作因列表索引超出范围,导致错误。在实际程序设计中,一般为避免错误随机产生,可以通过使用 try 和 except 提供错误处理程序。

相关程序代码如下:

```
mylist=[1,72,3]
position=3
try:
    mylist[position]
except:
    print('索引应该在 0 和',len(mylist)-1,'之间,当前索引为',position)
```

程序输出:

```
索引应该在 0 和 2 之间,当前索引为 3
```

这样的代码,可以明确指出错误信息,便于程序设计者或者使用者清楚问题。

在 try 结构中的代码块都会被执行。如果该代码存在错误,就会抛出异常,然后执行 except 中的代码;否则,跳过 except 块代码。

except 块可以对应不同的异常类型,前面代码是一个无参数的 except 的语句块,适用于任何异常类型。如果可能发生多种类型的异常,则最好是分开进行异常处理。

在 Python 语言中,常见的异常有除零错误、索引错误以及缩进错误等。除了这几个常见的异常之外,Python 语言还定义了许多的标准异常,这些标准异常及其描述如表 6-1 所示。

表 6-1 Python 语言中定义的标准异常及其描述

异 常 名 称	描 述
BaseException	所有异常的基类
SystemExit	解释器请求退出
KeyboardInterrupt	用户中断程序执行
Exception	常规错误的基类
StopIteration	迭代器没有更多的值
GeneratorExit	生成器(generator)发生异常来通知退出
StandardError	所有的内建标准异常的基类
ArithmeticError	所有数值计算错误的基类

续表

异常名称	描述
FloatingPointError	浮点计算错误
OverflowError	数值运算超出最大限制
ZeroDivisionError	除零异常
AssertionError	断言语句失败
AttributeError	试图访问一个对象没有的成员
EOFError	没有内建输入,到达 EOF 标记
EnvironmentError	操作系统错误的基类
IOError	输入/输出操作失败
OSError	操作系统错误
WindowsError	系统调用失败
ImportError	导入模块/对象失败
LookupError	无效数据查询的基类
SystemError	一般的解释器系统错误
TypeError	对类型无效的操作
ValueError	传入无效的参数
UnicodeError	Unicode 相关的错误
UnicodeDecodeError	Unicode 解码时的错误
UnicodeEncodeError	Unicode 编码时的错误
UnicodeTranslateError	Unicode 转换时的错误
Warning	警告的基类
DeprecationWarning	关于被弃用的特征的警告
FutureWarning	关于构造将来语义会有改变的警告
OverflowWarning	旧的关于自动提升为长整型(long)的警告
PendingDeprecationWarning	关于特性将会被废弃的警告
RuntimeWarning	可疑的运行时行为(runtime behavior)的警告
SyntaxWarning	可疑的语法的警告
UserWarning	用户代码生成的警告

6.2 异常处理机制

在任何一门程序设计语言中都设计了异常处理机制,Python 语言也不例外。本节将介绍在 Python 语言中的常见异常处理、抛出异常处理和自定义异常处理。

6.2.1 常见的异常处理

Python 语言中定义的标准异常如表 6-1 所示,在此以除零异常为例介绍 Python 语言中的常见异常处理。

Python 语言中的异常处理框架为 try/except 和 try/except/else/finally。

在 try/except 框架中,try 用来检测 try 语句块中的错误,而 except 语句用来捕获和处理异常信息,其中 except 之后可不带或带多个标准异常名称作为检测的异常的类型。

【例 6.1】 使用 try/except 框架对除零异常进行处理。

```
#L6.1 例6.1
#3/0                          #如果直接运行该代码的话,Python 会反馈 ZeroDivisionError 错误
try:
    3 / 0                     #使用 try 检测该语句中是否有错误或异常
except ZeroDivisionError as e:   #检测语句中是否有除零异常信息,如果有则将其重命名为 e
    print("捕获的异常信息为: ", e) #打印反馈的异常信息
```

执行结果:

```
捕获的异常信息为: division by zero
```

在 try/except/else/finally 框架中,try 和 except 语句的含义和上述相同,而 else 语句表示:如果在 try 语句中的内容有错的话,则执行 except 语句;如果在 try 语句中内容没有错误的话,则执行 else 语句,无论在 try 语句或 else 语句中是否检测到错误,finally 语句都是要执行的。

【例 6.2】 使用 try/except/else/finally 框架对除零异常进行处理。

```
#L6.2 例6.2
try:
    3 / 2                     #使用 try 语句检测该语句中是否有错误或异常
except ZeroDivisionError as e: #检测语句中是否有除零异常信息,如果有则将其重命名为 e
    print("捕获的异常信息为: ", e)   #如果有除零异常信息,则打印到屏幕上
else:
    print("在 try 语句中无除零异常。")  #可以有多个 else 语句,在此也可检测其他异常
finally:                      #不管 try 语句中有没有异常,finally 都会执行
    print("不管 try 语句中有没有异常,finally 都会执行。")
```

执行结果:

```
在 try 语句中无除零异常。
不管 try 语句中有没有异常,finally 都会执行。
```

6.2.2 抛出异常处理

在编写 Python 程序的过程中,出于某些目的或者为了不影响程序的正常执行,通常会主动设置一些异常信息,比如当输入的数据不符合程序的要求时,能够自动反馈一些信息方

便使用者重新输入合法的数据。Python 语言通过 raise 关键字主动抛出指定的异常。

【例 6.3】 使用 raise 关键字进行抛出异常处理。

```
#L6.3 例 6.3
def input_function(num):             #定义输入函数
    if not isinstance(num, int):     #判断输入的是否为一个整数
        raise ValueError("需要输入一个整数!")
                                     #通过 raise 关键字主动抛出 ValueError 异常
    else:
        print("输入的整数为: ",num)   #如果有除零异常信息,则打印到屏幕上

try:
    input_function(5)                #调用输入函数,输入一个整数 5
    input_function("hello")          #调用输入函数,输入一个字符串
except ValueError as e:              #检测语句中是否有除零异常信息,如果有则将其重命名为 e
    print("捕获的异常信息为: ", e)   #如果有除零异常信息,则打印到屏幕上
```

执行结果:

```
输入的整数为: 5
捕获的异常信息为: 需要输入一个整数!
```

6.2.3 自定义异常处理

除了 Python 语言中自定义的标准异常之外,也可以自己定义异常类型。简单来说,定义一个异常即是定义一个继承自 Exception 类的类。

【例 6.4】 自定义异常处理。

```
#L6.4 例 6.4
class MyException(Exception):        #自定义一个异常类 MyException
    def __init__(self, str):
        self.str = str

    def output(self):                #自定义一个函数
        return self.str

try:
    raise MyException("这是自己定义的异常类型 MyException。")
except MyException as e:             #检测语句中是否有自定义异常信息,如果有则将其重命名为 e
    print("捕获的异常信息为: ", e)   #如果有自定义异常信息,则打印到屏幕上
```

执行结果:

```
捕获的异常信息为: 这是自己定义的异常类型 MyException。
```

6.3 思考与练习

一、单选题

1. Python 中用来抛出异常的关键字是（　　）。
   A. try　　　　B. except　　　　C. raise　　　　D. finally
2. 关于异常，下列选项中正确的是（　　）。
   A. 异常是一种对象
   B. 一旦程序运行，异常将被创建
   C. 为了保证程序运行的速度，要尽量避免使用异常处理机制
   D. 所有的异常都可以被捕获
3. 程序运行产生异常后，如果需要完成释放资源、关闭文件、关闭数据库等操作，应该使用的语句块是（　　）。
   A. try 语句块　　B. except 语句块　　C. finally 语句块　　D. else 语句块
4. 下列关于创建用户自定义异常的描述中，错误的选项是（　　）。
   A. 用户自定义异常需要继承 Exception 类或其他异常类
   B. 在方法中声明抛出异常关键字的是 throw 语句
   C. 捕捉异常通常使用 try/except/else/finally 结构
   D. 使用异常处理会使整个系统更加安全和稳定
5. 下列的 Python 代码 str = "teststr" + 100 运行时，解释器抛出的异常信息类型是（　　）。
   A. NameError　　B. SyntaxError　　C. TypeError　　D. IndexError

二、编程题

1. 提供一个字符串元组，程序要求元组中每一个元素的长度都在 20～30；否则，程序引发异常。
2. 使用 input() 函数输入一行数据，其中包括用逗号分隔得到的 5 个数值型数据，放入列表 intArr 中，然后输出。要求：如果输入的数据不是数值，要捕获 ValueError 异常，显示"请输入数值型数据"；如果输入的数据项不足 5 个，抛出索引范围越界的异常，显示"请输入至少 5 个数据"。

第 7 章 正则表达式

7.1 正则表达式简介

正则表达式(regular expression,RE)又称为规则表达式,在大多数主流的操作系统(Linux、Unix 等)和开发语言(C、Java、PHP 等)中都可以看到它的身影。正则表达式是实际工程开发中常用来对字符串处理的一个有用的工具,特别是处理带标签的文本数据时,正则表达式表现出了强大的功能。正则表达式用来帮助人们从字符串中获取想要的特定部分或者用来判断给定的字符串是否符合正则表达式的过滤逻辑。

Python 中的 re 模块提供了各种正则表达式的匹配操作来实现对复杂字符串的分析和处理。正则表达式是由普通字符(例如字符 a 到 z)以及特殊字符(称为"元字符")组成的文字模式。模式描述在搜索文本时要匹配的一个或多个字符串。正则表达式作为一个模板,将某个字符模式与所搜索的字符串进行匹配。

7.1.1 普通字符

正则表达式是包含文本和特殊字符的字符串,该字符串描述了一个可以识别各种字符串的模式。对于通用文本来说,用于正则表达式的字母表示所有大小写字母及数字的集合。普通字符包括没有显式指定为元字符的所有可打印和不可打印的字符,这包括所有大写和小写字母、所有数字、所有标点符号和一些其他符号。例如下面介绍的正则表达式都是基本的普通字符,它们仅仅用一个简单的字符串构造一个匹配字符串的模式:该字符串由正则表达式定义。表 7-1 为几个正则表达式和它们所匹配的字符串。

表 7-1 普通字符

正则表达式模式	匹配的字符串
Java	"Java"
Python	"Python"
PHP	"PHP"
abc123	"abc123"

在表 7-1 中,第一个正则表达式模式是 Java,该模式没有使用任何特殊符号去匹配其他符号,而只是匹配所描述的内容。所以,能够匹配这个模式的只有包含"Java"的字符串。同

理,对于字符串"Python"、"PHP"和"abc123"也一样。正则表达式的强大之处在于引入特殊字符来定义字符集、匹配子组和重复模式。正是由于这些特殊符号,使得正则表达式可以匹配字符串集合,而不仅仅是某单个字符串。由此可见,普通字符表达式属于最简单的正则表达式形式。

7.1.2 元字符

元字符也称为特殊字符,是指一些具有特殊含义的字符,它由基本元字符和普通字符构成。基本元字符是构成元字符的组成要素。基本元字符主要有 14 个,具体如表 7-2 所示。

表 7-2　Python 语言中常用的元字符其含义

元字符	含　　义
{}	定义量词
^	可以表示取反,或是匹配一行的开始
$	表示字符串结尾
.	表示任意一个字符
+	表示重复一次或多次
*	表示重复零次或多次
?	表示重复零次或一次
\	对特殊字符进行转义,或者是指定特殊序列
[]	表示一个字符集,所有特殊字符在其中都失去特殊意义,只有 ^、-、]、\含有特殊含义
|	表示或者的意思,只匹配其中一个表达式,如果 | 没有被包括在()中,则它的范围是整个正则表达式
()	被括起来的表达式作为一个分组

7.1.3 非打印字符

非打印字符也可以是正则表达式的组成部分,在表 7-3 中列出了表示非打印字符的转义序列。

表 7-3　非打印字符

字　符	描　　述
\cx	匹配由 x 指明的控制字符。例如,\cM 匹配一个 Control-M 或回车符。x 的值必须为 A～Z 或 a～z 之一,否则,将 c 视为一个原义的'c'字符
\f	匹配一个换页符,等价于\x0c 和\cL
\n	匹配一个换行符,等价于\x0a 和\cJ
\r	匹配一个回车符,等价于\x0d 和\cM
\s	匹配任何空白字符,包括空格、制表符、换页符等,等价于[\f\n\r\t\v]
\S	匹配任何非空白字符,等价于[^\f\n\r\t\v]

续表

字 符	描 述
\t	匹配一个制表符,等价于\x09 和\cI
\v	匹配一个垂直制表符,等价于\x0b 和\cK

表 7-4 列出了 Python 语言中常用的特殊序列及其含义。

表 7-4　Python 语言中常用的特殊序列及其含义

特殊表达序列	含 义
\A	只在字符串开头进行匹配
\b	匹配位于开头或者结尾的空字符串
\B	匹配不位于开头或者结尾的空字符串
\d	匹配任意数字字符,相当于[0~9]
\D	匹配任意非数字字符,相当于[^0~9]
\s	匹配任意空白字符,相当于[\t\n\r\f\v]
\S	匹配任意非空白字符,相当于[^\t\n\r\f\v]
\w	匹配任意数字、字母、下画线或汉字,相当于[a~z,A~Z,0~9_]
\W	匹配任意非数字、字母、下画线和汉字的字符,相当于[^a~z,^A~Z,^0~9,^_]
\Z	只在字符串结尾进行匹配

除了可以支持表 7-2 和表 7-4 中的元字符和特殊序列外,Python 的 re 模块还提供了 6 个正则函数来支持特殊字符串的处理,这 6 个正则函数如表 7-5 所示。

表 7-5　re 模块提供的 6 个正则函数

函　　数	含　　义
re.findall(pattern,string[,flags])	找到全部能够匹配的字符串并以列表的形式返回
re.finditer(pattern,string[,flags])	找到全部能够匹配的字符串并以迭代器的形式返回
re.match()和 re.search()	match()函数从字符串的初始字符开始做匹配,而 search()函数是扫描字符串,找到第一个位置。二者都只匹配一次,匹配不到则返回 None
re.sub()和 re.subn()	两种函数都是用来替换匹配成功的字符串,值得一提的是,sub()函数替换的内容不仅可以是字符串,也可以是函数;subn()函数的返回结果为元组
re.split(pattern,string,maxsplit=0)	通过正则表达式将字符串分离。如果用括号将正则表达式括起来,那么匹配的字符串也会被列入到 list 中返回。maxsplit 是分离的次数,maxsplit=1 即分离一次,默认为 0
re.compile(strPattern[,flag])	compile()函数是 Pattern 类的工厂函数,用于将字符串形式的正则表达式编译为 Pattern 对象。第二个参数 flag 是匹配模式,取值可以使用按位或运算符'|'表示同时生效,比如 re.I | re.M 等

对于 Python 开发者来说,掌握正则表达式是一个很重要的技能。在掌握了正则表达式之后,就可以利用正则表达式来开发数据抓取、网络爬虫等程序。在 Python 的交互式解释器中先导入 re 模块,然后输入 re.__all__命令,即可看到该模块所包含的全部属性和函数:

```
['match', 'fullmatch', 'search', 'sub', 'subn', 'split', 'findall', 'finditer', '
compile', 'purge', 'template', 'escape', 'error', 'A', 'I', 'L', 'M', 'S', 'X', 'U',
'ASCII', 'IGNORECASE', 'LOCALE', 'MULTILINE', 'DOTALL', 'VERBOSE', 'UNICODE']
```

从上面的输出结果可以看出,re 模块包含了为数不多的几个函数和属性。下面先介绍这些函数的作用。

re.compile(pattern,flags = 0):该函数用于将正则表达式字符串编译为_sre.SRE_Pattern 对象,该对象代表了正则表达式编译之后在内存中的对象,它可以缓存并复用正则表达式字符串。如果程序需要多次使用同一个正则表达式字符串,则可考虑先编译它。

7.2 re 模块

在 python 语言中,使用 re 模块提供的内置标准库函数来处理正则表达式。在这个模块中,既可以直接匹配正则表达式的基本函数,也可以通过编译正则表达式对象,并使用其方法来使用正则表达式。在本节的内容中,将详细讲解使用 re 模块的基本知识。

7.2.1 match()和 search()函数

match()函数。re.match(pattern, string, flags=0),函数从字符串的开始位置来匹配正则表达式,如果从开始位置匹配不成功,match()函数就返回 None。其中 pattern 参数代表匹配的正则表达式;string 代表被匹配的字符串;flags 则代表正则表达式的匹配标志,用于控制正则表达式的匹配方式,例如是否区分大小写,多行匹配等。参数 flags 的选项值信息如表 7-6 所示。该函数返回_sre.SRE_Match 对象,该对象包含的 span(n)方法用于获取第 n+1 个组的匹配位置,group(n)方法用于获取第 n+1 个组所匹配的子串。

表 7-6 参数 flags 选项值及其含义

字 符	描 述
re.I	忽略大小写
re.L	根据本地设置而更改\w、\W、\b、\B、\s,以及\S 的匹配内容
re.M	多行匹配模式
re.S	使"."元字符也匹配换行符
re.U	匹配 Unicode 字符
re.X	忽略 pattern 中的空格,并且可以使用"#"注释

search()函数。re.search(pattern, string, flags=0),函数扫描整个字符串,并返回字符串中第一个匹配 pattern 参数的匹配对象。其中 pattern 参数代表正则表达式;string 代表

被匹配的字符串;flags 则代表正则表达式的匹配标志。该函数也返回 _sre.SRE_Match 对象。

【例 7.1】 match()与 search()函数使用。

```
#L7.1 例 7.1
import re
m1 = re.match('www','www.gzu.edu.cn')        #从开始位置匹配
print(m1.span())                              #span 返回匹配的位置
print(m1.group())                             #group 返回匹配的组
print(re.match('gzu','www.gzu.edu.cn'))       #如果从开始位置匹配不到,返回 None
m2 = re.search('www','www.gzu.edu.cn')        #从开始位置匹配
print(m2.span())                              #span 返回匹配的位置
print(m2.group())                             #group 返回匹配的组
m3 = re.search('gzu','www.gzu.edu.cn')        #从中间位置匹配,返回 Match 对象
print(m3.span())                              #span 返回匹配的位置
print(m3.group())                             #group 返回匹配的组
```

执行结果:

```
(0,3)
www
None
(0,3)
www
(4,8)
gzu
```

从上面的输出结果可以看出,在 Python 程序中,函数 search()的工作方式与 match() 完全一致,不同之处在于 match()函数要求必须从字符串开始处匹配,而 search()函数则扫描整个字符串,从中间任意位置匹配。

7.2.2 findall()和 finditer()函数

findall()函数。re.findall(pattern,string,flags = 0),函数扫描整个字符串,并返回字符串中所有匹配 pattern 参数的子串组成的列表。findall()函数用于查询字符串中某个正则表达式模式全部的非重复出现情况,这一点与 search()函数在执行字符串搜索时类似。但与 match()函数和 search()函数不同之处在于,findall()函数总是返回一个包含搜索结果的列表。如果 findall()函数没有找到匹配的部分,就会返回一个空列表,如果匹配成功,列表将包含所有成功的匹配部分(从左向右按匹配顺序排列)。

finditer()函数。re.finditer(pattern,string,flags = 0),函数扫描整个字符串,并返回字符串中所有匹配 pattern 参数的子串组成的迭代器,迭代器的元素是_sre.SRE_Match 对象。finditer()函数在功能上与 findall()函数类似,只是更节省内存空间。这两个函数的区别是 findall()函数会将所有匹配的结果一起通过列表返回,而 finditer()函数会返回一个迭代器,只有对 finditer()函数返回结果进行迭代,才会对字符串中某个正则表达式模式进行匹配。

【例 7.2】 findall() 与 finditer() 函数使用。

```
#L7.2 例 7.2
import re
p = r'[Pp]ython'
text = 'I like Python and python'
match_list = re.findall(p, text)
print(match_list)
match_iter = re.finditer(p, text)
for m in match_iter:
    print(m.group())
```

执行结果：

```
['Python','python']
Python
python
```

7.2.3 sub() 函数和 subn() 函数

在 Python 程序中，有两个函数用于实现搜索和替换功能，这两个函数是 sub() 和 subn()。两者的功能都是将某个字符串中所有匹配正则表达式的部分进行某种形式的替换。用来替换的部分通常是一个字符串，但它也可能是一个函数，该函数返回一个用来替换的字符串。sub() 函数返回替换后的结果，subn() 函数返回一个元组，元组的第一个元素是替换后的结果，第二个元素是替换的总数。

【例 7.3】 sub() 与 subn() 函数使用。

```
#L7.3 例 7.3
import re
result = re.sub('Tom','Jack','Tom is my friend')
print(result)
result = re.subn('Tom','Jack','Tom is my friend, I like Tom')
print(result[0])
print('替换总数','=',result[1])
```

执行结果：

```
Jack is my friend
Jack is my friend, I like Jack
替换总数 = 2
```

7.2.4 split() 函数

split() 函数用于根据正则表达式分隔字符串，该函数按照匹配的字符串进行字符串分隔，返回字符串列表对象，每一个列表元素都是分隔的子字符串。split() 函数的第一个参数是模式字符串，第二个参数是待分隔的字符串，如果待分隔的字符串非常大，可能并不希望对这个字符串永远使用模式字符串分隔下去,那么可以使用 maxsplit 关键字参数指定最大分隔次数,示例如下：

```
import re
result = re.split(';','Tom;Jack;Jam')
print(result)
p = r'\d+'
text = 'ab23cd45ef'
result = re.split(p,text)
print(result)
#用以 2 个小写字母开头,紧接着一个连字符(-),并以 3 个数字结尾的字符串作为分隔符对字符串进行分隔
result = re.split('[a-z]{2}-[0-9]{3}','testab-1234testfile-123abcdef')
print(result)
result = re.split(p,text,maxsplit = 1)
                    #使用 maxsplit 参数限定分隔的次数,这里限定为 1,也就是只分隔一次
print(result)
result = re.split(p,text,maxsplit = 2)
                    #使用 maxsplit 参数限定分隔的次数,这里限定为 2,也就是只分隔两次
print(result)
```

执行结果：

```
['Tom', 'Jack', 'Jam']
['ab', 'cd', 'ef']
['test', '4testfi', 'abcdef']
['ab', 'cd45ef']
['ab', 'cd', 'ef']
```

7.3 编译正则表达式

为了提高效率,还可以对 Python 正则表达式进行编译。在 re 模块中的 compile()函数可以编译正则表达式,compile()函数编译正则表达式之后,该函数所返回的对象就会缓存该正则表达式,从而可以重复使用该正则表达式执行匹配,这样能减少正则表达式的解析和验证,提高效率。

【例 7.4】 compile()函数使用。

```
#L7.4 例 7.4
import re
pat = re.compile('[a-z]+')
result = pat.match('txt12op')
print(result.group())
print(result.start())
print(result.end())
print(result.span())
```

执行结果：

```
txt
0
3
(0,3)
```

7.4 思考与练习

一、简答题

1. 请写出 E-mial 地址可能的几种正则表达式。
2. 请写出 IP 地址(IPv4)的正则表达式。
3. 请写出 Web 地址的正则表达式。
4. 请写出长度为 8~10 个字节的用户密码(以字母开关,包括数字、下画线)的正则表达式。

第 8 章 面向对象编程

Python 是一门面向对象的编程语言,对面向对象语言编码的过程就叫作面向对象编程。

面向对象编程(object-oriented programming,OOP)是一种程序设计思想。OOP 把对象作为程序的基本单元,一个对象包含了数据和操作数据的函数。

面向对象的程序设计把计算机程序视为一组对象的集合,每个对象都可以接收其他对象发过来的消息,并处理这些消息,计算机程序的执行就是一系列消息在各个对象之间传递。

在 Python 中,所有数据类型都被视为对象,也可以自定义对象。自定义的对象数据类型就是面向对象中的类(Class)的概念。

8.1 面向对象概述

早期的计算机编程是基于面向过程的方法,例如实现算术运算 $1+1+2=4$,通过设计一个算法就可以解决当时的问题。随着计算机技术的不断提高,计算机被用于解决越来越复杂的问题。一切事物皆对象,通过面向对象的方式,将现实世界的事物抽象成对象,现实世界中的关系抽象成类、继承,帮助人们实现对现实世界的抽象与数字建模。通过面向对象的方法,更利于用人理解的方式对复杂系统进行分析、设计与编程。同时,面向对象能有效提高编程的效率,通过封装技术,消息机制可以像搭积木的一样快速开发出一个全新的系统。面向对象是指一种程序设计范型,同时也是一种程序开发的方法。对象指的是类的集合。它将对象作为程序的基本单元,将程序和数据封装其中,以提高软件的重用性、灵活性和扩展性。

8.1.1 面向过程程序设计方法

面向对象是在结构化设计方法出现很多问题的情况下应运而生的。结构化设计方法求解问题的基本策略是从功能的角度审视问题域,它将应用程序看成实现某些特定任务的功能模块,其中子过程是实现某项具体操作的底层功能模块。在每个功能模块中,用数据结构描述待处理数据的组织形式,用算法描述具体的操作过程。

1. 早期程序

目的:用于数学计算。

主要工作：设计求解问题的过程。

缺点：对于庞大、复杂的程序难以开发和维护。

面向过程程序设计基本步骤。

（1）分析程序从输入到输出的各步骤。

（2）按照执行过程从前到后编写程序。

（3）将高耦合部分封装成模块或函数。

（4）输入参数，按照程序执行过程调试。

面向过程的程序设计特点。

（1）过程化程序设计的典型方法是"结构化程序设计"方法，是由荷兰学者 Dijkstra 在 20 世纪 70 年代提出的。

（2）程序设计原则：自上而下，逐步求精，模块化编程等。

（3）程序结构。

① 按功能划分为若干个基本模块。

② 各模块间的关系尽可能简单，功能上相对独立；每一模块内部均是由顺序、选择和循环三种基本结构组成。

③ 其模块化实现的具体方法是使用子程序（过程/函数）。

（4）程序组成：由传递参数的函数集合组成，每个函数处理它的参数，并可能返回某个值。即主模块＋子模块，它们之间以数据作为连接（程序＝算法＋数据结构）。

（5）程序特点：程序是以过程为中心的。程序员必须基于过程来组织模块。数据处于次要的地位，而过程是关心的重点。

（6）优点：有效地将一个较复杂的程序系统设计任务分解成许多易于控制和处理的子任务，便于开发和维护。

2. 三种程序基本结构

任何简单或复杂的算法都可以由顺序结构、选择结构和循环结构这三种基本结构组合而成。这三种结构被称为程序设计的三种基本结构，也是结构化程序设计必须采用的结构，如图 8-1 所示。

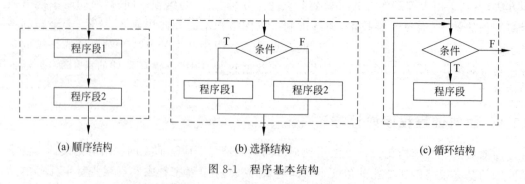

图 8-1　程序基本结构

3. 面向过程的程序设计缺点

（1）数据与处理数据的方法（函数）相分离。一旦问题（数据）改变，程序员则需要改写或重新编写新的解决方法（功能函数），有时几个关键的数据结构发生变化，将导致整个软件系统的结构崩溃。随着软件规模和复杂性的增长，这种缺陷日益明显。当程序达到一定规模后,为了修改一个小的错误,常可能引出多个大的错误。究其原因,问题就出在传统的程序设计方式上,一般适用于中小型的程序设计及编程应用。

(2) 管理的数据类型无法满足需要。当前的软件应用领域已从传统的科学计算和事务处理扩展到了其他的很多方面,如人工智能、计算机辅助设计和辅助制造等,所需处理的数据也已从简单的数字和字符串发展为记录在各种介质上并且有多种格式的多媒体数据,如数字、正文、图形、声音和影像等。数据量和数据类型的空前激增导致了许多程序的规模和复杂性均接近或达到了用结构化程序设计方法无法管理的程度。

(3) 可重用性差。只能以函数的方式实现代码重用,效率低,是手工作坊式的编程模式。作为软件公司,都希望设计的程序具有可重用性,即能否建立一些具有已知特性的部件,应用程序通过部件组装即可得到一个新的系统。

【例 8.1】 铅球飞行计算问题(使用面向过程方法)。

功能要求:如图 8-2 所示,在给定不同的投掷角度和初始速度下,求解计算铅球的飞行距离。

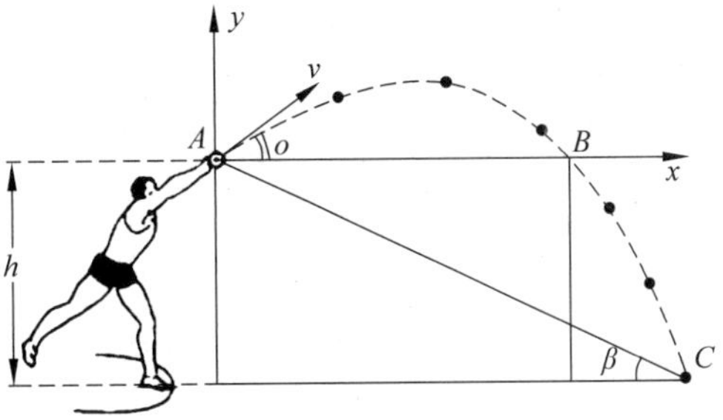

设计流程(功能分解,逐步求精)
(1) 输入:铅球发射角度、初始速度(m/s)、初始高度(m)。
(2) 处理:模拟铅球飞行,时刻更新铅球在飞行中的位置。
(3) 输出:铅球飞行距离(m)。

图 8-2 铅球飞行数学模型

简化问题
(1) 忽略空气阻力。
(2) 重力加速度 $9.8m/s^2$。
(3) 铅球飞行过程:
① 铅球高度;
② 飞行距离。
(4) 时刻更新铅球在飞行中的位置:
① 假设起始位置是点(0,0);
② 垂直方向上运动距离(y 轴);
③ 水平方向上移动距离(x 轴)。
(5) 设计参数:
① 仿真参数(投掷角度 angle、初始速度 velocity、初始高度 height、仿真间隔 time);
② 位置参数(x 轴坐标 xpos,y 轴坐标 ypos);
③ 速度分量(x 轴方向上速度 xvel,y 轴方向上速度 yvel)。

根据提示输入仿真参数:

```
angel=eval(input("请输入投掷角度(°): "))
vel=eval(input("请输入初始速度(m/s): "))
h0=eval(input("请输入初始高度(m): "))
time =eval((input(("请输入仿真间隔(s): "))))
```

计算初始速度。

(1) x 轴的速度：xvel ＝ vel * cos(theta)。

(2) y 轴的速度：yvel＝ vel * sin(theta)。

```python
#L8.1 例 8.1
from math import pi,sin,cos,radians
def main():
    angel=eval(input("请输入投掷角度(°): "))
    vel=eval(input("请输入初始速度(m/s): "))
    h0=eval(input("请输入初始高度(m): "))
    time =eval((input(("请输入仿真间隔(s): "))))
    xpos =0
    ypos =h0
    theta =radians(angel)
    xvel =vel * cos(theta)
    yvel =vel * sin(theta)
    while ypos>=0:
        xpos =xpos +time * xvel
        yvel1 =yvel -time * 9.8
        ypos =ypos +time * (yvel +yvel1) / 2
        yvel =yvel1
    print("\n 飞行距离: {0: 0.1f}米。".format(xpos))
```

程序模块化：

```python
from math import pi, sin, cos, radians
def getInputs():
    angel =eval(input("请输入投掷角度(°): "))
    vel =eval(input("请输入初始速度(m/s): "))
    h0 =eval(input("请输入初始高度(m): "))
    time =eval((input(("请输入仿真间隔(s): "))))
    return angel, vel, h0, time
def getXYComponents(vel, angel):
    theta =radians(angel)
    xvel =vel * cos(theta)
    yvel =vel * sin(theta)
    return xvel, yvel
def updatePosition(time, xpos, ypos, xvel, yvel):
    xpos =xpos +time * xvel
    yvel1 =yvel -time * 9.8
    ypos =ypos +time * (yvel +yvel1) / 2
    yvel =yvel1
    return xpos, ypos, yvel
def main():
    angel, vel, h0, time =getInputs()
    xpos, ypos =0, h0
    xvel, yvel =getXYComponents(vel, angel)
```

```
    while ypos >=0:
        xpos, ypos, yvel =updatePosition(time, xpos, ypos, xvel, yvel)
print("\n飞行距离: {0: 0.1f}米.".format(xpos))
```

8.1.2 面向对象程序设计方法

面向对象编程是一种组织程序的新型思维方式,软件设计的焦点不再是程序的逻辑流程,而是软件或程序中的对象以及对象之间的关系,其特点如下。

(1) 将数据及对数据的操作方法封装在一起,作为一个相互依存、不可分离的整体——对象。

(2) 对同类型对象抽象出其共性,形成类。

(3) 类通过一个简单的外部接口,与外界发生关系。

(4) 对象与对象之间通过消息进行通信。

面向对象程序设计方法的优点:

(1) 程序模块间的关系更为简单,程序模块的独立性、数据的安全性就有了良好的保障;

(2) 通过继承与多态性,可以大大提高程序的可重用性,使得软件的开发和维护都更为方便。

8.1.3 Python 支持的编程方式

Python 支持面向过程、面向对象、函数式编程等多种编程方式。

Python 不强制使用任何一种编程方式,可以使用面向过程方式编写任何程序,在编写小程序(少于 500 行代码)时,不会出现问题。而对于中等和大型项目来说,面向对象方式则会带来很多优势。

Python 对面向对象的语法进行了简化,去掉了面向对象中许多复杂的特性。例如,类的属性和方法的限制符(public、private、protected)。Python 提倡语法的简单、易用性,这些访问权限靠程序员自觉遵守,而不强制使用。

【例 8.2】 铅球飞行计算问题(使用面向对象方法)。

设计流程如下。

(1) 定义出一个"投射体"类——描述投射体类的属性(铅球对象属性:xpos、ypos、xvel、yvel。铅球对象操作:更新投射体状态、返回投射体高度、返回投射体距离)。

(2) 将此类(实例化)具体化以定义出一个对象(代表本次计算的问题)。

(3) 向此对象发送一条消息——获取投射体的高度。反复进行此步骤,直到投射体高度为零(即已落地)。

(4) 再向此对象发送一条消息——显示出投射距离。

投射体类定义:

```
#L8.2 例 8.2
from math import pi, sin, cos, radians
class Projectile:
```

```
    def __init__(self, angel, velocity, height):
        #投射体初始化
        self.xpos = 0.0
        self.ypos = height
        theta = radians(angel)
        self.xvel = velocity * cos(theta)
        self.yvel = velocity * sin(theta)
    def update(self, time):
        #更新投射体的状态
        self.xpos = self.xpos + time * self.xvel
        yvel1 = self.yvel - time * 9.8
        self.ypos = self.ypos + time * (self.yvel + yvel1) / 2.0
        self.yvel = yvel1
    def getY(self):
        #返回投射体的高度
        return self.ypos
    def getX(self):
        #返回投射体的距离
        return self.xpos
```

对象模块化：

```
from Projectile import *
def getInputs():
    angel = eval(input("请输入投掷角度(): "))
    vel = eval(input("请输入初始速度(m/s): "))
    h0 = eval(input("请输入初始高度(m): "))
    time = eval((input(("请输入仿真间隔(s): "))))
    return angel, vel, h0, time
def main():
    angel, vel, h0, time = getInputs()
    shot = Projectile(angel, vel, h0)
    while shot.getY() >= 0:
        shot.update(time)
    print("\n飞行距离: {0: 0.1f}米".format(shot.getX()))
```

程序执行：

```
请输入投掷角度(°): 41            请输入投掷角度(°): 30
请输入初始速度(m/s): 14          请输入初始速度(m/s): 15
请输入初始高度(m): 1.8           请输入初始高度(m): 2
请输入仿真间隔(s): 0.3           请输入仿真间隔(s): 0.3

飞行距离: 22.2米                 飞行距离: 23.4米
```

8.2 类和对象

在面向对象程序设计中,程序员可以创建任何新的类型,这些类型可以描述每个对象包含的数据和特征,这种类型称为类。

类是一些对象的抽象,隐藏了对象内部复杂的结构和实现。

类由变量和函数两部分构成,类中的变量称为成员变量,类中的函数称为成员函数。

8.2.1 对象的概念

Python 支持许多不同类型的数据。例如:

```
1234-int;
3.14159-float;
"Hello"-str
[1, 2, 3, 5, 7, 11, 13]-list
{"CA": " California", " MA": " Massachusetts"}-dict
```

以上每种类型都是对象。

对象具有的特点:

(1) 类型(一个特定的对象被认为是类型的实例);

(2) 内部数据表示(简单或复合);

(3) 一组与对象交互的方法(函数)。

说明:对象的内部表示是私有的,用户不应当依赖其实现的特定细节,如果直接操作对象的内部表示,可能会损害对象的正确行为。

以[1,2,3,4]为例。

(1) 类型:list。

(2) 内部数据表示:一个大小为 S($\geq$L)的对象数组,或者是一组独立单元的链接表 <data, pointer to next cell>。

(3) 操作列表的方法:

```
l[i], l[i: j], l[i,j,k], +, *
len(), min(), max(), del l[i]
l.append(…), l.extend(…), l.count(…), l.index(…), l.insert(…), l.pop(…), l.remove(…), l.reverse(…), l.sort(…)
```

8.2.2 对象和类的区别

类和对象是 OOP 中两个重要概念。类是对客观世界中事物的抽象,而对象是类实例化后的实体。

类型和变量之间存在着一定的联系,类型是模板,而变量则是具有这种模板的一个实体。同样,有了"类"类型就有其对应的变量实体,这就是对象。

表面上看对象是某个"类"类型的变量,但它又不是普通的变量,对象是一个数据和操作的封装体。封装的目的就是阻止非法的访问,因此对象实现了信息的隐藏,外部只能通过操作接口访问对象数据。对象是属于某个已知的类的,因此必须先定义类,然后才能定义对象。

从本质上说,对象是一组数据以及操作这些数据的函数。之前介绍的数字、字符串、列表、字典、集合和函数都是 Python 提供的内置对象。

要创建新型对象,必须先创建类。类就类似于内置数据类型,可用于创建特定类型的对象。

类指定了对象将包含哪些数据和函数,还指定了对象与其他类的关系。对象封装了数据以及操作这些数据的函数。

图 8-3 类与对象的关系

OOP 的一个重要功能是继承:创建新类时,可让其继承父类的数据和函数。使用好继承可避免重新编写代码,还可让程序更容易理解。

类与对象的关系如图 8-3 所示。

以自行车类与自行车对象为例,如图 8-4 所示。

数据抽象:型号、品牌、换档数。

代码抽象:Break()、SpeedUp()、ChangShift()、Run()、Stop()。

以图形界面为例,如图 8-5 所示,图中 4 个按钮都是按钮类(Button)的对象。

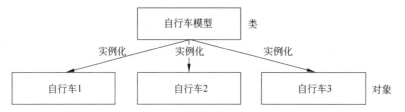

图 8-4 自行车类与自行车对象的关系

图 8-5 按钮类与按钮对象实例

数据抽象:名称、外观、点击效果。

代码抽象:Click()、DbClick()等。

以上两个例子都说明了对象是类的具体化(描述个体差异),类是对象的抽象化(描述共同的东西)。

8.2.3 类的定义

Python 使用 class 关键字定义一个类,类名首字符一般要大写。

当需要创建的类型不能用简单类型来表示时,则需要定义类,然后利用定义的类创建对象。

格式如下:

```
class Class_name:
    ……
```

【例 8.3】 创建一个 Person 类。

```
#L8.3 例8.3
class Person(object):
    def __init__(self):               #类的构造函数,用来初始化对象
        self.name =''
        self.age =0
    def display(self):
        print("Person(%s,%d)" %(self.name, self.age))
```

说明：

(1) 当定义一个类时，如果这个类没有任何父类，则将 object 设置为它的父类，用这种方式定义的类属于新式类。如果定义的类没有设置任何父类，则这种方式定义的类属于经典类。建议使用新式类，新式类将类与内建类型进行了统一。经典类与新式类在多重继承问题中有一个重要的区别：对于经典类，继承顺序是采用深度优先的搜索算法；对于新式类，继承顺序是采用广度优先的搜索算法。

(2) self 是指向对象本身的变量，类似于 C++ 的指针。Python 要求，类内定义的每个方法的第一个参数是 self，通过实例调用时，该方法才会绑定到该实例上。

8.2.4 对象的创建

创建对象的过程称为实例化。当一个对象被创建之后，包含三方面的特性：对象的标识、属性和方法。

对象的标识用于区分不同的对象，当对象被创建之后，该对象会获取一块存储空间，存储空间的地址即为对象的标识。对象的属性和方法与类的成员变量和成员函数相对应。

【例 8.4】 对象的创建和应用。

```
#L8.4 例8.4
class Person(object):
    def __init__(self):               #类的构造函数,用来初始化对象
        self.name =''
        self.age =0
    def display(self):
        print("Person(%s,%d)" %(self.name, self.age))
if __name__ =="__main__":
    p =Person()                       #创建对象
    print(p)
    print(p.name)                     #引用对象的属性
    print(p.age)
    p.age =25
    p.name ="张三"
    p.display()                       #引用对象的方法
```

执行结果：

```
<__main__.Person object at 0x00000214E5093190>
```

```
0
Person(张三,25)
```

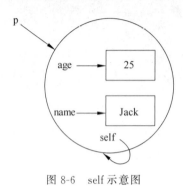

图 8-6　self 示意图

如图 8-6 所示，Python 自动给每个对象添加特殊变量 self，该变量指向对象本身，让类中的函数能够明确地引用对象的数据和函数。

8.2.5　对象的显示

在例 8.4 中，定义了一个方法 display，用于显示对象的值。Python 还提供了一些特殊方法，能够定制对象的打印。如：

特殊方法__str__，用于生成对象的字符串表示（适合于人阅读的形式）；

特殊方法__repr__，返回对象的"官方"表示（适合于解释器读取的形式）。

此外，可以通过 eval() 函数重新生成对象。

在大多数类中，方法__repr__都与__str__相同。

例如：

```
>>>a="Hello World\n"
>>>print(str(a))
Hello World

>>>print(repr(a))
'Hello World\n'
>>>import datetime
>>>now=datetime.datetime.now()
>>>print(str(now))
2020-09-21 12: 03: 06.397910
>>>print(repr(now))
datetime.datetime(2020, 9, 21, 12, 3, 6, 397910)
```

【例 8.5】　对象的显示。

```
#L8.5 例 8.5
class Person(object):
    def __init__(self):                 #类的构造函数,用来初始化对象
        self.name = ''
        self.age = 0
    def display(self):                  #类中定义的函数,也称方法
        print("Person(%s,%d)" % (self.name, self.age))
    def __str__(self):
        return "Person(%s,%d)" % (self.name, self.age)
    def __repr__(self):
        return "Person(%s,%d)" % (self.name, self.age)
if __name__ == "__main__":
```

```
p = Person()
print(p)
print(p.name)
print(p.age)
p.age = 25
p.name = "张三"
p.display()
print(str(p))
print(repr(p))
print(p)
```

执行结果：

```
Person(,0)

0
Person(张三,25)
Person(张三,25)
Person(张三,25)
Person(张三,25)
```

8.3 属性和方法

在现实世界中，描述一类事物，通常需要描述两个方面的内容：

属性——事物的状态信息（静态特征）；

行为——事物能够做什么（动态特征）。

在 Python 中定义一个类也同样如此，需要描述类的属性和行为。其中属性在类的定义中通常以类变量的形式存在，是对数据的封装；而行为在类的定义中则通常以实例方法（函数）的形式存在。

Python 中各种属性和方法都有特定的命名规范，比如 Python 的构造函数、析构函数、私有属性或方法都是通过名称约定区分的。

此外，Python 还提供了一些有用的内置方法，简化了类的实现。

例如：按钮（Button），如图 8-7 所示需要分别定义属性和方法如下。

属性——label、size、pos、size……；

方法——SetLabel、SetDefault、Enable……。

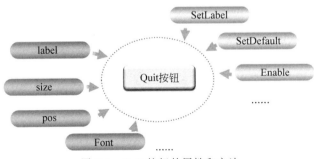

图 8-7　Quit 按钮的属性和方法

8.3.1 类的属性

Python 的类的属性一般分为私有属性和公有属性，像 C++ 有定义属性的关键字（public、private、protect），而 Python 则没有，默认情况下所有的属性都是"公有的"，对公有属性的访问没有任何限制，且都会被子类继承，也能从子类中进行访问。

若不希望类中的属性在类外被直接访问，就要定义为私有属性。Python 使用约定属性名称来划分属性类型。若属性的名字以两个下画线开始，表示私有属性；反之，没有使用双下画线开始的表示公有属性。类的方法也同样使用这样的约定。

另外，Python 没有保护类型的修饰符。

1. Python 的实例属性和类属性

在 Python 中，实例属性是以 self 为前缀的属性，没有该前缀的属性是普通的局部变量。

C++ 中有一类特殊的属性称为静态变量。静态变量可以被类直接调用，而不被实例化对象调用。当创建新的实例化对象后，静态变量并不会获取新的内存空间，而是使用类创建的内存空间。因此，静态变量能够被多个实例化对象共享。

在 Python 中静态变量称为类变量，类变量可以在该类的所有实例中被共享。

【例 8.6】 实例变量和类变量。

```
#L8.6 例8.6
class Phone(object):
    price = 0                                      #类属性
    def __init__(self):
        self.color = '红色'                         #实例属性
        zone = '中国'                               #局部变量

if __name__ == '__main__':
    print(Phone.price)                             #使用类名调用类变量
    apple = Phone()                                #实例化 apple
    print(apple.color)                             #打印实例 apple 的颜色
    Phone.price = Phone.price + 1000               #将类变量加 1000
    print("苹果的价格: " + str(apple.price))        #打印 apple 实例的价格
    huawei = Phone()
    huawei.color = '黑色'
    print(huawei.color)
    print("华为的价格: " + str(huawei.price))
```

执行结果：

```
0
红色
苹果的价格: 1000
黑色
华为的价格: 1000
```

2. 关于 Python 私有属性的访问

类的外部不能直接访问私有属性。Python 提供了直接访问私有属性的方式，可用于程序的测试和调试。

私有属性访问的格式：

```
instance._classname__attribute
```

说明：

（1）instance 表示实例化对象；

（2）classname 表示类名；

（3）attribute 表示私有属性。

注意：classname 前是单下画线，attribute 前是双下画线。

【例 8.7】 访问私有属性。

```
#L8.7 例8.7
class Phone(object):
    def __init__(self):
        self.__color = '红色'          #定义私有变量
if __name__ == '__main__':
    apple = Phone()                    #实例化 apple
    print(apple._Phone__color)         #调用类的私有变量
```

执行结果：

```
红色
```

注意：Python 对类的属性和方法的定义次序并没有要求，合理的方式是将类属性定义在类的最前面，然后再定义私有方法，最后定义公有方法。

Python 的类还提供了一些内置属性，用于管理类的内部关系。例如：__dict__、__bases__、__doc__等。

【例 8.8】 常见的类内置属性用法。

```
#L8.8 例8.8
class Phone(object):
    def __init__(self):
        self.__color = '红色'          #定义私有变量
class Huawei(Phone):
    '''This is doc'''
    pass
if __name__ == '__main__':
    phone = Phone()                    #定义 Phone 类的对象 phone
    huawei = Huawei()                  #定义 Huawei 类的对象 huawei
    print(Huawei.__base__)             #输出基类组成的元组
    print(huawei.__dict__)             #输出属性组成的字典
    print(huawei.__doc__)              #输出 doc 文档
```

执行结果：

```
<class '__main__.Phone'>
{'_Phone__color': '红色'}
This is doc
```

8.3.2 类的方法

类的方法也分为公有方法和私有方法。私有方法不能被模块外的类或方法调用，也不能被外部的类或函数调用。

C++ 中的静态方法使用关键字 static 声明，而 Python 使用函数 staticmethod() 或 @staticmethod 修饰器将普通的函数转换为静态方法。Python 的静态方法并没有和类的实例进行名称绑定，要调用除了使用通常的方法，使用类名作为其前缀亦可。

【例 8.9】 类的方法及静态方法的使用。

```
#L8.9 例8.9
class Phone(object):
    price = 0                      #定义类变量
    def __init__(self):
        self.__color = '红色'       #定义私有变量
    def getColor(self):
        print(self.__color)        #打印私有变量
    @staticmethod                  #使用@staticmethod修饰器定义静态方法
    def getPrire():
        print(Phone.price)
    def __getPrice():              #定义私有函数
        Phone.price = Phone.price + 1000
        print(Phone.price)
    count = staticmethod(__getPrice)
if __name__ == '__main__':
    huawei = Phone()               #实例化 huawei
    huawei.getPrire()              #使用实例调用静态方法
    Phone.count()                  #使用类名调用静态方法
    apple = Phone()
    Phone.getPrire()
    Phone.count()
```

执行结果：

```
0
1000
1000
2000
```

8.3.3 构造函数

构造函数用于初始化类的内部状态，为类的属性设置默认值。

C++ 的构造函数是与类同名的方法，而 Python 的构造函数名为 __init__。__init__ 方法除了用于定义实例变量外,还用于程序的初始化。它是可选的,若不提供__init__方法,Python 将会给出 1 个默认的__init__方法。

初始化过程如下:当类被调用后,Python 将创建实例对象。创建完对象之后,Python 自动调用的第一个方法为__init__()。例如,对象作为方法的第一个参数(self)被传递进去,调用类创建实例对象时的参数都传给__init__()。

【例 8.10】 构造函数应用一。

```
#L8.10 例 8.10
class Person(object):
    def __init__(self,name='',age=0):
        self.name = name
        self.age = age
    def __str__(self):
        return "Person(%s,%d)" %(self.name, self.age)
if __name__ == '__main__':
    p = Person('张三', 25)
    print(p)
    p = Person()                #可以创建空对象
    print(p)
```

执行结果:

```
Person(张三,25)
Person(,0)
```

上例中,若调用无参构造函数,即创建空对象时,直接输出并不合理。通常的做法是在类中定义设置函数和获取函数,可以通过调用设置函数对空对象初始化。

【例 8.11】 构造函数应用二。

```
#L8.11 例 8.11
class Fruit(object):
    def __init__(self, color):
        self._color=color
    def getColor(self):
        print(self._color)
    def setColor(self, color):
        if color in ('red', 'black', 'white', 'gray', 'blue'):
            self._color=color
if __name__=="__main__":
    color="red"
    fruit=Fruit(color)
    fruit.getColor()
    fruit.setColor("blue")
    fruit.getColor()
    fruit.setColor("yellow")
    fruit.getColor()
    fruit.setColor("white")
    fruit.getColor()
```

执行结果：

```
red
blue
blue
white
```

8.3.4 析构函数

析构函数用于释放对象占用的资源。

Python 提供了析构函数 __del__()，它也是可选的。若程序中不提供析构函数，Python 会提供默认的析构函数。

当对象不再被使用时，__del__方法运行，但是很难保证这个方法究竟什么时候运行，若想指明它的运行，就要显式地调用析构函数，形式如下：

```
del 对象名
```

由于 Python 中定义了__del__()的实例将无法被 Python 的循环垃圾收集器(gc)收集，所以建议只有需要时才定义__del__。

事实上，使用 Python 编写程序可以不考虑后台的内存管理，直接面对程序的逻辑。

【例 8.12】 析构函数应用。

```
#L8.12 例8.12
class Phone(object):
    def __init__(self,color):            #构造函数
        self.__color=color
        print(self.__color)
    def __del__(self):                   #析构函数
        self.__color=''
        print("释放内存……")
    def product(self):
        print("生产手机……")
if __name__=='__main__':
    color='红色'
    phone=Phone(color)
    phone.product()
    del phone                            #显式调用析构函数,不然无法保证析构函数被运行
```

执行结果：

```
红色
生产手机……
释放内存……
```

8.3.5 垃圾回收机制

Python 使用垃圾回收机制来清理不再使用的对象。

Python 提供 gc 模块释放不再使用的对象，采用"引用计数"的算法来处理回收，即当某个对象在其作用域内不再被其他对象引用时，Python 就自动清除该对象。

Python 的 collect() 函数可以一次性收集所有待处理的对象(gc.collect())。

【例 8.13】 使用 gc 模块显式地调用垃圾回收器。

```
#L8.13 例8.13
import gc
class Phone(object):                    #定义手机类
    def __init__(self,name,color):      #初始化 name、color 属性
        self.__name=name
        self.__color=color
    def getColor(self):
        return self.__color             #返回 color
    def setColor(self, color):
        self.__color=color
    def getName(self):
        return self.__name              #返回 name
    def setName(self, name):
        self.__name=name
class PhoneShop(object):                #定义手机店类
    def __init__(self):
        self.phones=[]
    def addPhone(self, phone):          #添加手机
        phone.parent=self               #将 Phone 类关联到 PhoneShop 类
        self.phones.append(phone)
if __name__=='__main__':
    shop=PhoneShop()
    shop.addPhone(Phone('苹果','红色'))
    shop.addPhone(Phone('华为','黑色'))
    print(gc.get_referrers(shop))       #打印出与 shop 对象相关联的所有对象
    print()
    del shop                            #删除 shop 对象，但与其关联的其他对象并未释放
    print(gc.collect())                 #显式地调用垃圾回收器，释放与 shop 对象关联的其他对象
```

执行结果：

```
[{'_Phone__name': '苹果', '_Phone__color': '红色', 'parent': <__main__.PhoneShop
object at 0x000001A2F6612880>}, {'_Phone__name': '华为', '_Phone__color': '黑色',
'parent': <__main__.PhoneShop object
at 0x000001A2F6612880>}, {'__name__': '__main__', '__doc__': None, '__package__':
None, '__loader__': <_frozen_importlib_external.SourceFileLoader object at
0x000001A2F660EFD0>, '__spec__': None, '__annotations__': {}, '__builtins__':
<module 'builtins' (built-in)>, '__file__': 'd:/PythonCode/8-13.py', '__cached
__': None, 'gc': <module 'gc' (built-in)>, 'Phone': <class '__main__.Phone'>, '
PhoneShop': <class '__main__.PhoneShop'>, 'shop': <__main__.PhoneShop object at
0x000001A2F6612880>}]
```

7

8.3.6 类的内置方法

Python 的类定义了一些专用的方法，这些专用方法丰富了程序设计的功能，用于不同的应用场合。之前介绍的 __init__、__del__ 都是类的内置方法，表 8-1 列出了类常用的内置方法。

表 8-1 类常用的内置方法

内置方法	描述
__init__(self, ⋯)	初始化对象，在创建对象时调用
__del__(self)	释放对象，在对象被删除时调用
__str__(self)	生成对象的字符串表示，在使用 print 语句时被调用
__repr__(self)	生成对象的官方表示，在使用 print 语句时被调用
__getitem__(self, key)	获取序列的所有 key 对应的值，等价于 seq[key]
__len__(self)	在调用内联函数 len() 时被调用
__cmp__(src, dst)	比较两个对象的 src 和 dst
__getattr__(self, name)	获取属性的值
__getattribute__(self, name)	获取属性的值，能更好地控制
__setattr__(self, name, val)	设置属性的值
__delattr__(self, name)	删除 name 属性
__call__(self, * args)	将实例对象作为函数调用
__gt__(self, other)	判断 self 对象是否大于 other 对象
__lt__(self, other)	判断 self 对象是否小于 other 对象
__ge__(self, other)	判断 self 对象是否大于或等于 other 对象
__le__(self, other)	判断 self 对象是否小于或等于 other 对象
__eq__(self, other)	判断 self 对象是否等于 other 对象

1. __getatrr__()、__setattr__() 和 __getattribute__()

当读取对象的某个属性时，Python 会自动调用 __getattr__() 方法。例如，fruit.color 将转换为 fruit.__getattr__(color)。

当使用赋值表达式对属性进行设置时，Python 会自动调用 __setattr__() 方法。

__getattribute__() 的功能与 __getattr__() 类似，用于获取属性的值，但 __getattribute__() 能提供更好的控制，使代码更健壮。

【例 8.14】 获取和设置对象的属性。

```
#L8.14 例8.14
class Phone(object):
    def __init__(self,color='红色',price=0):
        self.__color =color
```

```
        self.__price=price
    def __getattribute__(self, name):          #获取属性的方法
        return object.__getattribute__(self, name)
    def __setattr__(self, name, value):        #设置属性的方法
        self.__dict__[name]=value
                                   #__dict__字典是类的内置属性,用于记录类定义的属性
#字典中的key表示属性名,value表示属性的值
if __name__=='__main__':
    phone=Phone('金色', 3000)
    print(phone.__dict__.get("_Phone__color"))    #获取color属性的值,因为color
                                                  是私有属性,所以字典的索引表示
                                                  为"_Phone__color"
    phone.__dict__["_Phone__color"]=5             #使用__dict__进行赋值
    print(phone.__dict__.get("_Phone__price"))    #获取price属性的值
```

执行结果：

```
金色
3000
```

说明：去掉上述代码中__getattribute__()、__setattr__()方法的实现代码并不会影响输出结果,但这些方法可以实现对属性的控制,根据属性名做不同的处理。

2. __getitem__()

如果类中将某个属性定义为序列,可以使用__getitem__()方法输出序列属性中的各个元素。

【例8.15】 获取对象的属性为序列中的各个元素。

```
#L8.15 例8.15
class PhoneShop(object):
    def __init__(self):
        self.phones=[]
    def __getitem__(self, i):              #获取手机店的手机
        return self.phones[i]
if __name__=='__main__':
    shop=PhoneShop()
    shop.phones=["苹果", "华为"]           #给phones赋值
    print(shop[1])
    for item in shop:
        print(item,end="")
```

执行结果：

```
华为
苹果 华为
```

3. __str__()

__str__()方法用于生成对象的字符串表示。实现了该方法后,可以直接使用print语句输出对象,也可以通过str()函数触发其执行。例8.5就使用了__str__()方法。

8.3.7 方法的动态特性

Python 作为动态脚本语言,编写的程序具有很强的动态性。

可以动态添加类的方法,将某个已经定义的函数添加到类中。添加新方法的语法格式为:

```
class_name.method_name=function_name
```

其中,class_name 表示类名;method_name 表示新的方法名;function_name 表示一个已经存在的函数。

还可以对已经定义的方法进行修改。修改方法的语法格式为:

```
class_name.method_name=function_name
```

其中,class_name 表示类名;method_name 表示已经存在的方法名;function_name 表示一个已经存在的函数。该赋值表达式表示将函数的内容更新到方法。

【例 8.16】 向类中动态地添加新方法。

```
#L8.16 例 8.16
class Phone(object):
    pass
def add(self):                    #定义在类外的函数
    print("新增函数……")
if __name__ == '__main__':
    Phone.grow = add
    phone = Phone()
    phone.grow()
```

执行结果:

```
新增函数……
```

【例 8.17】 动态修改类中已有的方法。

```
#L8.17 例 8.17
class Phone(object):
    def product(self):
        print("生产手机……")
def update():
    print("生产新手机……")
if __name__ == '__main__':
    phone = Phone()
    phone.product()
    phone.product = update           #将 product 方法更新为 update
    phone.product()
```

执行结果:

生产手机……
生产新手机……

【例 8.18】 创建一个表示整数集合的新类。
(1) 创建一个新类表示整数集合。
① 初始时集合为空。
② 每个特定的整数只能在集合中出现一次(注:必须在方法中强制实现)。
(2) 内部数据表示(用一个列表存储集合中的元素)。
(3) 接口。
① insert(e):若整数 e 不存在,则插入 e 到集合中。
② member(e):若整数 e 在集合中返回 True,否则返回 False。
③ remove(e):从集合中删除整数 e,若不存在则出错。
程序实现如下。

```
#L8.18 例 8.18
class IntSet(object):
    def __init__(self):
        self.vals =[]              #创建空的整数集
    def insert(self, e):           #插入一个整数
        if not e in self.vals:
            self.vals.append(e)
    def member(self, e):           #判断某整数是否存在于集合中
        return e in self.vals
    def remove(self, e):           #删除某整数
        try:
            self.vals.remove(e)
        except:
            raise ValueError(str(e) +' 未发现')
    def __str__(self):             #显示集合内容
        self.vals.sort()
        return '{' +','.join([str(e) for e in self.vals]) +'}'
if __name__ =='__main__':
    s =IntSet()
    print(s)
    s.insert(3)
    s.insert(4)
    s.insert(5)
    print(s)
    s.member(3)
    s.member(5)
    s.insert(6)
    print(s)
    s.remove(3)
    print(s)
    s.remove(3)
```

执行结果：

```
{}
{3,4,5}
{3,4,5,6}
{4,5,6}
Traceback (most recent call last):
  File "d:/PythonCode/8-18.py", line 11, in remove
    self.vals.remove(e)
ValueError: list.remove(x): x not in list
```

【例 8.19】 创建一个关于人的信息的类及相关方法。

人（Person）

属性：

姓名（name）

生日（birthday）

方法：

获取姓氏（getLastName）

设置生日（setBirthday）

获取年龄（getAge）

```
#L8.19 例 8.19
import datetime
class Person(object):
    def __init__(self,name):
        self.name=name
        self.birthday=None
        self.lastName=name.split(' ')[-1]
    def getLastName(self):
        return self.lastName
    def setBirthday(self, month, day, year):
        self.birthday=datetime.date(year, month, day)
    def getAge(self):
        if self.birthday==None:
            raise ValueError
        return ((datetime.date.today()-self.birthday).days)//365
    def __lt__(self, other):
        if self.lastName==other.name:
            return self.name<other.name
        return self.lastName<other.lastName
    def __str__(self):
        return self.name
if __name__=='__main__':
    p1=Person('George Washington')
    print(p1)
    print(p1.getLastName())
    p1.setBirthday(2, 22, 1732)
```

```
p1.getAge()
p2 = Person('Tom')
print(p2.getLastName())
plist =[p1, p2]
for p in plist:
    print(p)
plist.sort()
for p in plist:
    print(p)
```

执行结果:

```
George Washington
Washington
Tom
George Washington
Tom
Tom
George Washington
```

8.4 面向对象三个基本特性

8.4.1 封装

面向对象编程语言是对客观世界的模拟,客观世界里,成员变量都是隐藏在对象内部的,外界无法直接操作和修改。封装可以被认为是一个保护屏障,防止该类的代码和数据被其他类随意访问。要访问该类的数据,必须通过指定的方式。适当的封装可以让代码更容易理解与维护,也加强了代码的安全性。

面向对象具有封装性。所谓封装性(encapsulation),指的是实现模块化(modularity)和信息隐藏(information hiding),有利于程序的可移植性。比如电视机内有很多复杂零件,通过各种按钮将内部的复杂结构隐藏了,同时简化了操作——只需通过调频和音量等少量按钮,就可以操纵电视。

程序的基本封装单元是类,通过类的封装,既可以将代码模块化,又达到了信息隐藏的目的。在 Python 实践中,可以将数据的内部表示通过定义在数据上的操作对外隐藏起来。

如图 8-8 所示,封装是把对象的所有组成部分组合在一起,封装定义程序如何引用对象的数据。它实际上是使用方法将类的数据隐藏起来,控制用户对类的修改和访问数据的程度。

封装的特点:
(1) 面向对象编程的第一步——将属性和方法封装到一个抽象的类中;
(2) 外界使用类创建对象,然后让对象调用方法;
(3) 对象方法的细节都被封装在类的内部;

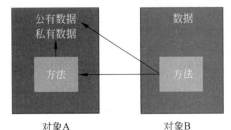

图 8-8 封装示意图

（4）一个对象的属性可以是另外一个类创建的对象。

【例 8.20】 创建一个关于人类活动的类。

```
#L8.20 例8.20
class Person:
    def __init__(self,name,weight):
        self.name =name
        self.weight =weight
    def run(self):
        self.weight -=5
        print("%s 爱跑步,跑步锻炼身体" %self.name)
    def eat(self):
        self.weight +=1
        print("%s 是吃货,吃完这顿再减肥" %self.name)
    def __str__(self):
        return "我的名字叫 %s 体重 %.2f 千克" %(self.name, self.weight)
xiaoming =Person('小明',75)
xiaoming.eat()
xiaoming.run()
print(xiaoming)
```

执行结果：

```
小明 是吃货,吃完这顿再减肥
小明 爱跑步,跑步锻炼身体
我的名字叫 小明 体重 71.00 千克
```

注意：在对象的方法内部,是可以直接访问对象的属性的!

8.4.2 继承

继承性(inheritance)：可以定义一套对象之间的层次关系,下层的对象继承了上层对象的特性,借此可以实现程序代码重用,并且有效地组织整个程序。

继承是面向对象的重要特性之一,可实现代码的重用。通过继承可以创建新类,即使用已存在的类的定义作为基础建立新类,新类的定义可以增加新的数据或新的功能,也可以使用已存在类的功能。原始的类称为父类或超类,新类称为子类或派生类。继承可以重用已经存在的数据和行为,减少代码的重复编写。

Python 在类名后使用一对括号表示继承关系,括号中即为父类。

1. 使用继承

当类设计完成之后,就可以考虑类之间的逻辑关系。类之间存在继承、组合、依赖等关系,可以采用 UML 工具表示类之间的关系。

例如,有两个子类 Apple、Banana 继承自父类 Fruit,父类中有 1 个公有实例变量和 1 个公有的方法。图 8.9 表示了 Fruit 类和 Apple、Banana 类之间的继承关系(公有实例变量和方法假定用"＋"表示)。

Apple、Banana 类可以继承 Fruit 类的实例变量 color 和方法 grow()。

【例 8.21】 类的继承。

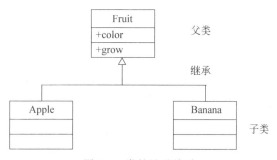

图 8-9 类的继承关系

```
#L8.21 例 8.21
class Fruit(object):                    #基类
    def __init__(self,color):
        self.color=color
        print("水果的颜色:%s" %self.color)
    def grow(self):
        print("生长……")
class Apple(Fruit):                     #继承 Fruit 类
    def __init__(self, color):          #子类的构造函数
        Fruit.__init__(self, color)     #显式调用基类的构造函数
        print("苹果的颜色:%s" %self.color)
class Banana(Fruit):
    def __init__(self, color):
        Fruit.__init__(self, color)
        print("香蕉的颜色:%s" %self.color)
    def grow(self):
        print("香蕉生长……")
if __name__=='__main__':
    apple=Apple('红色')
    apple.grow()
    banana=Banana('黄色')
    banana.grow()
```

执行结果:

水果的颜色:红色
苹果的颜色:红色
生长……
水果的颜色:黄色
香蕉的颜色:黄色
香蕉生长……

【例 8.22】 在例 8.19 一般人的基础上增加 MITPerson 的内容。

人(Person 类)

属性:

姓名(name)

生日(birthday)

方法：
获取姓氏（getLastName）
设置生日（setBirthday）
获取年龄（getAge）
MIT 人（MIT Person）：继承自人（Person 类）
增加属性：
身份号（IdNum）
增加方法：
通过构造方法分析身份号
获取身份号（getIdNum）
定义 MITPerson 类：

```
#L8.22 例 8.22
class MITPerson(Person):
    nextIdNum = 0                           #下一个要分配的 ID 号
    def __init__(self, name):
        Person.__init__(self, name)         #初始化 Person 属性
        self.idNum = MITPerson.nextIdNum
        MITPerson.nextIdNum += 1
    def getIdNum(self):
        return self.idNum
    def __lt__(self, other):
        return self.idNum < other.idNum

if __name__ == '__main__':
    p1 = MITPerson('张三')
    p2 = MITPerson('李四')
    p3 = MITPerson('王五')
    p4 = Person('赵大')
    print(p1)
    print(p1.getIdNum())
    print(p2.getIdNum())
    print(p3.getIdNum())
    print(p4)
    print(p1 < p2)
    print(p3 < p2)
    print(p4 < p1)
    print(p1 < p4)
```

执行结果：

```
张三
0
1
2
赵大
True
```

```
False
False
Traceback (most recent call last):
  File "d:/PythonCode/8-19.py", line 55, in <module>
    print(p1 <p4)
  File "d:/PythonCode/8-19.py", line 40, in __lt__
    return self.idNum <other.idNum
AttributeError: 'Person' object has no attribute 'idNum'
```

说明：为什么 p4＜p1 能够执行，而 p1＜p4 不行？

（1）p4＜p1 相当于调用 p4.__lt__(p1)，即使用与 p4 对象相关的 Person 的方法，根据人的姓名做比较，因此可正常执行；

（2）p1＜p4 相当于调用 p1.__lt__(p4)，即使用与 p1 对象相关的 MITPerson 的方法，根据人的 idNum 做比较，而 p4 是一个 Person，没有 idNum，因此无法比较。

【例 8.23】 在例 8.22 的 MITPerson 基础上，再派生出本科生和研究生（多层派生）。

学生（student 类）：继承自 MIT 人（MITPerson 类）

（略）

本科生（UG 类）、继承自学生（Student 类）

增加属性：年级（year）

研究生（Grad 类）：继承自学生（Student 类）

（略）

创建一个覆盖所有学生的超类比较好，如图 8-10 所示。

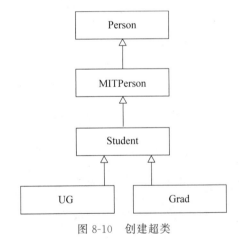

图 8-10 创建超类

定义 Student 类及其子类，程序如下。

```
#L8.23 例 8.23
class Student(MITPerson):
    pass
class UG(Student):
    def __init__(self, name, classYear):
```

```
        Student.__init__(self, name)
        self.year = classYear
class Grad(Student):
    pass
def isStudent(obj):
    return isinstance(obj, Student)
if __name__ == '__main__':
    s1 = UG('张三', 2016)
    s2 = Grad('李四')
    print(isStudent(s1))
    print(isStudent(s2))
```

执行结果：

```
True
True
```

2. 抽象基类

使用继承之后，子类可以重用父类中的属性和方法，且可以对继承的方法进行重写。

例如，例 8.21 中的 Apple、Banana 都继承了 Fruit 类，Apple、Banana 类都具有父类的 grow() 方法。Fruit 类是对水果的抽象，不同的水果有不同的培育方法，因此生长的情况也不相同。Fruit 类的 grow() 是对所有水果行为的抽象，并不知道如何生长，因此，grow() 方法应该是一个空方法，即抽象方法。

抽象基类是对一类事物的特征行为的抽象，由抽象方法组成。在 Python 3 中可以使用 abc 模块，该模块中有一个元类 ABCmeta 和修饰器 @abstractmethod。抽象基类不能被直接实例化。

【例 8.24】 抽象基类应用。

```
#L8.24 例 8.24
from abc import ABCMeta, abstractmethod    #引入所需的模块
class Fruit(metaclass=ABCMeta):             #抽象类
    @abstractmethod                         #使用@abstractmethod修饰器定义抽象函数
    def grow(self):
        pass
class Apple(Fruit):
    def grow(self):
        print("苹果生长……")                 #子类必须重写抽象函数
class Banana(Fruit):
    def grow(self):
        print("香蕉生长……")
if __name__ == '__main__':
    apple = Apple()
    banana = Banana()
    apple.grow()
    banana.grow()
```

执行结果:

```
苹果生长……
香蕉生长……
```

3. 多重继承

Python 支持多重继承,即一个类可以继承多个父类。

多重继承的语法格式:

```
class_name(parent_class1, parent_class2…)
```

其中,class_name 是类名,parent_class1 和 parent_class2 是父类名。

例如:西瓜既具有水果的特性,又具有蔬菜的特性。水果和蔬菜可以作为西瓜的父类。图 8-11 表示了 Watermelon 类和 Fruit、Vegetable 类之间的多重继承关系。

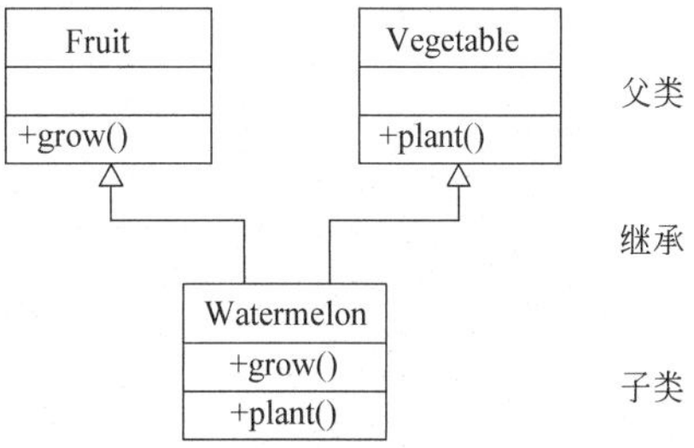

多重继承关系中的构造函数,子类从多个父类派生,而子类又没有自己的构造函数时:

(1) 按顺序继承,哪个父类在最前面且它又有自己的构造函数,就继承该父类的构造函数;

(2) 如果在最前面第一个父类没有构造函数,则继承第二个的构造函数,第二个没有的话,再往后找,以此类推。

图 8-11 类的多重继承关系

【例 8.25】 多重继承应用。

```
#L8.25 例 8.25
class Fruit(object):
    def __init__(self):
        print("Fruit 初始化……")
    def grow(self):
        print("生长……")
class Vegetable(object):
    def __init__(self):
        print("Vegetable 初始化……")
    def plant(self):
        print("种植……")
class Watermelon(Vegetable,Fruit):
    pass
if __name__=='__main__':
    w=Watermelon()
    w.grow()
    w.plant()
```

执行结果:

```
Vegetable 初始化……
生长……
种植……
```

说明：由于 Watermelon 继承了 Vegetable、Fruit 类，因此 Watermelon 将继承 __init__()；但是 Watermelon 只会调用第一个被继承的类的 __init__，即 Vegetable 类的 __init__()。

4. 运算符的重载

运算符用于表达式的计算，而对于自定义的对象则不能直接用其计算。运算符的重载可以实现对象之间的运算。

Python 可将运算符和类的内置方法关联起来，每个运算符都对应一个函数。

例如，__add__()表示运算符"+"，__gt__()表示大于运算符">"。

【例 8.26】 对"+"和">"号进行重载。

```
#L8.26 例 8.26
class Phone(object):
    def __init__(self,price=0):
        self.price =price
    def __add__(self,other):                    #重载+号运算符
        return self.price +other.price
    def __gt__(self, other):                    #重载>号运算符
        if self.price >other.price:
            flag =True
        else:
            flag =False
        return flag
class Apple(Phone):
    pass
class Huawei(Phone):
    pass
if __name__ =='__main__':
    apple =Apple(8000)
    print("苹果手机的价格: %d" %apple.price)
    huawei =Huawei(5000)
    print("华为手机的价格: %d" %huawei.price)
    print(apple >huawei)                        #调用>号重载
    total =apple +huawei                        #调用+号重载
    print("合计: %d" %total)
```

执行结果：

```
苹果手机的价格: 8000
华为手机的价格: 5000
True
合计: 13000
```

8.4.3 多态

多态性（polymorphism）：根据程序运行时对象的实例类型来选择不同的信息处理，借此可以提高程序的灵活性。

继承机制说明子类具有父类的公有属性和方法，而且子类可以扩展自身的功能，添加新的属性和方法。因此，子类可以替代父类对象，这种特性称为多态性。

此外,从根本上说,所谓多态性是指当不同的对象收到相同的消息时,产生不同的动作。

例如,Apple、Banana 类继承了 Fruit 类,因此 Apple、Banana 具有 Fruit 类的共性。Apple、Banana 类的实例可以替代 Fruit 对象,同时又呈现出各自的特性。

【例 8.27】 多态性应用。

```
#L8.27 例 8.27
class Phone(object):
    def __init__(self,color=None):
        self.color = color
class Apple(Phone):
    def __init__(self, color='金色'):
        Phone.__init__(self, color)
class Huawei(Phone):
    def __init__(self, color='黑色'):
        Phone.__init__(self, color)
class PhoneShop(object):
    def sellPhone(self, phone):
        if isinstance(phone, Apple):
            print("卖苹果手机!")
        if isinstance(phone, Huawei):
            print("卖华为手机!")
        if isinstance(phone, Phone):
            print("卖手机!")
if __name__ == '__main__':
    shop = PhoneShop()
    apple = Apple()
    huawei = Huawei()
    shop.sellPhone(apple)
    shop.sellPhone(huawei)
```

执行结果:

```
卖苹果手机!
卖手机!
卖华为手机!
卖手机!
```

【例 8.28】 多态性应用(猜数字游戏)。

创建一个名为 play Undercut 的简单游戏。在这个游戏中,两个玩家同时选择 1~10 的整数,若一个玩家选择的整数比对方选择的整数小 1,则该玩家获胜,否则算打平手。

例如,若张三和李四一起玩游戏猜数字,且他们选择的数字分别为 9 和 10,则张三获胜;如果他们分别选择 4 和 7,则打成平手。

```
#L8.28 例 8.28
import random
class Player(object):                    #基类
    def __init__(self,name):
```

```
        self._name = name
        self._score = 0
    def resetScore(self):
        self._score = 0
    def incrScore(self):
        self._score += 1
    def getName(self):
        return self._name
    def __str__(self):
        return "姓名='%s', 分数=%d" % (self._name, self._score)
    def __repr__(self):
        return "玩家(%s)" % str(self)
```

虽然在猜数字游戏中，玩法不过是选择 1~10 的数字，但人和计算机选择数字的方式不同。人类玩家通过键盘输入一个 1~10 的数字，而计算机玩家使用函数来选择数字。因此，Human 和 Computer 类需要专用的 get_move(self) 方法。

Computer 类和 Human 类的 get_move 方法：

```
class Human(Player):
    def __repr__(self):
        return "人(%s)" % str(self)
    def getMove(self):
        while (True):
            n = int(input('%s选择(1-10): ' % self.getName()))
            if 1 <= n <= 10:
                return n
            else:
                print("选择数字超出范围!")
class Computer(Player):
    def __repr__(self):
        return "计算机(%s)" % str(self)
    def getMove(self):
        return random.randint(1, 10)
```

玩猜数字游戏的函数为：

```
def playUnderCut(p1, p2):
    p1.resetScore()
    p2.resetScore()
    m1 = p1.getMove()
    m2 = p2.getMove()
    print("%s 选择: %d" % (p1.getName(), m1))
    print("%s 选择: %d" % (p2.getName(), m2))
    if m1 == m2 - 1:
        p1.incrScore()
        return (p1, p2, '%s 胜利!' % p1.getName())
    elif m2 == m1 - 1:
```

```
        p2.incrScore()
        return (p1, p2, '%s胜利!' %p1.getName())
    else:
        return (p1, p2, '打平!')
```

人和计算机玩这款游戏:

```
>>>c=Computer('神威')
>>>h=Human('我')
>>>playUnderCut(c,h)
我选择(1-10): 8
神威选择: 4
我选择: 8
(计算机(姓名='神威',分数=0),人(姓名='我',分数=0),'打平!')
```

两个计算机玩家玩这款游戏:

```
>>>c1=Computer('神威1号')
>>>c2=Computer('神威2号')
>>>playUnderCut(c1,c2)
神威1号选择: 4
神威2号选择: 5
(计算机(姓名='神威1号',分数=1),计算机(姓名='神威2号',分数=0),'神威1号胜利!')
```

两个人类玩家玩这款游戏:

```
>>>h1=Human('张三')
>>>h2=Human('李四')
>>>playUnderCut(h1,h2)
张三选择(1-10): 8
李四选择(1-10): 9
张三选择: 8
李四选择: 9
(人(姓名='张三',分数=1),人(姓名='李四',分数=0),'张三胜利!')
```

本例中人与人、人与计算机、计算机与计算机玩游戏也充分展示了多态的威力:使用相同的函数实现了截然不同的行为。此处没有编写三个不同的函数,而是只编写一个函数,并给它传递不同的对象。

8.5 思考与练习

一、单选题

1. 下列说法中,描述错误的是(   )。
   A. 对象是类的实例
   B. 属性用于存储对象的数据
   C. 方法用于完成对象的某种操作

D. 重载指在子类中定义和父类同名的属性
2. 类的初始化方法的作用是(　　)。
　　A. 一般成员方法　　　　　　　　B. 类对象的初始化
　　C. 实例对象的初始化　　　　　　D. 创建实例对象
3. 实例对象用于引用自身的变量是(　　)。
　　A. me　　　　B. self　　　　C. 第一个参数　　　　D. this
4. 下列程序的输出结果是(　　)。

```
class test:
    x = 2
a = test()
a.x = 12
print(a.x)
```

　　A. 0　　　　B. 12　　　　C. None　　　　D. NULL
5. Python 类的初始化方法的名称为(　　)。
　　A. 与类同名
　　B. _construct_
　　C. __init__
　　D. init
6. 构造方法的作用是(　　)。
　　A. 显示对象初始信息　　　　　　B. 初始化类
　　C. 初始化对象　　　　　　　　　D. 引用对象
7. 下列选项中,不属于面向对象程序设计的特征的是(　　)。
　　A. 抽象　　　　B. 封装　　　　C. 继承　　　　D. 多态
8. 以下 C 类继承 A 类和 B 类的格式中,正确的是(　　)。
　　A. class C extends A,B:　　　　B. class C(A：B)：
　　C. class C(A,B)：　　　　　　　D. class C implements A,B：
9. 下面选项中,正确的是(　　)。
　　A. 一个类中如果没有定义构造方法,那么系统就会提供一个默认构造方法
　　B. 每个类中至少定义一个构造方法
　　C. 每个类中总有一个默认构造方法
　　D. Python 中的构造方法名与类名是相同的
10. 关于类和对象的关系,下列描述正确的是(　　)。
　　A. 类是面向对象的基础
　　B. 类是对现实世界中事物的描述
　　C. 对象是根据类创建的,并且一个类对应一个对象
　　D. 对象是类的实例,是具体的事物

二、编程题

1. 根据本校实际情况定义一个学生类 Student。要求:不少于 3 个成员变量,并定义相应的属性设置和访问方法、信息显示方法。最后,通过一个测试类 TestStudent 测试所定义

类的情况。

2. 根据本校实际情况定义一个课程类 Course。要求：不少于 3 个成员变量，并定义相应的属性设置和访问方法、信息显示方法等。最后，通过一个测试类 TestCourse 测试所定义类的情况。

3. 利用题 1 和题 2 所定义的 Student 和 Course 类，模拟每学期学生进行课程学习的情况。假设每个学生每学期共学习 5 门课程，计算这 5 门课程的平均分。

三、简答题

1. 什么是方法的重写？Python 中为什么不需要方法重载？
2. 什么是多态？使用多态有什么优点？
3. 实例属性和类属性的区别是什么？

第 9 章
图形界面编程

使用图形用户界面(graphical user interface,GUI),可以使程序更友好。

Python 作为一种"胶水性"语言,提供了众多 GUI 开发库的绑定,适合快速开发 GUI 程序。

目前大部分开发库还不支持 Python 3,且库的更新速度不是很快。如果使用的是 Python 3,可选择的开发库就不是很多了。

目前常用的开发库有 Python 内置的 Tkinter、Graphics、Turtle 等,以及非常强大的 PyQT 等。如果使用的是 Python 2,还有 wxPython、PyGTK、PMW 等开发库可以选择。

9.1 Python 的 GUI 库

日常使用的大量客户端程序都属于 GUI 程序,即在一个界面上有很多功能块,包括标签、按钮、输入框、菜单等。

开发 GUI 程序,首先需要有一块空白画面,然后在其上划分出不同的区域,放上不同的模块,最后完成每一个模块的功能。

GUI 程序开发基本步骤和过程如下。

首先要有底层的根窗口对象,在其基础上创建一个个小窗口对象。每一个窗口都是一个容器,可将所需的组件置于其中。每种 GUI 开发库都拥有大量的组件,一个 GUI 程序就是由各种不同功能的组件组成的,而根窗口对象则包含了所有组件。

组件本身也可以作为一个容器,它可以包含其他组件,如下拉框。这种包含其他组件的组件称为父组件,反之,包含在其他组件中的组件称为子组件。这是一种相对的概念,对于有着多层包含的情况,某组件的父组件一般指的是直接包含它的组件。

构建出了 GUI 程序的每一个组件,只完成了程序的界面,但此时只能看不能用,需要给每一个组件添加对应的功能。

使用 GUI 程序时,会进行各种操作,如鼠标移动,按下或松开鼠标键,按下键盘按键等,这些操作称为事件。每个组件对应着一些行为,如在文本框中输入文本,单击按钮等,这些也称为事件。GUI 程序启动的时候就一直监控这些事件,当某个事件发生的时候,就进行对应的处理并返回相应的结果。因此,GUI 程序是由这一整套事件驱动的,这个过程称为事件驱动处理。

一个事件发生后,GUI 程序捕获该事件、作出对应的处理并返回结果的过程称为回调。如计算器程序,单击了=按钮之后,便产生了一个事件,需要计算最终的结果,程序便开始对算式进行计算,返回最终结果并显示出来。这个计算并显示结果的过程即为回调。

当为程序需要的每一个事件都添加完相应的回调处理之后,整个 GUI 就完成了。

9.2 Tkinter GUI 的布局管理

容器中组件的布局是很烦琐的,需要调整组件自身的大小,还要设计和其他组件的相对位置。

实现组件布局的方法被称为布局管理器或几何管理器。

Tkinter 使用三种方法来实现布局:pack()、grid()、place()。

Frame 作为中间层的容器组件,可以分组管理组件,实现复杂的布局。

9.2.1 pack 布局

pack()方法以块的方式布局组件。

pack()方法将组件显示在默认位置,是最简单、直接的用法。

pack()方法的参数:

(1) side 表示组件在容器中的位置;

(2) expand 表示组件可拉伸;

(3) fill 取值为 X、Y 或 BOTH,填充 X 或 Y 方向上的空间;

(4) anchor 表示组件在窗口中位置。

9.2.2 grid 布局

使用 grid()方法的布局被称为网格布局,它按照二维表格的形式,将容器划分为若干行和列,组件的位置由行列所在位置确定。

在同一容器中,只能使用 pack()方法或 grid()方法中的一种布局方式。

grid()方法的参数:

(1) row 和 column 表示组件所在的行和列的位置;

(2) rowspan 和 columnspan 表示组件从所在位置起跨的行数和跨的列数;

(3) sticky 表示组件所在位置的对齐方式。

9.2.3 place 布局

place()方法比 grid()和 pack()布局更精确地控制组件在容器中的位置。但如果容器大小调整,可能会出现布局不适应的情况。

place()方法的参数:

(1) x 和 y 表示用绝对坐标指定组件的位置;

(2) height 和 width 表示指定组件的高度和宽度;

(3) relx 和 rely 表示按容器高度和宽度的比例来指定组件的位置;

(4) relheight 和 relwidth 表示按容器高度和宽度的比例来指定组件的高度和宽度。

9.3　Tkinter GUI 编程的组件

Tk 是 Python 默认的工具集（即图形库），Tkinter 是 Tk 的 Python 接口，通过 Tkinter 可以方便地调用 Tk 进行图形界面开发。

Tk 与其他开发库相比，不是最强大的，模块工具也不是非常的丰富。但它非常简单，所提供的功能对于开发一般的应用也完全够用，且能在大部分平台上运行。

Python 自带的 IDLE 也是用 Tkinter 开发的。

Tkinter 的不足之处是缺少合适的可视化界面设计工具，需要通过代码来完成窗口设计和元素布局。

Tkinter 中提供了较为丰富的组件，完全能满足基本的 GUI 程序的需求。

由于 Tkinter 模块已经在 Python 中内置，所以在使用之前，只需将其导入即可。两种导入方式为：

（1）import tkinter as tk 表示导入 tkinter，但没引入任何组件，在使用时需要使用 tk 前缀，如需要引入按钮，则表示为 tk.Button；

（2）from tkinter import * 表示将 tkinter 中的所有组件一次性引入。

利用 Tkinter 模块来引用 Tk 构建和运行 GUI 程序，通常需要 5 步：

（1）导入 Tkinter 模块；
（2）创建一个顶层窗口；
（3）在顶层窗口的基础上构建所需要的 GUI 模块和功能；
（4）将每一个模块与底层程序代码关联起来；
（5）执行主循环。

Tkinter 主要组件功能如表 9-1 所示。

表 9-1　Tkinter 主要组件功能

组　件	功　　能
Button	按钮。类似标签，但提供额外功能，如鼠标按下、释放及键盘操作事件
Canvas	画布。提供绘图功能（直线、椭圆、多边形、矩形），可以包含图形或位图
Checkbutton	复选按钮。一组方框，可以选择其中的任意个
Radiobutton	单选按钮。一组方框，其中只有一个可被选择
Entry	文本框。单行文字域，用来收集键盘输入
Frame	框架。包含其他组件的纯容器
Label	标签。用来显示文字或图片
Listbox	列表框。一个选项列表，用户可以从中选择
Menu	菜单。单击后弹出一个选项列表，用户可以从中选
Menubutton	菜单按钮。用来包含菜单的组件（有下拉式、层叠式）
Message	消息框。类似于标签，但可以显示多行文本

续表

组件	功能
Scale	进度条。线性"滑块"组件,可设定起始值和结束值,显示当前位置的精确值
Scrollbar	滚动条。对其支持的组件(文本域、画布、列表框、文本框)提供滚动功能
Text	文本域。多行文字区域,可用来收集(或显示)用户输入的文字
Toplevel	顶级。类似框架,但提供一个独立的窗口容器

组件的共同属性:

(1) dimensions(尺寸);

(2) colors(颜色);

(3) fonts(字体);

(4) anchors(锚);

(5) relief styles(浮雕式);

(6) bitmaps(显示位图);

(7) cursors(光标的外形)。

说明:每种组件还有其各自特有的属性。

注意:Tk 使用了一种包管理器来管理所有的组件,当定义完组件之后,需要调用 pack() 方法来控制组件的显示方式,若不调用 pack()方法,组件将不会显示。

在交互环境下,编写 Tkinter 测试代码时,运行过 Tk()(创建顶层窗口的函数)之后即进入主循环,可以看到顶层窗口。而若是运行 py 文件,一定要调用 mainloop()方法进入主循环,方可看到顶层窗口。

创建 GUI 应用程序窗口代码模板:

```
from tkinter import *
tk = Tk()
#此处添加组件代码
……
tk.mainloop()
```

顶层窗口也称为根窗口,它实际上是一个普通窗口,包括一个标题栏和窗口管理器所提供的窗口装饰部分,如最大化按钮等。

在一个 Tkinter 开发的应用程序中,只需要创建一个顶层窗口即可,且此窗口的创建必须是在其他窗口创建之前。

【例 9.1】 创建顶层窗口。

```
#L9.1 例 9.1
from tkinter import *
root = Tk()
root.title('顶层窗口')           #给窗口定义名称,否则显示 Tk
root.mainloop()                 #进入主循环,否则运行时一闪而过看不到界面
```

执行结果如图 9-1 所示。

图 9-1 顶层窗口

9.3.1 框架 Frame 和顶级 TopLevel

框架（Frame）相对于其他组件而言，它只是个容器，因为它没有方法，但它可以捕获键盘和鼠标的事件来进行回调。

框架一般用作包含一组组件的主体，且可以定制外观。

【例 9.2】 创建不同样式的框架。

```
#L9.2 例 9.2
from tkinter import *
root =Tk()
root.title('顶层窗口')
for relief in[RAISED, SUNKEN, FLAT, RIDGE, GROOVE, SOLID]:
    f =Frame(root, borderwidth=2, relief=relief)            #定义框架
    #定义标签,且使用side参数设定排列方式
    Label(f, text=relief, width=10).pack(side=LEFT)
    #显式框架,并设定向左排列,x和y轴的宽度为5个像素
    f.pack(side=LEFT, padx=5, pady=5)
root.mainloop()
```

执行结果如图 9-2 所示。

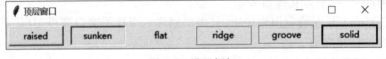

图 9-2 设置框架

Toplevel widget 用来创建一个独立窗口,此独立窗口可以不必有父组件。Toplevel 组件拥有与 tkinter.Tk()方法所打开窗口的所有特性,同时还拥有下列方法。

(1) deiconify()：在使用 iconify()或是 withdraw()方法后,显示该窗口。

(2) Frame()：返回一个系统特定的窗口识别码。

(3) group(window)：将此窗口加入 window 窗口群组中。

9.3.2 按钮 Button

按钮组件(Button)是 Tkinter 最常用的图形组件之一,通过 Button 可以方便地与用户进行交互。

严格地说,Button 也可看作标签,只是它可以捕获键盘和鼠标事件。

按钮可以禁用,禁用之后的按钮不能进行单击等任何操作。

如果将按钮放进 TAB 群中,就可以使用 TAB 键来进行跳转和定位。

【例 9.3】 创建按钮示例。

```
#L9.3 例9.3
from tkinter import *
root =Tk()
root.title('顶层窗口')
#使用state参数来设定按钮的状态
Button(root, text="禁用", state=DISABLED).pack(side=LEFT)
Button(root, text="取消").pack(side=LEFT)
Button(root, text="确定").pack(side=LEFT)
Button(root, text="退出", command=root.quit).pack(side=RIGHT)
root.mainloop()
```

执行结果如图 9-3 所示。

图 9-3 按钮(常规)

Button 组件常用参数如表 9-2 所示。

表 9-2 Button 组件常用参数

参 数	描 述
height	组件的高度(所占行数)
width	组件的宽度(所占字符个数)
fg	前景字体颜色
bg	背景颜色
activebackground	按钮按下时的背景颜色
activeforeground	按钮按下时的前景颜色
justify	多行文本的对齐方式,可选参数为:LEFT、CENTER、RIGHT
padx	文本左右两侧的空格数(默认为1)
pady	文本上下两侧的空格数(默认为1)
state	设置组件状态,默认为 NORMAL,可设置为:DISABLED—禁用组件(必须大写)

增加了参数后的程序和执行结果:

```
#创建按钮(修改了参数)
from tkinter import *
root = Tk()
root.title('顶层窗口')
#使用 state 参数来设定按钮的状态
Button(root, text="禁用", state=DISABLED, height=2, width=10).pack(side=LEFT)
Button(root, text="取消", height=2, width=10, fg='blue').pack(side=LEFT)
Button(root, text="确定", height=2, width=10, fg='red').pack(side=LEFT)
Button(root, text="退出", height=2, width=10, fg='black', activebackground=
'blue',
       activeforeground='yellow', command=root.quit).pack(side=RIGHT)
root.mainloop()
```

执行结果如图 9-4 所示。

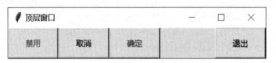

图 9-4 按钮(增加参数)

按下"退出"按钮后,执行结果如图 9-5 所示。

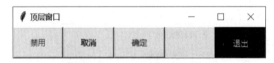

图 9-5 按钮(按下按钮)

9.3.3 标签 Label

标签组件可以用来显示图片和文本,通过在文本中添加换行符来控制换行,也可以通过控制组件的大小实现自动换行。

【例 9.4】 使用标签编写,在主体中显示 Hello World 的程序。

```
#L9.4 例 9.4
from tkinter import *
root = Tk()
root.title('顶层窗口')
label = Label(root, text='Hello World')    #定义标签
label.pack()
root.mainloop()
```

执行结果如图 9-6 所示。

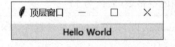

图 9-6 标签(常规)

Label 组件的常用参数如表 9-3 所示。

表 9-3 Label 组件常用参数

参　　数	描　　述
height	组件的高度（所占行数）
width	组件的宽度（所占字符个数）
fg	前景字体颜色
bg	背景颜色
justify	多行文本的对齐方式，可选参数为：LEFT、CENTER、RIGHT
padx	文本左右两侧的空格数（默认为 1）
pady	文本上下两侧的空格数（默认为 1）

增加了参数后的程序及执行结果：

```
from tkinter import *
root =Tk()
root.title('顶层窗口')
label =Label(root, text='Hello World',height=10,width=30,fg='white',bg='blue')
        #定义标签
label.pack()
root.mainloop()
```

执行结果如图 9-7 所示。

9.3.4 文本框 Entry 和文本域 Text

一个 GUI 程序，接收用户的输入几乎是必不可少的。输入框（Entry）组件就是用来接收用户输入的最基本的组件。

可以为输入框设置默认值，也可以禁止用户输入。如果禁止用户输入，用户就不能改变输入框中的值了。

当用户输入的内容用一行显示不全的时候，输入框会自动生成滚动条。

图 9-7 标签（增加参数）

【例 9.5】 创建输入框示例。

```
#L9.5 例 9.5
from tkinter import *
root =Tk()
root.title('顶层窗口')
f1 =Frame(root)                                      #定义框架
Label(f1, text='标准输入框：').pack(side=LEFT, padx=5, pady=10)
e1 =StringVar()                                      #定义输入框内容
Entry(f1, width=50, textvariable=e1).pack(side=LEFT) #基本输入框
```

```
e1.set('输入框默认内容')                                    #设置一般输入框默认内容
f1.pack()
f2 =Frame(root)
e2 =StringVar()
Label(f2, text='禁用输入框: ').pack(side=LEFT, padx=5, pady=10)
Entry(f2, width=50, textvariable=e2, state=DISABLED).pack(side=LEFT)     #禁用输入框
e2.set('不可修改的内容')                                    #设置禁用的输入框内容
f2.pack()
root =mainloop()
```

执行结果如图 9-8 所示。

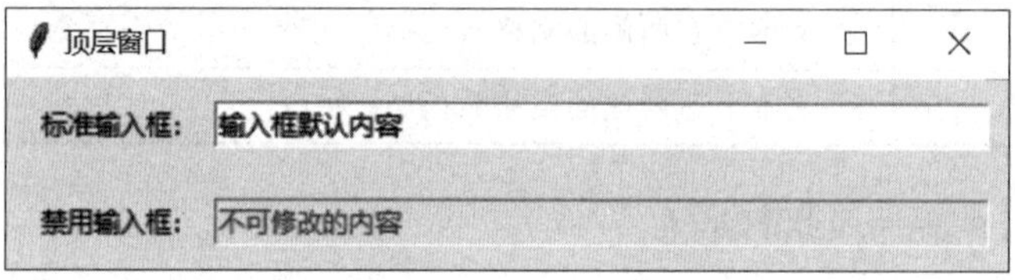

图 9-8　输入框

Entry 组件的常用参数如表 9-4 所示。

表 9-4　Entry 组件常用参数

参　数	描　述
height	组件的高度（所占行数）
width	组件的宽度（所占字符个数）
fg	前景字体颜色
bg	背景颜色
show	将 Entry 框中的文本替换为指定字符，用于输入密码等，如设置 show=" * "
state	设置组件状态，默认为 NORMAL，可设置为 DISABLED—禁用组件，READONLY 代表只读

【例 9.6】　将摄氏度转换为华氏度。

```
#L9.6 例 9.6
import tkinter as tk
def cTofClicked():
    cd =float(entryCd.get())
    labelcTof.config(text="%.2f℃ =%.2f ℉" % (cd, cd * 1.8 +32))
top =tk.Tk()
top.title('华氏转摄氏')
labelcTof =tk.Label(top, text="转换℃到℉……", height=5, width=20, fg='blue')
labelcTof.pack()
entryCd =tk.Entry(top, text='0')
entryCd.pack()
btnCal =tk.Button(top, text='转换', command=cTofClicked)
btnCal.pack()
top.mainloop()
```

执行结果如图 9-9 所示。

文本域(Text)组件用来创建一个多行,格式化的文本框。用户可以改变文本框内的字体,文字颜色。

下列是 Text 组件的属性。

(1) state：此属性值可以是 NORMAL 或是 DISABLED。state 等于 NORMAL 表示此文本框可以编辑内容。state 等于 DISABLED 表示此文本框可以不编辑内容。

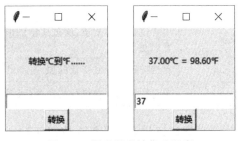

图 9-9　摄氏温度转华氏温度

(2) tabs：此属性值为一个 tab 位置的列表。列表中的元素是 tab 位置的索引值,再加上一个调整字符：l、r、c。l 代表 left,r 代表 right,c 代表 center。

9.3.5　单选按钮 Radiobutton 和复选按钮 Checkbutton

单选按钮(Radiobutton)是一组排他性的选择框,只能从该组中选择一个选项,当选择了其中一项之后便会取消其他选项的选择。

要想使用单选按钮,必须将这一组单选按钮与一个相同的变量关联起来,由用户为这个变量选择不同的值。

【例 9.7】　创建单选按钮示例。

```
#L9.7 例 9.7
from tkinter import *
root = Tk()
root.title('顶层窗口')
foo = IntVar()                      #定义变量
for text, value in [('red', 1), ('green', 2), ('black', 3), ('blue', 4), ('yellow', 5)]:
    r = Radiobutton(root, text=text, value=value, variable=foo)
    r.pack(anchor=W)                #向西对齐,可选参数 (NSEW)
foo.set(2)                          #设定默认选项
root.mainloop()
```

执行结果如图 9-10 所示。

图 9-10　单选按钮

Radiobutton 组件的常用参数如表 9-5 所示。

表 9-5　Radiobutton 组件常用参数

参　数	描　　述
variable	单选按钮索引变量，通过变量的值确定哪个单选按钮被选中。一组单选按钮使用同一个索引变量
value	单选按钮选中时变量的值
command	单选按钮选中时执行的命令（函数）

与单选按钮相对的是复选按钮（Checkbutton）。复选按钮之间没有互斥作用，可以一次选择多个。

同样地，每一个按钮都需要与一个变量相关联，且每一个复选按钮关联的变量都是不同的。若像单选按钮一样，关联的是同一个按钮，则当选中其中一个的时候，会将所有按钮都选上。

可以给每一个复选按钮绑定一个回调，当该选项被选中时，执行该回调。

【例 9.8】　创建复选按钮示例。

```
#L9.8 例 9.8
from tkinter import *
root = Tk()
root.title('顶层窗口')
l = [('red', 1), ('green', 2), ('black', 3), ('blue', 4), ('yellow', 5)]
for text, value in l:
    foo = IntVar()
    c = Checkbutton(root, text=text, variable=foo)
    c.pack(anchor=W)
root.mainloop()
```

执行结果如图 9-11 所示。

图 9-11　复选按钮

【例 9.9】　创建带"禁用"状态的复选按钮。

```
#L9.9 例 9.9
from tkinter import *
root = Tk()
root.title('顶层窗口')
l = [('red', 1, NORMAL), ('green', 2, NORMAL), ('black', 3, DISABLED),
```

```
        ('blue', 4, NORMAL), ('yellow', 5, DISABLED)]
for text, value, status in l:
    foo = IntVar()
    c = Checkbutton(root, text=text, variable=foo, state=status)
    c.pack(anchor=W)
root.mainloop()
```

执行结果如图 9-12 所示。

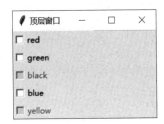

图 9-12 复选按钮(带禁用状态)

CheckButton 组件的常用参数如表 9-6 所示。

表 9-6 Checkbutton 组件常用参数

参　数	描　　述
variable	复选按钮索引变量,通过变量的值确定哪些复选按钮被选中。每个复选按钮使用不同的变量,使复选按钮之间相互独立
onvalue	复选按钮选中(有效)时变量的值
offvalue	复选按钮未选中(无效)时变量的值
command	复选按钮选中时执行的命令(函数)

【例 9.10】 单选按钮及复选按钮综合应用。

```
#L9.10 例 9.10
import tkinter as tk
def colorChecked():
    labelHello.config(fg=color.get())
def typeChecked():
    textType = typeBold.get() + typeItalic.get()
    if textType == 1:
        labelHello.config(font=('宋体', 12, 'bold'))
    elif textType == 2:
        labelHello.config(font=('宋体', 12, 'italic'))
    elif textType == 3:
        labelHello.config(font=('宋体', 12, 'bold italic'))
    else:
        labelHello.config(font=('宋体', 12))
top = tk.Tk()
top.title('Radio 与 Check 综合应用')
```

```
labelHello =tk.Label(top, text='改变文本格式', height=3, font=('宋体', 12))
labelHello.pack()
color =tk.StringVar()
tk.Radiobutton(top, text='红色', variable=color, value='red',
               command=colorChecked).pack(side=tk.LEFT)
tk.Radiobutton(top, text='蓝色', variable=color, value='blue',
               command=colorChecked).pack(side=tk.LEFT)
tk.Radiobutton(top, text='绿色', variable=color, value='green',
               command=colorChecked).pack(side=tk.LEFT)
color.set('yellow')
typeBold =tk.IntVar()
typeItalic =tk.IntVar()
tk.Checkbutton(top, text='粗体', variable=typeBold, onvalue=1,
               offvalue=0, command=typeChecked).pack(side=tk.LEFT)
tk.Checkbutton(top, text='斜体', variable=typeItalic, onvalue=2,
               offvalue=0, command=typeChecked).pack(side=tk.LEFT)
top.mainloop()
```

执行结果如图 9-13 所示。

图 9-13 Radio 和 Check 综合应用

说明：

程序中，文字的颜色通过 Radiobutton 来选择，同一时间只能选择一个颜色；在红色、蓝色和绿色三个单选框中，定义了同样的变量参数 color，选择不同的单选按钮会为该变量赋予不同的字符串值，内容即为对应的颜色。

任何单选按钮被选中都会触发 colorChecked() 函数，将标签修改为对应单选框表示的颜色。

9.3.6 列表框 Listbox

列表框(Listbox)组件用来创建一个列表框。列表框内可以包含许多选项，用户可以只选择一项或是选择多项。

下列是 Listbox 组件的属性。

（1）height：列表框的行数目，如果此属性为 0，则自动设置成能找到的最大选择项数目。

（2）selectmode：此属性设置列表框的种类，可以是 SINGLE、EXTENDED、MULTIPLE、或是 BROWSE。

列表框（ListBox）组件是一个选项列表，用户可以从中选择某一个选项。

【例 9.11】 创建列表框示例。

```
#L9.11 例 9.11
from tkinter import *
root = Tk()
root.title('列表框')
l = Listbox(root, width=15)
l.pack()
for item in ['北京','上海','天津','重庆']:
    l.insert(END, item)
root.mainloop()
```

执行结果如图 9-14 所示。

图 9-14 列表框

9.3.7 菜单 Menu

Menu 组件用来创建三种类型的菜单：pop-up（快捷式菜单）、toplevel（主目录）与 pull-down（下拉式菜单）。

下列是 Menu 组件的方法。

（1）add_command(options)：新增一个菜单项。

（2）add_radiobutton(options)：创建一个选择按钮菜单项。

（3）add_checkbutton(options)：创建一个复选按钮菜单项。

（4）add_cascade(options)：将一个指定的菜单与其父菜单连结，创建一个新的级联菜单。

创建菜单的主要步骤如下。

（1）创建菜单条对象：

menubar = Menu(窗体容器)

（2）把菜单条放置到窗体中：

窗体容器.config(menu = menubar)

（3）在菜单条中创建菜单：

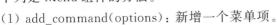

菜单名称 = Menu(menubar, tearoff = 0)

其中，tearoff 取值 0 表示菜单不能独立使用。

（4）为菜单添加文字标签：

```
menubar.add_cascade(label ="文字标签", menu =菜单名称)
```

（5）在菜单中添加菜单项：

```
菜单名称.add_command(label ="菜单项名称", command =功能函数名)
```

【例 9.12】 菜单应用示例。

```
#L9.12 例 9.12
from tkinter import *
class MenuDemo(object):
    def __init__(self):
        window =Tk()
        window.title('菜单示例')
        menubar =Menu(window)              #定义菜单栏
        window.config(menu=menubar)
        #创建下拉菜单
        operationMenu =Menu(menubar, tearoff=0)
        menubar.add_cascade(label='编辑', menu=operationMenu)
        #在菜单栏添加操作菜单项
        operationMenu.add_command(label='复制', command=self.copy)
        operationMenu.add_command(label='剪切', command=self.cut)
        operationMenu.add_command(label='粘贴', command=self.paste)
        #在菜单栏添加退出菜单项
        exitMenu =Menu(menubar, tearoff=0)
        menubar.add_cascade(label='退出', menu=exitMenu)
        exitMenu.add_command(label='退出', command=window.quit)
        mainloop()
    def copy(self):
        print('复制……')
    def cut(self):
        print('剪切……')
    def paste(self):
        print('粘贴……')
MenuDemo()
```

图 9-15　菜单

执行结果如图 9-15 所示。

9.3.8　消息框 Message

消息框（Message）组件用来显示多行、不可编辑的文字。Message 组件会自动分行，可以编排文字的位置，并且可以设置字体和背景色。Message 组件与 Label 组件的功能类似，但是 Message 组件多了自动编排的功能。

【例 9.13】 创建消息框示例。

```
#L9.13 例9.13
from tkinter import *
root =Tk()
root.title('消息框示例')
Message(root, text='一切都像刚睡醒的样子,欣欣然张开了眼。山朗润起来了,\
    水涨起来了,太阳的脸红起来了。小草偷偷地从土里钻出来,嫩嫩的,绿绿的。\
    园子里,田野里,瞧去,一大片一大片满是的。坐着、躺着,打两个滚,\
    踢几脚球,赛几趟跑,捉几回迷藏。风轻悄悄的,草软绵绵的。', bg='blue', \
        fg='ivory', relief=GROOVE).pack(padx=10, pady=10)
root.mainloop()
```

执行结果如图9-16所示。

9.3.9 进度条Scale和滚动条Scrollbar

进度条(Scale)组件用来创建一个标尺式的滑动条对象,可以移动标尺上的光标来设置数值。

下列是Scale组件的方法:

(1) get():取得目前标尺上的光标值。

(2) set(value):设置目前标尺上的光标值。

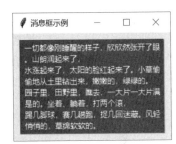

图9-16 消息框

【例9.14】 进度条示例。

```
#L9.14 例9.14
#通过调节进度条改变标签中字体大小
from tkinter import *
def resize(ev=None):
    '''改变label字体大小'''
    label.config(font='Helvetica -%d bold' %scale.get())
root =Tk()                          #实例化tkinter对象
root.geometry('250x150')            #设置窗口大小
root.title('进度条示例')             #设置窗口标题
#Label组件
label =Label(root, text='Hello World', font='Helvetica -12 bold')
label.pack(fill=Y, expand=1)
#scale 进度条,数值从10到40,水平滑动,回调resize函数
scale =Scale(root, from_=10, to=40, orient=HORIZONTAL, command=resize)
scale.set(25)                       #设置初始值
scale.pack(fill=X, expand=1)
#Button组件
quit_btn =Button(root, text='退出', command=root.quit,
                    activeforeground='white', activebackground='red')
quit_btn.pack()
root.mainloop()
```

执行结果如图9-17所示。

滚动条(Scrollbar)组件可以添加至任何一个组件,一些组件在界面显示不下时会自动添加滚动条,可以使用滚动条组件来对这些组件进行控制。

Scrollbar组件用来创建一个水平或是垂直的滚动条,可与Listbox、Text、Canvas等组

图 9-17 进度条

件共同使用来移动显示的范围。

下列是 Scrollbar 组件的方法。

(1) set(first, last)：设置目前的显示范围，其值为 0～1。

(2) get()：返回目前的滚动条设置值。

【例 9.15】 滚动条示例。

```
#L9.15 例 9.15
from tkinter import *
root = Tk()
root.title('滚动条示例')
sb = Scrollbar(root)
sb.pack(side = RIGHT, fill = Y)
mylist = Listbox(root, yscrollcommand = sb.set )
for line in range(30):
    mylist.insert(END, "Number " + str(line))
mylist.pack(side = LEFT )
sb.config(command = mylist.yview )
mainloop()
```

执行结果如图 9-18 所示。

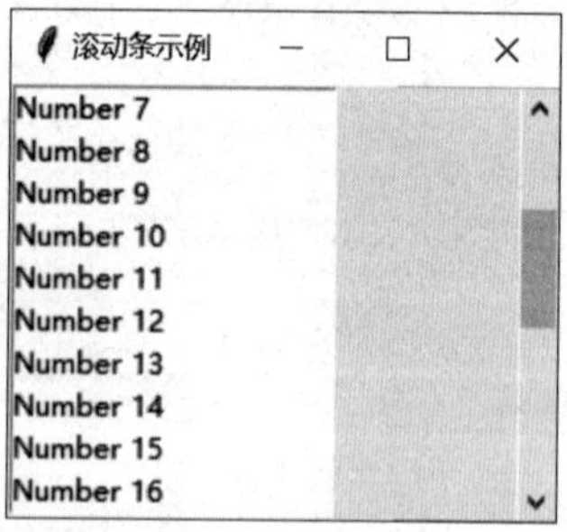

图 9-18 滚动条

9.3.10 画布 Canvas

绘图组件(Canvas，画布)可以在 GUI 中实现 2D 图形的绘制，相当于画图板。该组件内置了多种绘图函数，可以通过简单的 2D 坐标绘制直线、矩形、圆形、多边形等。

【例 9.16】 绘图应用。

```
#L9.16 例 9.16
from tkinter import *
def drawCircle(self, x, y, r, * * kwargs):
    print(kwargs)              #两个星号的参数传进来的是字典形式,一个星号传进来的是元组
    return self.create_oval(x -r, y -r, x +r, y +r, * * kwargs)

root =Tk()
root.title('绘图应用')
cvs =Canvas(root, width=600, height=400)
cvs.pack()
cvs.create_line(50, 50, 50, 300)
cvs.create_line(100, 50, 200, 300, fill='red', dash=(4, 4), arrow=LAST)
cvs.create_rectangle(200, 50, 400, 200, fill='blue')
cvs.create_oval(450, 50, 550, 200, fill='green')
drawCircle(cvs, 450, 300, 50, fill='red')
cvs.create_polygon(200, 250, 350, 250, 350, 350, 220, 300, fill='yellow')
root.mainloop()
```

执行结果如图 9-19 所示。

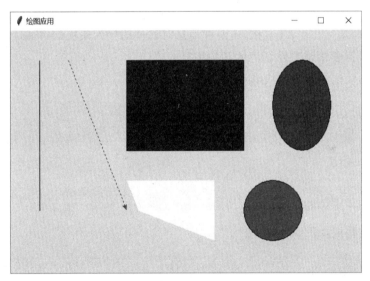

图 9-19 画布

说明如下。

直线(line),即线段,通过两个端点定义。坐标顺序为 x1、y1、x2、y2。

矩形(rectangle)通过对角线上的两个点来定义。

需要注意的是 Canvas 中没有画圆函数,这里通过绘制椭圆间接实现了绘制圆形的函数 drawCircle()。椭圆(oval)是通过外切矩形的对角线两点来定义的。

【例 9.17】 画布显示文字和图片。

```
#L9.17 例 9.17
from tkinter import *
```

```
root = Tk()
root.title('显式文字图片')
cvs = Canvas(root, width=250, height=200)
cvs.pack()
cvs.create_text(100, 40, text='欢迎来到Tkinter!', fill='blue', font=('宋体', 16))
myImage = PhotoImage(file="D:\pythoncode\python.gif")
cvs.create_image(10,70, anchor=NW, image=myImage)
root.mainloop()
```

图 9-20　显示文字和图片

执行结果如图 9-20 所示。

9.3.11　对话框

Tkinter 提供了三种标准的对话框模块：
(1) 消息对话框 messagebox；
(2) 文件对话框 filedialog；
(3) 颜色选择对话框 colorchooser。

1. 无返回值的消息对话框

消息对话框分为无返回值的对话框和有返回值的对话框，这两种消息对话框的导入模块语句都是一样的。
下列是无返回值的消息对话框的几条重要的语句。
(1) 消息对话框的导入模块语句：

```
import tkinter
import tkinter.messagebox         #这个是消息框,对话框的关键
```

(2) 消息提示框：

```
tkinter.messagebox.showinfo('提示','人生苦短')
```

(3) 消息警告框：

```
tkinter.messagebox.showwarning('警告','明日有大雨')
```

(4) 错误消息框：

```
tkinter.messagebox.showerror('错误','出错了')
```

【例 9.18】　无返回值消息对话框示例。

```
#L9.18 例 9.18
import tkinter
import tkinter.messagebox

def msg_info():
    tkinter.messagebox.showinfo('提示','我爱 Python')
```

```
def msg_warnning():
    tkinter.messagebox.showwarning('警告','程序有bug')
def msg_error():
    tkinter.messagebox.showerror('错误','程序有错误')

root=tkinter.Tk()
root.title('消息对话框')                  #窗体标题
root.geometry('400x400')                  #窗体大小
root.resizable(False,False)               #固定窗口
tkinter.Button(root,text='提示',command=msg_info).pack()
tkinter.Button(root,text='警告',command=msg_warnning).pack()
tkinter.Button(root,text='错误',command=msg_error).pack()
root.mainloop()
```

执行结果如图 9-21 所示。

图 9-21 无返回值的消息对话框

2. 有返回值的消息对话框

下列是有返回值的消息对话框的几种常用函数。

1）askokcancel()

askokcancel()函数在对话框中显示"确定"和"取消"按钮，其返回值分别为 True 或 False。

2）askquestion()

askquestion()函数在对话框中显示"是"和"否"按钮，其返回值分别为 yes 或 no。

3）askretrycancel()

askretrycancel()函数在对话框中显示"重试"和"取消"按钮，其返回值分别为 True 或 False。

4）askyesnocancel()

askyesnocancel()函数在对话框中显示"是""否"和"取消"三个按钮，其返回值分别为 True、False 或 None。

【例 9.19】 有返回值的消息对话框示例。

```
#L9.19 例 9.19
import tkinter
import tkinter.messagebox
def but_okcancel():
    a =tkinter.messagebox.askokcancel('提示','要执行此操作吗')
```

```
        print(a)
def but_askquestion():
    a =tkinter.messagebox.askquestion('提示','要执行此操作吗')
    print(a)
def but_trycancel():
    a =tkinter.messagebox.askretrycancel('提示','要执行此操作吗')
    print(a)
def but_yesnocancel():
    a =tkinter.messagebox.askyesnocancel('提示','要执行此操作吗')
    print(a)
root=tkinter.Tk()
root.title('消息对话框')                  #标题
root.geometry('400x400')                  #窗体大小
root.resizable(False, False)              #固定窗体
tkinter.Button(root, text='确定/取消对话框',\
command=but_okcancel).pack()
tkinter.Button(root, text='是/否对话框',\
command=but_askquestion).pack()
tkinter.Button(root, text='重试/取消对话框',\
command=but_trycancel).pack()
tkinter.Button(root, text='是/否/取消对话框',\
command=but_yesnocancel).pack()
root.mainloop()
```

执行结果如图 9-22 所示。

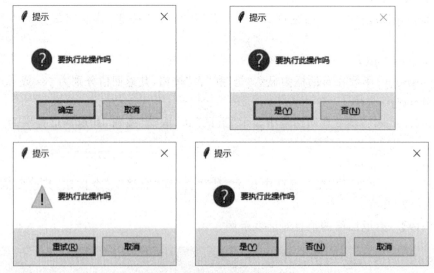

图 9-22　有返回值的消息对话框

3. 文件对话框 filedialog

(1) 导入文件对话框模块语句:

```
import tkinter.filedialog
```

(2) 获取文件对话框返回值:文件对话框的返回值为文件路径和文件名。

【例 9.20】 文件对话框应用示例。

```
#L9.20 例 9.20
import tkinter.filedialog
a =tkinter.filedialog.askopenfilename()
print(a)
```

执行结果如图 9-23 所示。

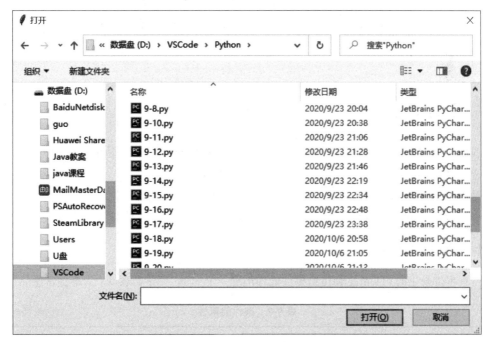

图 9-23 文件对话框

4. 颜色选择对话框 colorchooser

colorchooser.askcolor()提供一个用户选择颜色的界面。其返回值是一个二元组,第 1 个元素是选择的 RGB 颜色值,第 2 个元素是对应的十六进制颜色值。

【例 9.21】 颜色选择对话框示例。

```
#L9.21 例 9.21
import tkinter.colorchooser
from tkinter import *
a =tkinter.colorchooser.askcolor()
print(a)
```

执行结果如图 9-24 所示。

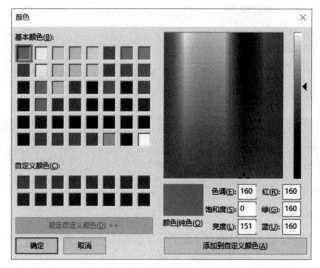

图 9-24 颜色对话框

9.4 事件响应

图形用户界面经常需要用户对鼠标、键盘等操作做出反应,这就是事件处理。

产生事件的鼠标、键盘等称作事件源,其操作称为事件。

对这些事件作出响应的函数,称为事件处理程序。

事件处理通常使用组件的 command 参数或组件的 bind() 方法来实现。

9.4.1 事件的属性

当有事件发生时,Tkinter 会传给事件处理例程一个 event 变量。表 9-7 为事件常用属性。

表 9-7 事件的属性

变量名	属 性
char	键盘的字符码。例如,A 键的 char 属性等于 A,F1 键的 char 属性无法显示
keycode	键盘的 ASCII 码。例如,A 键的 keycode 属性等于 65
keysym	键盘的符号。例如,A 键的 keysym 属性等于 A,F1 键的 keysym 属性等于 F1
height,width	组件的新高度与宽度,单位是像素
num	事件发生时的鼠标按键码
widget	目前的鼠标光标位置
x,y	加载和表示字体
x_root,y_root	相对于屏幕左上角的目前鼠标光标位置
type	显示事件的种类

9.4.2 事件的绑定方法

常见的事件绑定有以下几个类型。

1. 创建组件对象实例时指定

创建组件对象实例时,可以通过其命名参数 command 指定事件处理函数,如为 Button 组件绑定单击事件,当组件被单击时执行 clickhandler 函数处理,示例如下:

```
b =Button(root, text='按钮', command=clickhandler)
```

2. 实例绑定

调用组件对象实例方法 bind(),可以为指定组件实例绑定事件,示例如下:

```
w.bind('<event>', eventhandler, add='')
```

其中,<event>为事件类型;eventhandler 为事件处理函数;可选参数 add 默认为'',表示事件处理函数替代其他绑定,如果为'+',则加入事件处理队列。

如绑定组件对象,使得 Canvas 组件实例 c 可以处理鼠标右击事件(处理函数名称为 eventhandler),代码如下:

```
c=Canvas(); c.bind('Button-3', eventhandler)
```

3. 类绑定

调用组件对象实例方法 bind_class(),可以为特定类绑定事件,示例如下:

```
w.bind_class('Widget', '<event>', eventhandler, add='')
```

其中,Widget 为组件类;<event>为事件;eventhandler 为事件处理函数。

如绑定组件类,使得所有 Canvas 组件实例可以处理鼠标中键事件(事件处理函数为 eventhandler),代码如下:

```
c =Canvas(); c.bind_class('Canvas', '<Button-2>', eventhandler)
```

4. 程序界面绑定

调用组件对象实例方法 bind_all(),可以为所有组件类型绑定事件,示例如下:

```
w.bind_all('<event>', eventhandler, add='')
```

同上,<event>为事件;eventhandler 为事件处理函数。

如将 PrintScreen 键与程序中所有组件对象绑定,使得程序界面能处理打印屏幕的键盘事件,代码如下:

```
c =Canvas(); c.bind('<Key-Print>', printscreen)
```

9.4.3 系统协议

协议处理例程:Tkinter 提供拦截系统信息的机制,用户可以拦截这些系统信息,然后设置成自己的处理例程。

通常处理的协议如下。

（1）WM_DELETE_WINDOW：当系统要关闭该窗口时发生。

（2）WM_TAKE_FOCUS：当应用程序得到焦点时发生。

（3）WM_SAVE_YOURSELF：当应用程序需要存储内容时发生。

9.4.4 鼠标事件

在 Python 中，Tkinter 模块的事件 event 都用字符串描述，格式为：

```
组件对象.bind(event, handler)
```

其中，event 为事件；handler 为处理事件的函数。

鼠标按钮的点击事件的一般格式为：

```
<ButtonPress-n>
```

其中，n 为鼠标按钮，n 为 1 代表左键、2 代表中键、3 代表右键。

例如，<ButtonPress-1>表示按下鼠标的左键。

表 9-8 为鼠标常用事件。

表 9-8 鼠标事件

事 件	说 明
<ButtonPress-n>	鼠标按钮 n 被按下，n 为 1 代表左键、2 代表中键、3 代表右键
<ButtonRelease-n>	鼠标按钮 n 被松开
<Bn-Motion>	在按住鼠标按钮 n 的同时，移动鼠标
<Enter>	鼠标进入组件
<Leave>	鼠标离开组件

可以通过鼠标事件 event 来获得鼠标位置。坐标点（event.x，event.y）为发生事件时，鼠标所在的位置。

下面是一个捕获鼠标点击事件的程序。

【例 9.22】 当鼠标在窗体容器中点击时，记录下其坐标位置。

```
#L9.22 例 9.22
from tkinter import *
def callback(event):
    print("clicked at: ", event.x, event.y)
    s =(event.x, event.y)
    txt.set(s)
win =Tk()
win.geometry('200x120')
win.title('鼠标事件')
```

```
frame =Frame(win, width=200, height=100, bg ='cyan')
frame.bind("<Button-1>", callback)
frame.pack()
txt =StringVar()
L =Label(win, width=20, textvariable =txt)
L.pack()
win.mainloop()
```

执行结果如图 9-25 所示。

图 9-25　鼠标事件

9.4.5　键盘事件

Python 包含如表 9-9 所示的键盘事件。

表 9-9　键盘事件

事　件	说　　明
＜KeyPress＞	按下任意键
＜KeyRelease＞	松开任意键
＜KeyPress-key＞	按下指定的 key 键
＜KeyRelease-key＞	松开指定的 key 键
＜Prefix-key＞	在按住 Prefix 的同时，按下指定的 key 键。其中 Prefix 项是 Alt、Shift、Ctrl 中的一项，也可以是它们的组合，例如：＜Ctrl-Alt-key＞

在捕获键盘事件时，先要用 focus_set() 方法把键盘的焦点设置到一个组件上，这样才能捕获到键盘事件。方向键的键值如表 9-10 所示。

表 9-10　方向键的键值

方向键	键　值　描　述	
Up(向上)	Keysym＝Up	Keycode＝38
Down(向下)	Keysym＝Down	Keycode＝40
Left(向左)	Keysym＝Left	Keycode＝37
Right(向右)	Keysym＝Right	Keycode＝39

【例 9.23】　通过捕获键盘事件，在窗体中显示按下的键。

```
#L9.23 例 9.23
from tkinter import *
from tkinter import messagebox
def leave(event):                                    #<Esc>事件处理程序
    ret =messagebox.askyesno("例 9.23","是否离开?")
    if ret ==True:
        root.destroy()                               #退出窗口,结束程序
    else:
        return
root =Tk()
root.title("例 9.23")
root.bind("<KeyPress-Escape>",leave)                 #把 Esc 键绑定 leave 函数
lab =Label(root,text='测试 Esc 键',bg ='yellow',
           fg ='blue',height =15,width =35,font ="Times 15 bold")
lab.pack(padx =60,pady =60)
root.mainloop()
```

程序执行后结果如图 9-26 所示,按下 Esc 键后结果如图 9-27 所示。

图 9-26　键盘事件

图 9-27　Esc 键盘事件

9.5　思考与练习

一、单选题

1. 使用 Tkinter 库中的 Checkbutton 组件关联变量时,最恰当的类型是(　　)。
   A. BooleanVar　　　B. IntVar　　　C. DoubleVar　　　D. StringVar
2. 用于显示错误信息对话框的方法是(　　)。
   A. showinfo()　　　　　　　　　　B. showwarning()
   C. showerror()　　　　　　　　　　D. askquestion()
3. 下列关于 tkinter.colorchooser 模块的 askcolor()函数的说法错误的是(　　)。
   A. 显示系统的标准颜色对话框
   B. 函数返回值为颜色值
   C. 可返回三元组格式的 RGB 颜色值
   D. 可返回十六进制格式的颜色值字符串
4. 下列组件中,可以用于处理多行文本的选项是(　　)。

A. Label　　　　B. Text　　　　　C. Entry　　　　　D. Menu
5. 在 Tkinter 的布局管理方法中,可以精确定义组件位置的方法是(　　)。
　　　A. place()　　　B. grid()　　　　C. Frame()　　　　D. pack()
6. 可以接收单行文本输入的组件是(　　)。
　　　A. Text　　　　B. Label　　　　C. Entry　　　　　D. Listbox
7. 下列 Tkinter 组件中,属于容器类组件的是(　　)。
　　　A. Button　　　B. Entry　　　　C. LabelFrame　　　D. Radiobutton
8. 以下关于设置窗口属性的方法中,不正确的选项是(　　)。
　　　A. title()　　　B. config()　　　C. geometry()　　　D. mainloop()
9. 下面是 Tkinter 组件背景颜色属性的描述,r、g、b 均为十六进制整数,错误的选项是(　　)。
　　　A. bg ='♯rgb'　　　　　　　　　　B. bg ='♯rrggbb'
　　　C. bg ='blue'　　　　　　　　　　D. bg ='rgb'
10. 最有可能在容器底端依次摆放 3 个组件的布局样式是(　　)。
　　　A. 用 grid()方法设计布局管理器
　　　B. 用 pack()方法设计布局管理器
　　　C. 用 place()方法设计布局管理器
　　　D. 用 grid()和 pack()方法结合设计布局管理器

二、编程题
1. 编写一个 GUI 程序,在窗口中显示当前日期和时间,并可实时更新时间。
2. 设计一个登录界面,当输入正确的用户名和密码后,显示一个"欢迎进入系统"界面。

第 10 章 数据库编程

数据库系统能够解决很多实际的数据管理问题，Python 语言为众多主流的数据库系统提供了良好的访问控制技术。

10.1 数据库简介

10.1.1 数据库系统的基本概念

1. 数据库

数据库(database,DB)是长期保存在计算机外存上的、有结构的、可共享的数据集合。数据库按一定的数据模型组织、存储和使用相关联的数据。它不仅包括描述事物的数据本身，还包括相关事物之间的联系。

数据库中的数据不像文件系统那样，只面向某一项特定应用，而是面向多种应用，可以被多个用户、多个应用程序共享。某个企业所涉及的全部数据的集合，它的数据结构独立于使用数据的程序，比如用户可以使用计算机通过网页程序来访问银行账号的数据，也可以使用手机 App 来访问同样的这些数据。有了数据库之后，对于数据的增加、删除、修改和检索就由专门的数据库管理软件来进行统一控制，能够最大程度地保证数据的完整性和安全性。

2. 数据库管理系统

数据库管理系统(database management system,DBMS)是位于用户与操作系统之间的一层数据管理软件，提供对数据库资源进行统一管理和控制的功能，可以对数据库的建立、使用和维护进行管理。数据库管理系统是数据库系统的核心，其主要目标是使数据成为方便用户使用的资源，易于为各类用户所共享，并增加数据的安全性、完整性和可用性。

数据库管理系统的功能随系统而异，通常包含以下内容。

(1) 数据库定义功能：创建或者编辑数据库中的数据对象，例如数据库、表、索引、视图等，实现数据的全局逻辑结构、局部逻辑结构、物理结构定义、权限定义等。

(2) 数据库管理功能：提供对数据进行各种操作的功能，如输入、输出、检索、排序、统计、添加、删除、修改等。

(3) 数据库的运行管理：保证数据的安全性、完整性，多用户对数据的并发使用，发生故障后的系统恢复。

(4) 通信功能：具备与操作系统的联机处理、分时系统及远程作业输入的相应接口。

3. 数据库系统

数据库系统是指引进了数据库技术后的计算机系统,可实现有组织地、动态地存储大量相关数据,提供数据处理和信息资源共享的便利手段,通常由以下部分组成。

(1) 硬件系统:计算机硬件是数据库系统的物理支撑。

(2) 数据库集合:是数据库系统的操作对象。

(3) 数据库管理系统及应用软件:是一组能完成描述、管理、维护数据库的程序。应用软件是在 DBMS 的基础上由用户根据实际需要开发的应用程序。

(4) 用户:指使用数据库的人员,包括终端用户、应用程序员、数据库管理员和系统分析员。终端用户是使用数据库应用系统的人员,他们无须掌握太多的计算机知识,利用应用系统提供的接口查询获取数据库的数据;应用程序员是为终端用户编写数据库应用程序的软件人员;数据库管理员(database administrator,DBA)是全面负责数据库系统运行的高级计算机人员,是数据库系统的一个很重要组成部分;系统分析员负责应用系统的需求分析和规范说明,确定系统的基本功能、数据库结构,设计应用程序和软/硬件配置并组织整个系统的开发。

在数据库系统中,各层次软件之间的相互关系如图 10-1 所示。

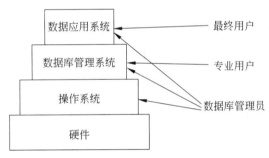

图 10-1　数据库系统层次

4. 关系数据库

数据库需要根据具体应用系统中数据的性质、内在联系,按照管理的要求来设计和组织数据。人们把客观存在的事物以数据的形式存储到计算机的过程中,经历了对现实生活中事物特性的认识、概念化进而到计算机数据库里的具体表示的逐级抽象过程。通常将这种抽象用数据模型来表示。

1970 年美国 IBM 公司 San Jose 研究室的研究员 E.F.Codd 提出了一种新的数据模型——关系模型。关系模型(relational model)将数据组织成规范二维表(即关系)的形式,它有严格的数学基础(集合代数),抽象级别比较高,而且简单直观,便于理解和使用。它能直接表示实体之间的多对多联系,具有更好的数据独立性。从用户的角度看,一个关系就是一张二维表。关系模型是目前绝大多数数据库产品采用的数据模型。如图 10-2 所示的关系模型由学生关系和选课关系组成。

对照图 10-2 中的学生关系,下面介绍关系模型中的基本概念。

(1) 表(关系):一个关系对应一张二维表。如图 10-2 中的学生基本信息表和学生选课表就对应学生关系和选课关系。

(2) 记录:二维表中的一行称为一条记录,记录也叫作元组。例如,学生表中有 10 行,

学号	姓名	性别	出生日期	专业	是否党员	奖学金
0905010001	李娜	女	1991/1/2	汉语言文学	TRUE	300
0905010014	白正雪	女	1990/7/1	汉语言文学	FALSE	100
0905010250	黄云霞	女	1992/11/3	汉语言文学	FALSE	500
0905020010	张岩涛	男	1990/10/12	新闻	FALSE	0
0907010282	严峻	男	1990/7/21	计算机软件	TRUE	200
0907040055	张明业	男	1992/5/5	数字媒体	FALSE	500
0908040011	龙洪兰	女	1991/5/11	财务管理	TRUE	300
0908040015	杨洪江	男	1991/5/9	财务管理	TRUE	0
0908040198	王士吉	男	1990/6/25	工商管理	TRUE	100
0909010073	刘杰龙	男	1990/8/1	经济法	TRUE	200

(a) 学生关系(学生基本信息表)

学号	课程号	成绩
0907010282	10110001	65
0907040055	10110001	85
0909010073	10110001	75
0905010001	10120001	90
0905010014	10130001	60
0908040011	10120001	56
0908040015	10120002	45
0908040198	10120002	67
0905020010	10130002	76
0905010250	10130001	85
0907010282	10240001	76
0907010282	10240002	68
0909010073	10240001	54
0909010073	10240002	60
0907040055	10240001	87
0907040055	10240002	90

(b) 选课关系(学生选课表)

图 10-2 关系模型

因此它有 10 条记录。

（3）属性：二维表中的一列称为一个属性，属性也叫作字段。每个属性都有一个名称，叫作属性名或字段名。例如，学生表中的学号、姓名、性别都是相应的字段名。

（4）关键字：二维表中可以唯一确定一条记录的某个属性组。例如，学生表中的学号可以唯一确定一个学生，因此学号是学生表的一个关键字。

（5）主键：一个表中可能有多个关键字，但在实际使用中只能选择一个，被选用的关键字叫作主键。

（6）域：属性的取值范围。例如，百分制成绩的域是 0~100，性别的域是{男，女}。

采用关系模型来表示数据的数据库就是关系数据库。关系数据库经过半个世纪的发展，仍然是当前使用最为广泛的数据库，涌现了许多优秀的数据库产品，如 Access、SQLite、MySQL、SQL Server、Oracle 等。

10.1.2 SQL 简介

SQL 是结构化查询语言（structured query language）的缩写，是 IBM 公司在 20 世纪 70 年代开发的。SQL 语言结构简洁，功能强大，简单易学，推出后得到了广泛的应用，SQL 虽被称作查询语言，但实际是一种功能齐全的数据库语言，包含数据定义语言 DDL（data definition language）、数据查询语言 DQL（data query language）、数据操纵语言 DML（data manipulation language）和数据控制语言 DCL（data control language）4 部分，语言风格统一，可以独立完成数据库生命周期中的全部活动。

SQL 语言功能极强，由于设计巧妙，语言十分简洁，完成数据定义、数据查询、数据操纵、数据控制的核心功能只需要 9 个命令动词：CREATE、DROP、SELECT、INSERT、UPDATE、DELETE、GRANT、REVOKE。并且 SQL 语言语法简单，接近英语口语，因此容易学习和使用。由于是关系数据库的标准语言，所以用 SQL 编写的程序具备较高可移植性。下面简单介绍几个常用命令的语法格式，这些命令将在 10.2 节和 10.3 节中具体应用。

1. 数据定义（CREATE）

数据定义是指在数据库中创建、修改、删除特定的数据对象，如进行创建表、修改表和删除表等操作，还可以在表上创建索引，在此只介绍创建表的 CREATE TABLE 语句，其语句

格式如下:

```
CREATE TABLE 表名 (字段名1 字段类型[(字段大小)][NOT NULL]
[,字段名2 字段类型[(字段大小)][NOT NULL][,...]]
       [,CONSTRAINT 完整性约束条件[,...]])
```

说明:创建名为"表名"的数据表,创建表的同时还可以定义与该表具有的完整性约束条件。

2. 增加记录(INSERT)

语句格式:

```
INSERT INTO 表名[(字段名1,字段名2,…,字段名n)]
       VALUES(表达式1,表达式2,…,表达式n)
```

说明:向表中增加记录行,当VALUES子句中按照表结构依序给所有字段都赋值时,可省略字段名;若插入时只给部分字段赋值,则需指定字段名,并且字段名与表达式要一一对应。

3. 修改记录(UPDATE)

语句格式:

```
UPDATE <表名> SET <字段名1>=<表达式1>[,<字段名2>=<表达式2>…]
[WHERE <条件表达式>]
```

说明:将指定表中满足条件WHERE表达式的记录的指定字段值替换为相应表达式的值;如果缺省WHERE子句,则更新表中全部记录。

4. 删除记录(DELETE)

语句格式:

```
DELETE FROM <表名>[WHERE <条件表达式>]
```

说明:删除指定表中满足WHERE条件表达式的记录;如果缺省WHERE子句,则删除全部记录。

5. 数据查询(SELECT)

数据查询是数据库的核心操作,由SELECT语句完成。SELECT语句基本语法简单易学、应用灵活、功能丰富,其一般格式如下:

```
SELECT [ALL|DISTINCT] <目标列表达式>[,<目标列表达式>]…
FROM <表名或视图名>[,<表名或视图名>]…
[WHERE <条件表达式>]
[ORDER BY <列名1>[ASC|DESC]]
[GROUP BY <列名2>[HAVING <条件表达式>]]
```

语句的功能如下。

从FROM子句指定的表或视图中找出满足WHERE条件表达式的记录行,再按SELECT子句中的目标列表达式,选出记录行中的属性列形成结果表。如果有ORDER

BY 子句,则结果表按列名 1 进行排序;如果有 GROUP BY 子句,则按列名 2 对结果进行分组,列名 2 值相等的记录分在一组,每组产生一条记录。HAVING ＜条件表达式＞用于对分组以后的记录进行筛选。

语句的说明如下。

(1) 目标列表达式:查询结果的列,可以是被查询表的列名或列名表达式,也可以为 ＊ 号,表示被查询表的所有字段列。

(2) FROM 子句指明了要从哪些表或视图中查询数据。

(3) ALL 表明查询结果中可以包含重复记录,这是默认值;DISTINCT 表示要去查询结果中的重复记录,如果有相同的记录,只保留一条。

(4) WHERE 子句查询记录的筛选和连接条件。

(5) ORDER BY 子句是对查询结果进行排序,ASC 表示升序,DESC 表示降序。

(6) GROUP BY 子句表示按列名 2 对结果进行分组;HAVING 子句用于对分组结果进行筛选,只能配合 GROUP BY 子句使用。

10.2 SQLite 数据库

10.2.1 概述

1. SQLite 数据库简介

SQLite 是一款轻型的开源关系数据库,支持规范的 SQL(structured query language,结构化查询语言)。具有高度便携、使用方便、结构紧凑、高效可靠的特点,它占用资源非常低,在嵌入式设备中,可能只需要几百 KB 的内存就够了,因此被作为移动设备嵌入式数据库广泛用于前端数据存储。SQLite 支持事务管理,它将整个数据库的表、索引、视图、触发器等数据对象都存储在一个单一的磁盘文件中(扩展名为 db),没有用户账户和密码,无须进行网络配置与管理,对数据库的访问权限依赖于数据库文件所在的操作系统。

对 SQLite 数据库的管理通常是通过第三方工具来完成,比如可以使用 Navicat Premium(见图 10-3)、SQLite Expert 或 SQLite Studio 等工具。

表是关系数据库的最基本元素,一个数据库中可以包含多个表。创建好数据库后要合理地设计和新建表,要确定表中应该包含哪些字段,每个字段的名称、数据类型和宽度等。SQLite3 的字段支持以下 4 种数据类型。

(1) 整数型(integer):用于存放有符号的整数,按数据的实际存储大小自动存储为 1,2,3,4,6 或 8 字节,通常不需要指定位数。

(2) 实数型(real):用于存放浮点数,以 8 字节指数形式存储数据,可以指定数据的总位数和小数位数。

(3) 文本型(text):用于存放字符串,以数据库编码方式(UTF-8)存储(支持汉字)。

(4) blob 型:用于存放二进制对象数据,可以用来保存图片、视频、文档等数据。

2. Python 访问 SQLite 数据库的基本流程

从 Python 3.x 版本开始,在其标准库中已经内置了 SQLite3 模块,支持 SQLite3 数据库的访问和相关操作。当需要操作 SQLite3 数据库时,只需在程序中导入 SQLite3 模块即

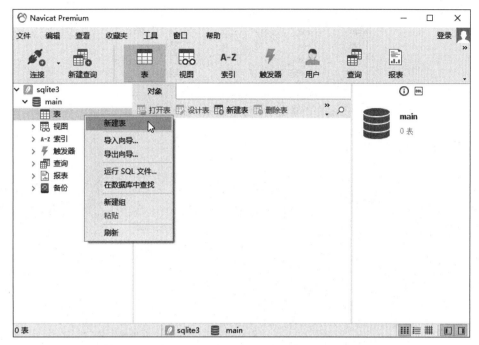

图 10-3　使用 Navicat Premium 管理 SQLite 数据库

可。Python 访问 SQLite 数据库的基本步骤如下：

（1）导入相关库或模块；

（2）使用 connect()方法创建或获取数据库连接对象；

（3）使用数据库连接对象的 cursor()方法创建游标对象；

（4）使用游标对象的 execute()方法执行 SQL 语句；

（5）如果(4)中的 SQL 语句是进行创建新表、插入数据、修改或删除数据的操作，则要用游标对象的 commit()方法提交事务或用 rollback()方法回退事务；

（6）如果(4)中的 SQL 语句是进行数据查询操作，则调用游标对象的 fetchone()、fetchmany()或 fetchall()方法获取查询结果；

（7）使用 close()方法关闭游标对象和数据库连接对象。

数据库操作完成之后，应该及时调用 close()方法关闭数据库连接，以减轻数据库服务器的压力。

10.2.2　使用 Python 操作 SQLite 数据库

1. 创建表

表存在于数据库中，创建表之前需要创建一个数据库或打开一个已经建好的数据库。在 Python 中，可以使用 sqlite3 的 connect()方法来完成创建或打开数据库操作，然后再使用游标对象的 execute()方法来执行创建表的 SQL 语句完成表的创建。

【例 10.1】　在 D 盘根目录下创建一个名为 students 的数据库，并在该数据库中创建一个名为 info 的学生基本情况表，表结构如图 10-4 所示。

名	类型	大小	比例	不是 null	键
学号	text	10	0	☑	🔑1
姓名	text	10	0	☑	
性别	text	1	0	☐	
年龄	integer	0	0	☐	
专业	text	15	0	☐	

图 10-4　学生基本情况表 info 的字段信息

程序代码：

```
#L10.1 例 10.1
#导入 sqllite3 模块
import sqlite3
#若 D 盘上没有 students 数据库则创建,否则连接 students 数据库
conn =sqlite3.connect('d: /students.db')
#获取游标对象
cursor =conn.cursor()
#构造并执行创建表的 SQL 语句
sqlstr ='''create table info(
        学号 text(10) primary key not null ,      #学号为主键、非空
        姓名 text(10) not null,                    #姓名非空
        性别 text(1),
        年龄 integer,
        专业 text(15))'''
try:
    cursor.execute(sqlstr)
except Exception as e:
    print(e)
    print('创建表失败')
finally:
    #关闭游标
    cursor.close()
    #关闭连接
    conn.close()
```

2. 插入数据

向表中插入数据时,首先通过调用游标对象的 execute()方法来执行插入数据的 SQL 语句,然后再调用 commit()方法提交事务,保证插入的数据写回数据库中。

【例 10.2】从键盘输入学生的学号、姓名、性别、年龄,将其添加到例 10-1 中创建的 students 库中的 info 表中。

程序代码：

```
#L10.2 例 10.2
#导入 sqllite3 模块
import sqlite3
#连接 students 数据库
conn =sqlite3.connect('d: /students.db')
#获取 cursor 对象
cursor =conn.cursor()
```

```python
#用 4 个变量分别保存输入的数据
sno=input('请输入学号：')
sname=input('请输入姓名：')
ssex=input('请输入性别：')
sage=int(input('请输入年龄：'))
#构造并执行 SQL 语句
sqlstr ='''insert into info(学号,姓名,性别,年龄)
            values('%s','%s','%s',%d)''' % (sno,sname,ssex,sage)
try:
    cursor.execute(sqlstr)
    #提交事务
    conn.commit()
    print('插入成功')
except Exception as e:
    print(e)
    print('插入失败')
    #回退事务
    conn.rollback()
finally:
    cursor.close()
    conn.close()
```

程序运行：

```
请输入学号：190101001
请输入姓名：李想
请输入性别：男
请输入年龄：19
插入成功
>>>
```

需要注意的是 insert 语句的书写，本例中使用的是 Python 的字符串格式化运算符%来生成该语句。也可以使用占位符'?'来改写该语句如下：

```
sqlstr ='insert into info(学号,姓名,性别,年龄) values(?,?,?,?)'
```

此时，try 后面的执行语句应写为：

```
cursor.execute(sqlstr,(sno,sname,ssex,sage))
```

这种写法将'?'作为参数传递，其好处在于可以避免 SQL 注入，提高程序的安全性。例 10.3 至 10.5 也可以用这种方法改写，请仿照自行修改测试。

3. 修改数据

修改数据的方法与插入数据是一样的，只是所写的 SQL 语句不同而已。

【例 10.3】 将表 info 中学号为 190101001 的学生年龄改为 20。

程序代码：

```
#L10.3 例10.3
#导入sqllite3模块
import sqlite3
#连接students数据库
conn = sqlite3.connect("d:/students.db")
#获取cursor对象
cursor = conn.cursor()
#构造并执行SQL语句
sqlstr = "update info set 年龄=%d where 学号='%s'" % (20,'190101001')
try:
    cursor.execute(sqlstr)
    #提交事务
    conn.commit()
    print("修改成功")
except Exception as e:
    print(e)
    print("修改失败")
    #回退事务
    conn.rollback()
finally:
    cursor.close()
    conn.close()
```

上面程序代码中的 update 语句也可以直接写成：

```
sqlstr = "update info set 年龄=22 where 学号='190101001'"
```

4. 删除数据

删除数据也是通过调用游标对象的 execute()方法来执行删除数据的 SQL 语句的，然后再调用 commit()方法提交事务。

【例 10.4】 删除 info 表中所有的男生。

程序代码：

```
#L10.4 例10.4
#导入sqllite3模块
import sqlite3
#连接students数据库
conn = sqlite3.connect("d:/students.db")
#获取cursor对象
cursor = conn.cursor()
#构造并执行SQL语句
sqlstr = "delete from info where 性别='男'"
try:
    cursor.execute(sqlstr)
    #提交事务
    conn.commit()
    print("删除成功")
```

```
    except Exception as e:
        print(e)
        print("删除失败")
        #回退事务
        conn.rollback()
    finally:
        cursor.close()
        conn.close()
```

5. 查询数据

对 SQLite3 数据库进行数据查询时,首先通过调用游标对象的 execute()方法来执行数据查询的 SQL 语句,然后使用 fetchall()或 fetchone()方法返回查询结果。fetchall()方法每行记录为一个元组作为列表元素的数据集列表,fetchone()方法返回第一条记录的元组类型结果。

【例 10.5】 根据输入的姓名,从 info 表中查询出相应学生的信息。

程序代码:

```
#L10.5 例 10.5
#导入 sqllite3 模块
import sqlite3
#连接 students 数据库
conn = sqlite3.connect('d:/students.db')
#获取 cursor 对象
cursor = conn.cursor()
#用变量 sname 保存输入的姓名
sname=input('请输入姓名: ')
#构造并执行 SQL 语句
sqlstr = "select * from info where 姓名='%s'"%sname
try:
    cursor.execute(sqlstr)
    #获取所有查询到的数据
    res=cursor.fetchall()
    for r in res:
        print(r)
except Exception as e:
    print(e)
    print('查询失败')
finally:
    cursor.close()
    conn.close()
```

10.3 MySQL 数据库

10.3.1 概述

MySQL 是最流行的关系数据库管理系统之一,由瑞典 MySQL AB 公司开发,属于 Oracle 旗下产品。由于其体积小、速度快、总体拥有成本低,尤其是开放源码这一特点,许多中小型网站选择使用 MySQL 作为网站数据库。

Python 应用程序要访问 MySQL 数据库,需要经过安装 MySQL 数据库、安装数据库访问驱动程序(这些驱动程序可以是 MySQL-Python、MySQLclient、PyMySQL、SQLAlchemy,本书采用 PyMySQL),进行 Python 应用编程三个步骤。

1. 安装 MySQL 数据库

MySQL 数据库的官网下载网址为 https://www.mysql.com,其免费的社区 Windows 版本下载网址为 https://dev.mysql.com/downloads/mysql/。读者可自行前往下载安装,其安装方法本书不再赘述。MySQL 安装好以后,可以安装第三方可视化管理工具如 Navicat Premium 便于查看管理,如图 10-5 所示。

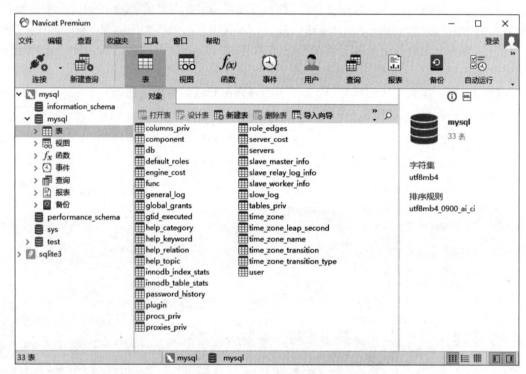

图 10-5　使用 Navicat Premium 管理 MySQL 数据库

2. 安装 PyMySQL 库

PyMySQL 是 Python 3.x 版本中用于访问 MySQL 数据库的一个驱动程序,在使用前需要进行安装,可以从 https://github.com/pymysql/pymysql 上下载安装包进行解压缩安装。更简单的做法是在 Windows PowerShell(管理员)窗口中执行 pip install pymysql 命令,就可以实现自动安装。

3. Python 访问 MySQL 数据库的基本流程

Python 访问 MySQL 数据库的基本步骤与 10.2 节所述的访问 SQLite 数据库基本一致,包括如下步骤:

(1) 导入相关库或模块,本书使用 PyMySQL;
(2) 使用 connect()方法创建或获取数据库连接对象;
(3) 使用数据库连接对象的 cursor()方法创建游标对象;
(4) 使用游标对象的 execute()方法执行 SQL 语句;

（5）如果（4）中的 SQL 语句是进行创建新表、插入数据、修改或删除数据的操作，则要用游标对象的 commit()方法提交事务或用 rollback()方法回退事务；

（6）如果（4）中的 SQL 语句是进行数据查询操作，则调用游标对象的 fetchone()、fetchmany()或 fetchall()方法获取查询结果；

（7）使用 close()方法关闭游标对象和数据库连接对象。

10.3.2 使用 Python 操作 MySQL 数据库

1. 创建表

MySQL 安装好以后，默认会建立 mysql、sys 等系统数据库用于存放数据字典。开发者通常会自行新建一个数据库，再在这个数据库中通过新建表来保存自己应用程序的数据。

【**例 10.6**】 使用 Python 程序在 MySQL 中新建一个名为 students 的数据库。

程序代码：

```
#L10.6 例 10.6
#导入 PyMySQL 模块
import pymysql
#创建连接
db=pymysql.connect(host='localhost',user='root',password='123',db='mysql',
port=3306)
#获取游标对象
cursor=db.cursor()
#构造并执行创建数据库的 SQL 语句
sqlstr="create database students"
try:
    cursor.execute(sqlstr)
    db.commit()
    print("创建数据库成功")
except Exception as e:
    print(e,"创建数据库失败")
    db.rollback()
finally:
    db.close()
```

上述代码中使用了 pymysql.connect()方法连接 MySQL 数据库，其参数说明如下。

（1）host：数据库服务器地址，如果数据库安装在本地计算机上，则可以设置为 host='localhost'，表示指向本地数据库，也可以设置为数据库服务器的 IP 地址，如 host='192.168.1.100'。

注意：设置为 IP 地址有可能会出现不可访问的情况，这时需要在 Windows PowerShell（管理员）窗口中执行 mysql -u root -p mysql 命令登录 MySQL 服务器，然后再执行如下命令即可。

```
mysql>use mysql;
mysql>update user set host='%' where user='root';
mysql>flush privileges;
mysql>quit
```

(2) user：访问数据库的用户名，该用户名是 MySQL 数据库系统里的用户，如 user='root'。

(3) password：访问数据库的用户名所对应的密码。

(4) db：连接 MySQL 服务器后打开的数据库名称，指定该参数时，要确保指定的数据库已经存在。

(5) port：MySQL 数据库在安装时设置的端口号，如 port=3306，该参数应该与位于 MySQL 安装文件夹中的初始化参数文件 mysql.ini 中的设置一致。

【例 10.7】 在例 10.6 创建好的数据库 students 中新建一个名为 info 的表，其字段结构如图 10-6 所示。

名	类型	长度	小数点	不是 null	虚拟	键
学号	varchar	10	0	✓	☐	🔑1
姓名	varchar	10	0	✓	☐	
性别	char	1	0	☐	☐	
出生日期	date	0	0	☐	☐	
专业	varchar	20	0	☐	☐	

图 10-6 info 表字段信息

程序代码：

```python
#L10.7 例 10.7
#导入 PyMySQL 模块
import pymysql
#创建连接
db=pymysql.connect(host='localhost',user='root',password='123',db='students',port=3306)
#获取游标对象
cursor=db.cursor()
#构造并执行创建数据库的 SQL 语句
sqlstr ='''create table info(
        学号 varchar(10) primary key not null,
        姓名 varchar(10) not null,
        性别 char(1),
        出生日期 date,
        专业 varchar(20))'''
try:
    cursor.execute(sqlstr)
    print('创建表成功')
except Exception as e:
    print(e)
    print('创建表失败')
finally:
    #关闭游标
    cursor.close()
    #关闭连接
    db.close()
```

2. 插入数据

向表中插入数据时,首先通过调用游标对象的 execute() 方法来执行插入数据的 SQL 语句,然后调用 commit() 方法提交事务,保证插入的数据写回数据库中。

【例 10.8】 从键盘向例 10.7 中创建的 students 数据库中的 info 表中输入学生信息,当输入学号为 0 时结束输入。

程序代码:

```
#L10.8 例 10.8
#导入 PyMySQL 模块
import pymysql
#创建连接
db=pymysql.connect(host='localhost',user='root',password='123',db='students',port=3306)
#获取游标对象
cursor=db.cursor()
while True:
    #用 5 个变量分别保存输入的数据,对应 info 表中的 5 个字段
    sno=input('请输入学号:(输入 0 退出程序)')
    if sno=='0':
        break
    sname=input('请输入姓名:')
    ssex=input('请输入性别:')
    sbirth=input('请输入生日:')
    sspeci=input('请输入专业:')

    #构造并执行 SQL 语句,注意 values 中的%s
    sqlstr ="insert into info values(%s,%s,%s,%s,%s)"
    try:
        cursor.execute(sqlstr,(sno,sname,ssex,sbirth,sspeci))
#提交事务
        db.commit()
        print('插入成功')
    except Exception as e:
        print(e)
        print('插入失败')
        #回退事务
        db.rollback()
        break
cursor.close()
db.close()
```

程序运行:

```
请输入学号:(输入 0 退出程序)190101001
请输入姓名:张珂
请输入性别:女
请输入生日:2001/8/6
请输入专业:计算机
```

```
插入成功
请输入学号：(输入 0 退出程序)190201001
请输入姓名：周南
请输入性别：男
请输入生日：2000/12/5
请输入专业：物理
插入成功
请输入学号：(输入 0 退出程序)0
>>>
```

本例中 insert 语句里使用了占位符%s 来接收从键盘输入的 5 个数据，这是访问 MySQL 数据库常用的一种方法。后续的示例中也会用到，请细心体会。

3. 修改数据

修改数据的方法与插入数据是一样的，只是所写的 SQL 语句不同而已。

【例 10.9】 将表 info 中姓名为张珂的学生的专业改为生命科学。

程序代码：

```python
#L10.9 例 10.9
#导入 PyMySQL 模块
import pymysql
#创建连接
db=pymysql.connect(host='localhost',user='root',password='123',db='students',port=3306)
#获取游标对象
cursor=db.cursor()
#构造并执行 SQL 语句
sqlstr ="update info set 专业='生命科学' where 姓名='张珂'"
try:
    cursor.execute(sqlstr)
    #提交事务
    db.commit()
    print('修改成功')
except Exception as e:
    print(e)
    print('修改失败')
    #回退事务
    db.rollback()
finally:
    cursor.close()
    db.close()
```

本例中的 update 语句还可以用格式化字符串的方式书写为：

```
sqlstr ="update info set 专业='%s' where 姓名='%s'"%('生命科学','张珂')
```

4. 删除数据

删除数据也是通过调用游标对象的 execute()方法来执行删除数据的 SQL 语句的，然后调用 commit()方法提交事务。

【例 10.10】 删除 info 表中物理专业的学生。

程序代码:

```python
#L10.10 例 10.10
#导入 PyMySQL 模块
import pymysql
#创建连接
db=pymysql.connect(host='localhost',user='root',password='123',db='students
',port=3306)
#获取游标对象
cursor=db.cursor()
#构造并执行 SQL 语句
sqlstr ="delete from info where 专业='物理'"
try:
    cursor.execute(sqlstr)
    #提交事务
    db.commit()
    print('删除成功')
except Exception as e:
    print(e)
    print('删除失败')
    #回退事务
    db.rollback()
finally:
    cursor.close()
    db.close()
```

5. 查询数据

对 MySQL 数据库进行数据查询时,首先通过调用游标对象的 execute()方法来执行数据查询的 SQL 语句,然后使用 fetchall()或 fetchone()方法返回查询结果。fetchall()方法每行记录为一个元组作为列表元素的数据集列表,fetchone()方法返回第一条记录的元组类型结果。

【例 10.11】 根据输入的专业名称,从 info 表中查询出相应学生的学号、姓名、专业。

程序代码:

```python
#L10.11 例 10.11
#导入 PyMySQL 模块
import pymysql
#创建连接
db=pymysql.connect(host='localhost',user='root',password='123',db='students',
port=3306)
#获取游标对象
cursor=db.cursor()
sspeci=input('请输入要查询的专业名称: ')
#构造并执行 SQL 语句
sqlstr ="select 学号,姓名,专业 from info where 专业=%s"
try:
```

```
        cursor.execute(sqlstr,(sspeci))
        res=cursor.fetchall()
        print("{: 8}{: 3}{: 20}".format('学号','姓名','专业'))
        for r in res:
            print(r[0],r[1],r[2])
except Exception as e:
    print(e)
    print('查询失败')
finally:
    cursor.close()
    db.close()
```

运行结果：

```
请输入要查询的专业名称：生命科学
学号            姓名    专业
190101001       张珂    生命科学
190101002       陈龙    生命科学
190101003       李想    生命科学
>>>
```

代码中执行了 SQL 语句后的 cursor 对象本身就是一个结果集，也可以直接使用如下的代码来快速查看查询结果，还可以自行测试一下 cursor.fetchone() 方法。

```
for row in cursor:
    print(row)
```

10.4　思考与练习

一、单选题

1. 下列(　　)是数据库系统的核心。

　　A. 数据库管理员　　　　　　　B. 数据库管理系统

　　C. 数据库　　　　　　　　　　D. 计算机硬件

2. 在关系数据库中，二维表中的一行被称作(　　)。

　　A. 字段　　　　B. 属性　　　　C. 记录　　　　D. 域

3. 若要取得"学生"数据表的所有记录及字段，下列(　　)的 SQL 是正确。

　　A. SELECT 姓名 FROM 学生

　　B. SELECT * FROM 学生

　　C. SELECT * FROM 学生 WHERE 学号=12

　　D. 以上皆不是

4. 如果需要在 SQLite3 的表中保存图片、视频等数据，通常设置其字段类型为(　　)。

　　A. 整数型　　　　B. 浮点型　　　　C. BLOB 型　　　　D. 通用型

5. Python 访问 MySQL 数据库的过程中，用于执行 SQL 语句的方法是(　　)。

　　A. connect()　　　B. fetchall()　　　C. commit()　　　D. execute()

6. SQL 用于限定分组查询条件的短语是(　　)。

　　A. order by　　　　B. group by　　　　C. having　　　　D. asc

7. 关于 SQLite3 的数据类型,下面说法中不正确的是(　　)。

　　A. SQLite3 数据库中,表的主键应为 integer 类型

　　B. SQLite3 的动态数据类型与其他数据库使用的静态类型是不兼容的

　　C. SQLite3 的表完全可以不声明列的类型

　　D. SQLite3 数据库支持日期类型

8. 下列选项中,不属于 sqlite3 模块中的对象是(　　)。

　　A. Sqlite3.Connect　　　　　　　　B. sqlite3.Cursor()

　　C. sqlite3.Row()　　　　　　　　　D. sqlite3.version()

二、操作题

1. 使用 Python 在 MySQL 数据库中创建如下图所示的职工表。

编号	姓名	性别	出生日期	政治面貌	技术职称
20030001	李强	男	1969-12-1	普通群众	副教授
20030002	张军	男	1975-5-9	中共党员	讲师
20030003	赵萍	女	1974-10-10	民主党派	高级工程师
20030004	范杰	男	1961-6-6	普通群众	教授
20030005	陈蓉	女	1982-8-6	中共党员	助理工程师
20030006	卢铭	男	1976-9-18	民主党派	副教授
20030007	华成	男	1981-5-5	普通群众	讲师
20040001	陈贵	女	1978-12-26	普通群众	高级工程师

2. 使用 Python 查询上题所建表格中教授和副教授的信息。

第 11 章 数据统计分析与可视化

Python 是一门应用十分广泛的程序设计语言，在数据科学领域具有显著的优势，也是数据科学领域的主流语言。

11.1 编程环境

NumPy、Pandas 和 Matplotlib 是属于 Python 的第三方库，使用前需要安装，如果使用的编程环境是 IDLE，那么在 Windows 环境下使用 NumPy 之前需要在 Windows PowerShell（管理员）中执行 pip install numpy 命令进行安装。实际上，更建议数据分析的初学者安装 Python 的 Anaconda 发行版来进行数据分析相关工作。原因在于 Anaconda 包含了众多流行的科学、数学、工程和数据分析的 Python 库，能够很好地进行库的管理，一旦安装好以后便可立即开始处理数据，便于数据分析人员能够专注于数据分析。本章的编程环境将在 Spyder（Anaconda3）中进行，接下来介绍编程环境的搭建。

11.1.1 安装 Anaconda

进入 Anaconda 官方网站 https://www.anaconda.com/distribution/可以下载适合自己的安装包，本书使用的版本是 Anaconda 2020.02 for Windows Installer Python3.7 version，如图 11-1 所示。Anaconda 安装完成以后，会在开始菜单的程序组中出现其程序项，如图 11-2 所示。

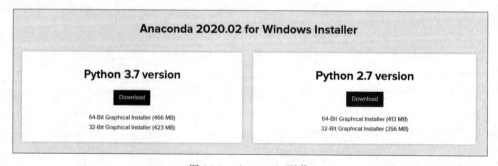

图 11-1　Anaconda 下载

图 11-2　Anaconda 程序项

11.1.2　编程环境简介

Anaconda Navigator 是一个 Python 各类工具的集成平台，也是包管理和环境管理的可视化平台，其界面如图 11-3 所示。

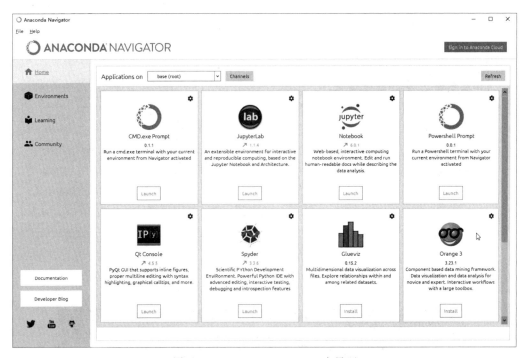

图 11-3　Anaconda Navigator 主界面

Spyder（Anaconda3）是一个功能强大的交互式 Python 语言开发环境，其界面由许多面板构成，主要包含 Editor、IPython Console、Variable explore、File explore 等，如图 11-4 所示。用户可以根据自己的要求，通过 View 选项，调整这些面板的布局，如图 11-5 所示。

本章的代码是在 Spyder 的 Editor 和 IPython Console 面板中测试运行的，其中 Editor 面板可以新建、打开、保存、编辑 Python 程序文件代码，类似于 IDLE 的程序文件编辑器窗口；IPython Console 面板是一个交互式编程环境，它类似于 IDLE 的 Shell，但功能强大很

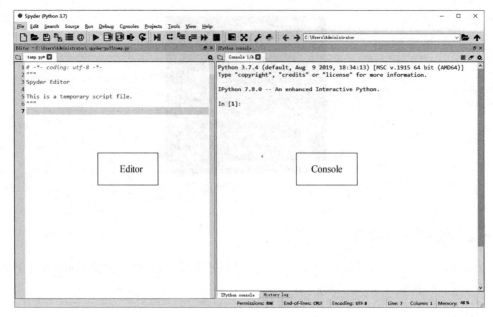

图 11-4　Spyder 主界面

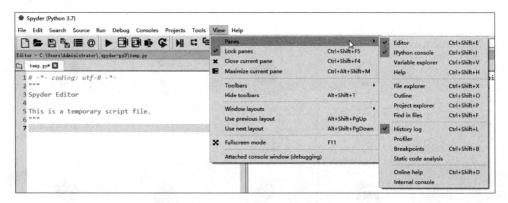

图 11-5　面板布局菜单

多,如图 11-6 所示。

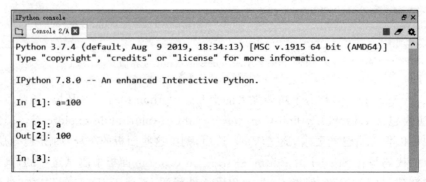

图 11-6　IPython Console 工作界面

11.2 科学计算库 NumPy

NumPy 是 Numericl Python 的简称,它是 Python 科学计算的基础包。NumPy 主要提供多维数组对象,以及用于数组快速操作的各种 API,它不但能够完成科学计算的任务,还可用于存储和处理大型矩阵。

NumPy 提供两类用于数据处理的基本对象:一个是用于存储同一类型数据的 ndarray (N-dimensional Array Object,N 维数组对象);另一个是能够对这个 ndarray 进行处理的 ufunc(Universal Function Object,通用函数对象)。本节将围绕它们进行讲解。

11.2.1 ndarray 数组

1. 创建数组

ndarray 是一个多维数组对象,它由实际的数据以及描述这些数据的元数据(数据维度、数据类型等)两部分构成,ndarray 一般要求所有元素的类型相同(同质)。对于 ndarray 数组而言,每一个线性的数组称为一个轴(axis),轴的数量称为秩(rank),即数组的维度,比如一维数组的秩为 1,二维数组的秩为 2,以此类推。ndarray 有一些基本属性,如表 11-1 所示。

表 11-1 ndarray 的主要属性

属　性	说　　明
ndim	秩,即轴的数量或维度的数量
shape	数组的尺寸,对于 n 行 m 列的矩阵,形状为(n,m)
size	数组元素的总个数,等于 shape 中的数字的乘积
dtype	数组元素的类型
itemsize	数组中每个元素的大小,以字节为单位

(1)通过列表或元组创建数组

NumPy 提供的 array()函数可以通过列表或元组创建一维或多维数组 ndarray,其语法格式如下:

```
numpy.array(object, dtype =None, copy =True, order =None, subok =False, ndmin =0)
```

array()函数的主要参数说明如表 11-2 所示。

表 11-2 array()函数的主要参数说明

参　数	说　　明
object	序列类型的数据源,如列表、元组等
dtype	数组元素的数据类型,如果未指定,则为保存数据对象的最小类型
ndmin	数组具有的最小维度,默认为 None

【例 11.1】 使用 array() 函数创建数组,数据来源为列表和元组,并查看数组的属性。
程序代码:

```
#L11.1 例 11.1
In [1]: import numpy as np              #导入 NumPy 库,设置其别名为 np
In [2]: a1=np.array([1,2,3,4])          #用列表创建一维数组
In [3]: a1
Out[3]: array([1, 2, 3, 4])

In [4]: print("数组 a1 的维度是{},形状是{}".format(a1.ndim,a1.shape))
数组 a1 的维度是 1,形状是(4,)

In [5]: print("a1 的总个数为{}个,元素的类型是{}".format(a1.size,a1.dtype))
a1 的总个数为 4 个,元素的类型是 int32

In [6]: a2=np.array([(1,2,3),(4,5,6)])  #由元组构成的列表创建二维数组
In [7]: a2
Out[7]:
array([[1, 2, 3],
       [4, 5, 6]])

In [8]: print("数组 a2 的维度是{},形状是{}".format(a2.ndim,a2.shape))
数组 a2 的维度是 2,形状是(2, 3)

In [9]: print("a2 的总个数为{}个,元素的类型是{}".format(a2.size,a2.dtype))
a2 的总个数为 6 个,元素的类型是 int32
```

上述代码创建了两个数组 a1 和 a2。a1 只有一个维度,它是一维数组;a2 有两个维度,第 0 轴(维度)的长度为 2(行数),第 1 轴(维度)的长度为 3(列数)。

创建数组时,也可以指定其最小维度,代码如下:

```
In [10]: a3=np.array([1,2,3,4],ndmin=2)
In [11]: a3
Out[11]: array([[1, 2, 3, 4]])

In [12]: print("数组 a3 的维度是{},形状是{}".format(a3.ndim,a3.shape))
数组 a3 的维度是 2,形状是(1, 4)

In [13]: print("a3 的总个数为{}个,元素的类型是{}".format(a3.size,a3.dtype))
a3 的总个数为 4 个,元素的类型是 int32
```

NumPy 极大地扩充了 Python 原生的数据类型,这样可以使用不同精度的数据类型使计算结果更为精确,有助于 NumPy 合理使用存储空间并优化性能,也有助于程序员合理评估程序规模,对科学计算极为有利。数组元素的基本数据类型说明如表 11-3 所示。

表 11-3 数组元素的基本数据类型

类 型	说 明
bool	布尔类型,取值为 True 或 False
intc	与 C 语言的 int 一致

续表

类 型	说 明
int8	1 字节长度的整数，取值范围是 $[-128, 127]$
int16	16 位长度的整数，取值范围是 $[-2^{15}, 2^{15}-1]$
int32	32 位长度的整数，取值范围是 $[-2^{31}, 2^{31}-1]$
int64	64 位长度的整数，取值范围是 $[-2^{63}, 2^{63}-1]$
uint8	8 位无符号整数，取值范围是 $[0, 255]$
uint16	16 位无符号整数，取值范围是 $[0, 2^{16}-1]$
uint32	32 位无符号整数，取值范围是 $[0, 2^{32}-1]$
uint64	64 位无符号整数，取值范围是 $[0, 2^{64}-1]$
float16	半精度浮点数，包括 1 个符号位，5 个指数位，10 个尾数位
float32	单精度浮点数，包括 1 个符号位，8 个指数位，23 个尾数位
float64	双精度浮点数，包括 1 个符号位，11 个指数位，52 个尾数位
complex64	复数，实部和虚部都是 32 位浮点数
complex128	复数，实部和虚部都是 64 位浮点数

创建数组时可以指定数组元素的数据类型，代码如下：

```
In [14]: a4=np.array([1,2,3,4],dtype=np.float16)

In [15]: a4
Out[15]: array([1., 2., 3., 4.], dtype=float16)

In [16]: print(a4.dtype)
float16
```

（2）使用 NumPy 的内建函数创建数组

NumPy 提供了很多专门用来创建 ndarray 数组的函数，这里列出一部分，如表 11-4 所示。

表 11-4 创建数组的常用函数

函 数	说 明
arange(start,stop,step)	类似于 Python 自带的 range() 函数
zeros(shape)	根据 shape 创建一个全 0 数组，shape 为元组类型数据
ones(shape)	根据 shape 创建一个全 1 数组，shape 为元组类型数据
full(shape,val)	根据 shape 创建一个元素值均为 val 的数组，shape 为元组类型数据
eye(n)	生成一个 n×n 的矩阵，主对角线的元素为 1，其余元素为 0
linspace(start,stop,n)	在 [start,stop] 之间平均生成 n 个元素的一维数组
random	利用 NumPy 的随机数模块生成数组

【例 11.2】 使用内建函数创建数组。
程序代码：

```
#L11.2 例 11.2
In [1]: import numpy as np              #导入 NumPy 库,设置其别名为 np
In [2]: a1=np.arange(10)                #创建一维数组
In [3]: a1
Out[3]: array([0, 1, 2, 3, 4, 5, 6, 7, 8, 9])

In [4]: a2=np.arange(10,20,2)           #创建一维数组,注意参数
In [5]: a2
Out[5]: array([10, 12, 14, 16, 18])

In [6]: a3=np.zeros((3,4))              #创建全 0 的二维数组,注意其元素类型
In [7]: a3
Out[7]:
array([[0., 0., 0., 0.],
       [0., 0., 0., 0.],
       [0., 0., 0., 0.]])

In [8]: a4=np.zeros((2,3,4))            #创建全 0 的三维数组
In [9]: a4
Out[9]:
array([[[0., 0., 0., 0.],
        [0., 0., 0., 0.],
        [0., 0., 0., 0.]],

       [[0., 0., 0., 0.],
        [0., 0., 0., 0.],
        [0., 0., 0., 0.]]])

In [10]: a5=np.ones((3,4))              #创建全 1 的二维数组,注意其元素类型
In [11]: a5
Out[11]:
array([[1., 1., 1., 1.],
       [1., 1., 1., 1.],
       [1., 1., 1., 1.]])

In [12]: a6=np.full((2,3),7)            #创建全 7 的二维数组
In [13]: a6
Out[13]:
array([[7, 7, 7],
       [7, 7, 7]])

In [14]: a7=np.eye(3)                   #创建类似于单位矩阵的二维数组
In [15]: a7
Out[15]:
array([[1., 0., 0.],
       [0., 1., 0.],
       [0., 0., 1.]])
```

```
In [16]: a8=np.linspace(1,10,4)
In [17]: a8                         #a8 是由 1 到 10 之间平均分成的 4 个元素组成的一维数组
Out[17]: array([ 1., 4., 7., 10.])

In [18]: a9=np.random.random(10)    #由 10 个随机数组成的成绩数组
In [19]: a9
Out[19]:
array([0.0514165 , 0.53649667, 0.00243108, 0.10180292, 0.32549245,
       0.93827183, 0.09267289, 0.31983037, 0.72237968, 0.03728779])

In [20]: aa=np.random.rand(2,3)     #生成服从均匀分布的随机数
In [21]: aa
Out[21]:
array([[0.99426581, 0.37911879, 0.72808583],
       [0.19431667, 0.54678286, 0.45402826]])

In [22]: ab=np.random.randn(2,3)    #生成服从正态分布的随机数
In [23]: ab
Out[23]:
array([[-0.66542097, -0.20275252, 1.86017521],
       [-0.39981423, -2.19463949, 0.08210828]])
```

2. 改变数组形态

在对数组进行操作时，可能需要改变数组的维度，也就是改变数组的"形态"。NumPy 也可以对数组进行组合与分割。NumPy 提供了一组函数可以完成上述功能，函数说明如表 11-5 所示。

表 11-5 改变数组形态与组合分割数组函数

函　数	说　明
reshape(shape)	不改变数据，生成一个 shape 形状的数组，原数组不变
swapaxes(ax1,ax2)	将数组 n 个维度中的两个维度进行调换
flatten()	对数组进行降维，返回折叠后的一维数组，原数组不变
concatenate()	将两个数组进行横向组合或纵向组合
hsplit()	对数组进行横向分割
vsplit()	对数组进行纵向分割

【例 11.3】 改变数组维度。

程序代码：

```
#L11.3 例 11.3
In [1]: import numpy as np          #导入 NumPy 库，设置其别名为 np
   ...: a=np.arange(12)
   ...: a
Out[1]: array([ 0, 1, 2, 3, 4, 5, 6, 7, 8, 9, 10, 11])
```

```
In [2]: a=a.reshape(3,4)                    #使用reshape()修改形状
   ...: a
Out[2]:
array([[ 0,  1,  2,  3],
       [ 4,  5,  6,  7],
       [ 8,  9, 10, 11]])

In [3]: a.swapaxes(0,1)                     #交换两个轴
Out[3]:
array([[ 0,  4,  8],
       [ 1,  5,  9],
       [ 2,  6, 10],
       [ 3,  7, 11]])

In [4]: a.flatten()                         #将a展平为一维数组
Out[4]: array([ 0,  1,  2,  3,  4,  5,  6,  7,  8,  9, 10, 11])

In [5]: a=a.reshape(3,4)
   ...: b=np.ones((3,4))

In [6]: c=np.concatenate((a,b))             #沿0轴组合a、b
   ...: c
Out[6]:
array([[ 0.,  1.,  2.,  3.],
       [ 4.,  5.,  6.,  7.],
       [ 8.,  9., 10., 11.],
       [ 1.,  1.,  1.,  1.],
       [ 1.,  1.,  1.,  1.],
       [ 1.,  1.,  1.,  1.]])

In [7]: d=np.concatenate((a,b),axis=1)      #沿1轴组合a、b
   ...: d
Out[7]:
array([[ 0.,  1.,  2.,  3.,  1.,  1.,  1.,  1.],
       [ 4.,  5.,  6.,  7.,  1.,  1.,  1.,  1.],
       [ 8.,  9., 10., 11.,  1.,  1.,  1.,  1.]])

In [8]: e=np.hsplit(d,2)                    #将数组d横向切成两个数组
   ...: e
Out[8]:
[array([[ 0.,  1.,  2.,  3.],
       [ 4.,  5.,  6.,  7.],
       [ 8.,  9., 10., 11.]]), array([[ 1.,  1.,  1.,  1.],
       [ 1.,  1.,  1.,  1.],
       [ 1.,  1.,  1.,  1.]])]

In [9]: f=np.vsplit(c,3)                    #将数组c纵向切成三个数组
   ...: f
Out[9]:
[array([[ 0.,  1.,  2.,  3.],
```

```
       [4., 5., 6., 7.]]), array([[ 8., 9., 10., 11.],
       [1., 1., 1., 1.]]), array([[1., 1., 1., 1.],
       [1., 1., 1., 1.]])]
```

注意：reshape()函数并不改变原数组的形态，因此，往往会在创建数组时将其与其他函数一起使用。

11.2.2 数组索引与切片

数组索引是指获取数组中指定位置的元素的过程，切片是指获取数组元素子集的过程。在 Python 的列表、字符串等数据类型中，均有索引与切片的操作。一维数组的索引与切片与列表十分类似，多维数组的每一个维度都有一个索引，各维度的索引之间用逗号分隔。

【例 11.4】 对一维数组进行索引与切片。

```
#L11.4 例 11.4
In [1]: import numpy as np      #导入 NumPy 库,设置其别名为 np
   ...: a=np.arange(10)
   ...: print(a)
[0 1 2 3 4 5 6 7 8 9]

In [2]: print(a[6])
6

In [3]: print(a[2: 6])
[2 3 4 5]

In [4]: print(a[: 6])
[0 1 2 3 4 5]

In [5]: print(a[1: -1: 2])
[1 3 5 7]
```

【例 11.5】 对多维数组进行索引与切片。

```
#L11.5 例 11.5
In [1]: import numpy as np      #导入 NumPy 库,设置其别名为 np
   ...: a=np.arange(12).reshape(3,4)
   ...: print(a)
[[ 0  1  2  3]
 [ 4  5  6  7]
 [ 8  9 10 11]]
#二维数组索引与切片
In [2]: print(a[1,2])
6

In [3]: print(a[1,1: 3])
[5 6]
```

```
In [4]: print(a[:,-1])
[ 3 7 11]
#三维数组索引与切片
In [5]: b=np.arange(24).reshape(2,3,4)
   ...: print(b)
[[[ 0  1  2  3]
  [ 4  5  6  7]
  [ 8  9 10 11]]

 [[12 13 14 15]
  [16 17 18 19]
  [20 21 22 23]]]

In [6]: print(b[0,1,2])
6

In [7]: print(b[0,1:,2:])
[[ 6  7]
 [10 11]]

In [8]: print(b[:,1:,2:])
[[[ 6  7]
  [10 11]]

 [[18 19]
  [22 23]]]
```

11.2.3 数组运算

1. 算术运算

NumPy 中的算术运算是按数组的对应元素来进行的,通常要求进行运算的两个数组的形状应该相同。NumPy 支持 Python 的＋、－、*、/、**以及％运算符,同时还提供 add( )、subtract( )、multiply( )、divide( )、power( )、mod( )等计算函数以及常用的数学函数如 abs( )、sqrt( )、log( )、exp( )、sin( )、cos( )等。数组也能够按元素与标量进行算术运算,其结果仍然是一个数组。

【例 11.6】 数组的算术运算示例。

```
#L11.6 例 11.6
In [1]: import numpy as np              #导入 NumPy 库,设置其别名为 np
   ...: a=np.arange(10,22,2).reshape(2,3)
   ...: b=np.full((2,3),2)
   ...: a
Out[1]:
array([[10, 12, 14],
       [16, 18, 20]])

In [2]: b
```

```
Out[2]:
array([[2, 2, 2],
       [2, 2, 2]])

In [3]: a-5                          #数组 a 减标量 5
Out[3]:
array([[ 5,  7,  9],
       [11, 13, 15]])

In [4]: a+b                          #数组相加
Out[4]:
array([[12, 14, 16],
       [18, 20, 22]])

In [5]: a**b                         #乘幂
Out[5]:
array([[100, 144, 196],
       [256, 324, 400]], dtype=int32)

In [6]: np.multiply(a,b)             #数组相乘,注意对应元素相乘
Out[6]:
array([[20, 24, 28],
       [32, 36, 40]])

In [7]: np.sqrt(a)                   #数组 a 开平方根
Out[7]:
array([[3.16227766, 3.46410162, 3.74165739],
       [4.        , 4.24264069, 4.47213595]])
```

上例中数组的乘法是按照对应元素相乘的方式来计算的,NumPy 提供了一个函数 dot(),可按照矩阵相乘的原则对两个二维数组相乘。示例如下:

```
In [8]: a=np.arange(6).reshape(2,3)
   ...: b=np.full((3,2),2)
   ...: a
Out[8]:
array([[0, 1, 2],
       [3, 4, 5]])

In [9]: b
Out[9]:
array([[2, 2],
       [2, 2],
       [2, 2]])

In [10]: np.dot(a,b)
Out[10]:
array([[ 6,  6],
       [24, 24]])
```

2. 比较运算

NumPy 提供的比较运算符包括：>、<、==、>=、<=、!=。比较运算返回的结果是一个布尔数组，其形状与参与运算的数组相同。

【例 11.7】 数组的比较运算示例。

```
#L11.7 例 11.7
In [1]: import numpy as np          #导入 NumPy 库,设置其别名为 np
   ...: a=np.array([1,3,5,7,9])
   ...: b=np.array([1,2,5,6,9])
   ...: a
Out[1]: array([1, 3, 5, 7, 9])

In [2]: b
Out[2]: array([1, 2, 5, 6, 9])

In [3]: a>b
Out[3]: array([False,  True, False,  True, False])

In [4]: a==b
Out[4]: array([ True, False,  True, False,  True])
```

3. 广播机制

当对不同形状的数组执行算术运算时，会触发广播机制，其基本计算原则如下。

(1) 让所有参与计算的数组都向其中形状最长的数组看齐，形状中不足的部分都通过在前面加 1 补齐。

(2) 结果数组的形状是参与计算的各数组形状在各个维度上的最大值。

(3) 如果参与计算的数组的某个维度和结果数组的对应维度的长度相同或者其长度为 1 时，这个数组能够用来计算，否则出错。

(4) 当参与计算的数组的某个维度的长度为 1 时，沿着此维度运算时都用此维度上的第一组值。

下列是能够使用广播机制计算的形状示例：

```
A      (2d 数组):  3 x 4              A      (2d 数组):  3 x 4
B      (1d 数组):      1              B      (1d 数组):      4
结果    (2d 数组):  3 x 4              结果    (2d 数组):  3 x 4


A      (3d 数组):  2 x 3 x 4          A      (4d 数组):  5 x 1 x 3 x 1
B      (3d 数组):      3 x 4          B      (3d 数组):      4 x 1 x 2
结果    (3d 数组):  2 x 3 x 4          结果    (4d 数组):  5 x 4 x 3 x 2
```

以下是不能够使用广播机制计算的形状示例：

```
A      (1d 数组):  3
B      (1d 数组):  4              #A 与 B 对应维度的长度不同
```

```
A    (2d 数组):      2 × 1
B    (3d 数组): 8 × 4 × 3        #第 2 维上的长度不同,一个为 2,一个为 4
```

【例 11.8】 数组的广播机制示例。

```
#L11.8 例 11.8
In [1]: import numpy as np           #导入 NumPy 库,设置其别名为 np
   ...: a=np.arange(12).reshape(3,4)
   ...: b=np.array([1,2,3,4])
   ...: a
Out[1]:
array([[ 0,  1,  2,  3],
       [ 4,  5,  6,  7],
       [ 8,  9, 10, 11]])

In [2]: b
Out[2]: array([1, 2, 3, 4])

In [3]: a+b
Out[3]:
array([[ 1,  3,  5,  7],
       [ 5,  7,  9, 11],
       [ 9, 11, 13, 15]])

In [4]: c=np.arange(3).reshape(3,1)
   ...: c
Out[4]:
array([[0],
       [1],
       [2]])

In [5]: a+c
Out[5]:
array([[ 0,  1,  2,  3],
       [ 5,  6,  7,  8],
       [10, 11, 12, 13]])
```

可以用图示来更好地说明例 11.8 的广播机制,如图 11-7 所示。

11.2.4 文件操作

NumPy 可以将 ndarray 数组以二进制文件的形式保存起来,其扩展名为 npy。npy 文件中包含存储重建 ndarray 所需的数据、图形、dtype 和其他信息。同时,NumPy 还具有读写文本文件、CSV(comma-separated values,逗号分隔值)文件的功能。这些文件读写操作是通过一系列函数来完成的,其说明如表 11-6 所示。

图 11-7　例 11.8 的广播机制

表 11-6　文件操作函数说明

函　　数	说　　明
save(fname,array)	将 array 保存为.npy 格式的二进制文件。
load(fname)	从.npy 文件中加载数组。
savetxt(fname,array,fmt,delimiter)	将数组保存到文本文件。
loadtxt(fname,dtype,delimiter)	从文本文件加载数据。

1. save()函数主要参数说明

fname：要保存的文件，扩展名为 npy，如果文件路径末尾没有扩展名，则该扩展名会被自动加上。

array：要保存的数组。

2. load()函数主要参数说明

fname：要读取的文件名。

3. savetxt()函数主要参数说明

fname：文件名。

array：要保存的数组。

fmt：写入文件的格式，如%d、%.2f。

delimiter：可以指定各种分隔符，默认是空格。

4. loadtxt()函数主要参数说明

fname：文件名。

dtype：数据类型，可选。

delimiter：可以指定各种分隔符，默认是空格。

【例 11.9】NumPy 的文件访问示例。

```
#L11.9 例 11.9
In [1]: import numpy as np
   ...: a=np.arange(12).reshape(3,4)
```

```
   ...:             #将数组a保存到文件fa.npy中
   ...: np.save(r"fa",a)
   ...:             #从文件fa.npy中读取数据到数组b
   ...: b=np.load(r"C:\Users\Administrator\fa.npy")
   ...: b
Out[1]:
array([[ 0, 1, 2, 3],
       [ 4, 5, 6, 7],
       [ 8, 9, 10, 11]])

In [2]: c=np.arange(0,1,0.05).reshape(4,5)
   ...:             #将数组c保存到文件fc.csv中
   ...: np.savetxt("fc.csv",c,fmt='%.1f',delimiter=',')
   ...:             #从文件fc.csv中读取数据到数组d
   ...: d=np.loadtxt("fc.csv",delimiter=',')
   ...: d
Out[2]:
array([[0. , 0.1, 0.1, 0.2, 0.2],
       [0.2, 0.3, 0.4, 0.4, 0.5],
       [0.5, 0.6, 0.6, 0.7, 0.7],
       [0.8, 0.8, 0.9, 0.9, 1. ]])
```

11.2.5 统计分析函数

NumPy 具有强大的统计功能，提供了众多的统计分析函数，如表 11-7 所示。

表 11-7 NumPy 的常用统计分析函数

函 数	说 明
amin(a,axis=None)	计算数组中的元素沿指定轴的最小值
amax(a,axis=None)	计算数组中的元素沿指定轴的最大值
ptp(a,axis=None)	计算数组中元素最大值与最小值的差
median(a,axis=None)	计算数组中元素的中位数
mean(a,axis=None)	返回数组中元素的算术平均值，如果指定了轴，则沿其计算
average(a,axis=None,weights=None)	根据在 weights 中给出的各自的权重，计算数组中元素的加权平均值
std(a,axis=None)	根据给定轴 axis 计算数组相关元素的标准差
var(a,axis=None)	根据给定轴 axis 计算数组相关元素的方差

表 11-7 中，axis 是绝大多数统计函数的标配参数，该参数通常可选，在对二维数组进行计算时需要注意：当参数 axis 为 0 时，表示沿纵轴进行计算；当参数 axis 为 1 时，表示沿横轴进行计算；当不指定时，函数不按照任一轴向计算，而是计算一个总值。

【例 11.10】 NumPy 的统计函数示例。

程序代码：

```
#L11.10 例 11.10
In [1]: import numpy as np
   ...: a=np.arange(12).reshape(3,4)
   ...: a
Out[1]:
array([[ 0,  1,  2,  3],
       [ 4,  5,  6,  7],
       [ 8,  9, 10, 11]])

In [2]: print("数组 a 的最小值是: ",np.amin(a))
   ...: print("数组 a 沿纵轴(每列)的最小值是: ",np.amin(a,axis=0))
   ...: print("数组 a 沿横轴(每行)的最小值是: ",np.amin(a,axis=1))
数组 a 的最小值是: 0
数组 a 沿纵轴(每列)的最小值是: [0 1 2 3]
数组 a 沿横轴(每行)的最小值是: [0 4 8]

In [3]: np.ptp(a)
Out[3]: 11

In [4]: np.ptp(a,axis=0)
Out[4]: array([8, 8, 8, 8])

In [5]: b=np.array([0.1,0.11,0.12,0.13,0.14,0.11,100])
   ...: print("数组 b 的中位数是: ",np.median(b))
   ...: print("数组 b 的算术平均值是: ",np.mean(b))
数组 b 的中位数是: 0.12
数组 b 的算术平均值是: 14.387142857142857

In [6]: a=np.array([2,1,2,3,2,2,2,1])
   ...: b=np.array([2,-100,2,3,2,2,2,100])
   ...:                  #注意 a 和 b 的方差差别很大
   ...: print("数组 a 的方差为",np.var(a))
   ...: print("数组 b 的方差为",np.var(b))
数组 a 的方差为 0.359375
数组 b 的方差为 2500.984375
```

代码的说明如下。

In[6]分别计算了数组 a 和 b 的方差。方差和标准差是测算离散趋势最重要、最常用的指标,统计中的方差(样本方差)是每个样本值与全体样本值的平均数之差的平方值的平均数。方差越大,数据的波动越大,方差越小,数据的波动就越小。NumPy 中的方差的计算表达式为 mean((x—x.mean())** 2)。标准差是方差的算术平方根,NumPy 中的计算表达式为 sqrt(mean((x—x.mean())**2))。

11.3 数据可视化库 Matplotlib

11.3.1 Matplotlib 概览

Matplotlib 是 Python 2D 绘图领域使用最广泛的套件之一。通过 Matplotlib，开发者仅需要几行代码就能轻松地将数据图形化，并且可提供多样化的输出格式。Matplotlib 一般可绘制折线图、散点图、柱状图、饼图、直方图、子图等。Matplotlib 中应用最广泛的是 matplotlib.pyplot 模块，它是一个命令风格函数的集合，使 Matplotlib 的机制与 MATLAB 十分接近。本节将以 matplotlib.pyplot 为基础，介绍 Matplotlib 的基本绘图方法。

1. 绘图流程

使用 matplotlib.pyplot 库绘图，原理很简单，其基本流程如图 11-8 所示。

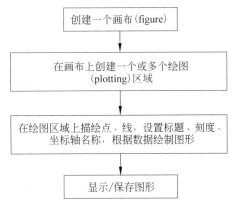

图 11-8　matplotlib.pyplot 绘图基本流程

2. 简单绘图

【例 11.11】绘制 y=2x(0≤x≤3)的函数图形。

程序代码：

```
#L11.11 例 11.11
In [1]: import numpy as np
   ...: import matplotlib.pyplot as plt        #通常设置其别名为 plt
   ...: x=np.linspace(0,3,50)                  #使用 NumPy 生成 x
   ...: y=2*x                                  #计算 y
   ...: plt.plot(x,y)                          #使用 plot 函数绘制图形
   ...: plt.show()                             #显示
```

代码的说明如下。

程序运行结果如图 11-9 所示。程序首先导入 Numpy 和 matplotlib.pyplot，图形绘制需要利用到 pyplot 的两个重要函数，即 plt.plot()和 plt.show()。程序通过 Numpy 的 linspace()函数生成绘图所需的数据。

如果需要绘制更多函数图形，可以再次调用 plt.plot()函数，或者在 plt.plot()函数中写出两组 x、y。示例代码如下，程序运行结果如图 11-10 所示。

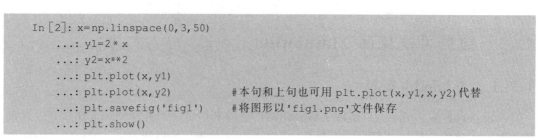

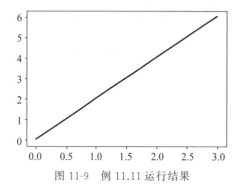

图 11-9　例 11.11 运行结果

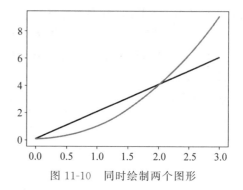

图 11-10　同时绘制两个图形

11.3.2　绘图参数

例 11.11 给出了简单的绘图示例，Matplotlib 还提供了很多函数来丰富图形的内容，包括对画布大小、线形、轴线范围、刻度、标注、图例的设置。

1. 设置画布大小与线形

figure() 函数用于设置画布大小。其常用格式为 figure(figsize=(a,b),dpi=None)，其中 figsize 用于设置画布的大小；a 为画布的宽；b 为画布的高；单位为英寸。dpi 为设置图形每英寸的点数。

plot() 函数用于绘制坐标图形，其常用格式为 plt.plot(x, y, format_string, **kwargs)。其中 x,y 是坐标点的序列，x 可以省略；format_string 通过字符组合来设置图形线条的颜色、线型和标记；当需要绘制更多线条时，**kwargs 用于设置第二组或更多 (x,y,format_string)。

format_string 常用的颜色字符说明如表 11-8 所示。

表 11-8　常用的线条颜色字符

颜色字符	说　　明	颜色字符	说　　明
'b'	蓝色	'r'	红色
'c'	青绿色	'w'	白色
'g'	绿色	'y'	黄色
'k'	黑色	'0.8'	灰度值字符串
'm'	洋红色	'#80FC01'	RGB 某颜色

format_string 常用的线型字符说明如表 11-9 所示。

表 11-9 常用的线条线型字符

线型字符	说　明
'—'	实红
'— —'	长虚线
':'	短虚线
'—.'	点画线

format_string 常用的标记字符说明如表 11-10 所示。

表 11-10 常用的线条标记字符

标记字符	说　明	标记字符	说　明
'1'	下花三角	'.'	点
'2'	上花三角	's'	正方形
'3'	左花三角	'o'	圆圈
'4'	右花三角	'D'	菱形
'v'	倒三角形	'd'	小菱形
'^'	上三角形	'p'	五边形
'>'	右三角形	'h'	竖六边形
'<'	左三角形	'H'	横六边形
'+'	加号	'8'	八边形
'*'	星号	'|'	竖线

【例 11.12】 在一张大小为 5 * 3 英寸的画布上绘制 sin(x) 与 cos(x) 函数图形,画布 dip 设置为 150 像素,sin(x) 为红色长虚线,cos(x) 为绿色点画线。

程序代码:

```
#L11.12 例 11.12
In [1]: import numpy as np
   ...: import matplotlib.pyplot as plt
   ...: x=np.linspace(-np.pi,2*np.pi,50)
   ...: y1=np.sin(x)
   ...: y2=np.cos(x)
   ...: plt.figure(figsize=(5,3),dpi=150)        #设置画布
   ...: plt.plot(x,y1,'r--',x,y2,'g-.')          #注意绘图参数
   ...: plt.show()
```

程序的运行效果如图 11-11 所示。

2. 设置图形的各类标签与图例

Pyplot 提供了一系列函数用于设置标题、坐标轴名称、图例等各类标签,这些函数的说

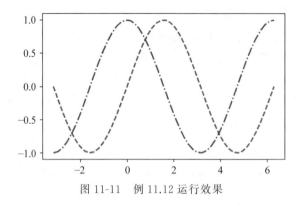

图 11-11　例 11.12 运行效果

明如表 11-11 所示。

表 11-11　图形的常用设置函数

函　　数	说　　明	函　　数	说　　明
title()	设置图形的标题	xticks()	设置 x 轴刻度的数目与取值
xlabel()	设置 x 轴的名称	yticks()	设置 y 轴刻度的数目与取值
ylabel()	设置 y 轴的名称	annotate()	设置图形中的标注
xlim()	设置 x 轴的范围	legend()	设置图例
ylim()	设置 y 轴的范围		

【例 11.13】　为例 11.12 的两个函数设置更多的标签。

程序代码：

```
#L11.13 例 11.13
In [1]: import numpy as np
   ...: import matplotlib.pyplot as plt
   ...: x=np.linspace(-np.pi,2*np.pi,50)
   ...: y1=np.sin(x)
   ...: y2=np.cos(x)
   ...: plt.figure(figsize=(5,3),dpi=150)
   ...: plt.plot(x,y1,'r--',x,y2,'g-.')
   ...: plt.title("sin(x),cos(x)")
   ...:                      #注意下面设置 x 轴的名称显示中文的方法
   ...: plt.xlabel("x 轴",fontproperties='kaiti')
   ...: plt.ylabel("y")
   ...:                      #设置 x 轴和 y 轴的刻度,注意和例 11-12 对比
   ...: plt.xlim((-4,7))
   ...: plt.ylim((-1.5,1.5))
   ...:                      #设置图例的内容、位置和文字大小
   ...: plt.legend(['y1=sin(x)','y2=cos(x)'],loc='upper left',fontsize=8)
   ...: plt.show()
```

程序的运行效果如图 11-12 所示。

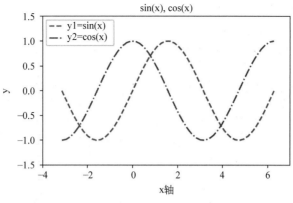

图 11-12　例 11.13 运行效果

图 11-12 中, x 轴的刻度是用整数来表示的, 可以用 xticks() 函数来重新设置其刻度, 在例 11.13 中添加以下代码：

```
#生成 x 轴上的新刻度值
xnewticks=np.linspace(-np.pi,2*np.pi,7)
#设置 x 轴上新刻度的显示值,该参数可选。注意 Latex 转义字符串的写法
xnewtickslab=[r'$-\pi$',r'$-\pi/2$',r'$0$',r'$\pi/2$',r'$\pi$',r'$3/2\pi$',r'$2\pi$']
plt.xticks(xnewticks,xnewtickslab)
```

运行效果如图 11-13 所示。

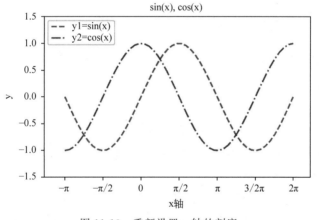

图 11-13　重新设置 x 轴的刻度

绘图时, 有时需要对图像中的关键点进行标注以示强调, 可以使用 annotate() 函数完成此功能, 该函数的基本格式如下：

```
annotate(s, xy=arrow_crd, xytext=text_crd, arrowprops=dict)
```

参数的说明如下。

s：标注的字符串内容。

xy：箭头的起始位置坐标, 元组类型。

xytext：标注字符串的起始位置坐标,元组类型。

arrowprops：箭头的样式属性,字典类型。

下面的代码可以对图 11-13 中的 sin(x)增加一个标注,运行效果如图 11-14 所示。

```
t=2*np.pi/3
plt.annotate(r'$\sin(\frac{2\pi}{3})=\frac{\sqrt{3}}{2}$',
        xy=(t, np.sin(t)), xytext=(3.14, 1),
        arrowprops=dict(arrowstyle="->", connectionstyle="arc3,rad=.2"))
```

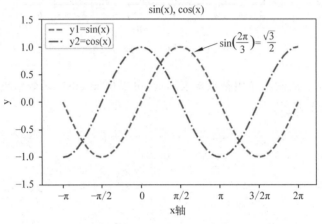

图 11-14 为 sin(x)增加标注

3. 绘制子图

matplotlib 的一个画布中可以使用 subplot()函数绘制多个子图,其基本命令格式如下：

```
subplot(numRows, numCols, plotNum)
```

参数的说明如下。

画布区域被划分成 numRows 行和 numCols 列,总共有 n＝numRows * numCols 个区域,每个区域按从上到下、从左到右进行编号(编号为 1～n),plotNum 指定创建的图形所在的区域编号。如 subplot(2,3,5)表示将画布区域划分成 2 * 3 个绘图区,图形将在第 5 个区域进行绘制,如图 11-15 所示。

(1, 1) subplot(2,3,1)	(1, 2) subplot(2,3,2)	(1, 3) subplot(2,3,3)
(2, 1) subplot(2,3,4)	(2, 2) subplot(2,3,5)	(2, 3) subplot(2,3,6)

图 11-15 subplot 参数位置

【例 11.14】 在一块画布上绘制 4 个图像。

程序代码：

```
#L11.14 例 11.14
In [1]: import numpy as np
   ...: import matplotlib.pyplot as plt
   ...: x=np.linspace(-3,3,50)
   ...: y1=2*x+1
   ...: y2=x**2
   ...: y3=2*np.cos(x)
   ...: y4=np.exp(x)
   ...:              #将画布均分为4个部分,并分别绘制函数图像
   ...: plt.subplot(2,2,1)
   ...: plt.plot(x,y1,'r')
   ...: plt.subplot(2,2,2)
   ...: plt.plot(x,y2,'g')
   ...: plt.subplot(2,2,3)
   ...: plt.plot(x,y3,'b')
   ...: plt.subplot(2,2,4)
   ...: plt.plot(x,y4,'y')
   ...: plt.show()
```

本例使用 subplot() 函数将画布均分为 4 个部分，分别绘制了 4 个函数图像，运行结果如图 11-16 所示。

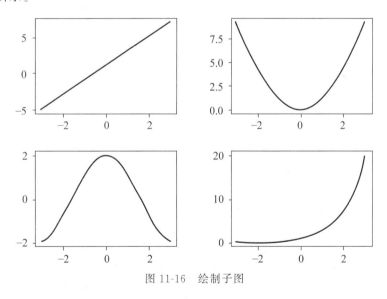

图 11-16　绘制子图

11.3.3　绘制常用统计图

matplotlib.pyplot 模块还提供了许多函数用于绘制不同类型的图形，以便更好地展示数据，这些常用的绘图函数如表 11-12 所示。

表 11-12 常用绘图函数

函　　数	说　　明
bar(left,height,width,bottom)	绘制条形图
barh(width,bottom,left,height)	绘制横向条形图
pie(data,explode)	绘制饼图
hist(x,bins)	绘制直方图
scatter(x,y)	绘制散点图
step(x,y,where)	绘制步阶图
polar(theta,r)	绘制极坐标图

从表 11-12 可以看出，matplotlib.pyplot 模块提供的绘图函数种类繁多、参数复杂，具体使用时可查阅用户手册。在应用层面，初学者更应该了解不同图形在展示数据方面的特点，从而能够选择恰当的图形来展示数据。以下介绍两种常用的图形绘制方法。

1. 饼图

饼图是一个划分为几个扇形的圆形统计图，它在展现以百分比的形式呈现数据时特别有用，可以很清晰地看出各类别之间的大小关系，以及各类别占总体的比例。饼图主要利用 plt.pie() 函数进行绘制，其常用的参数说明如下。

data：参数 data 主要定义了饼状图的数据分布，代码定义了 4 个数据，和为 100，这是正好的情况，假如 4 个数据和不等于 100，则程序自动计算各个数据在占据整体的百分比。

color：参数 color 可以根据颜色全称定义，也可以根据颜色的十六进制编码定义颜色。

labels：参数 labels 定义区域名称。

explode：参数 explode 定义部分区域偏移距离。

autopct：扇形区域数据表示格式，控制输出格式内容与 print() 控制输出数据格式长度及保留位数方法相同。

shadow：是否显示阴影。

startangle：表示饼状图以 x 轴为基准轴逆时针旋转角度，一般设置从 90°开始比较好看。

绘制饼图的示例代码如下：

```
In [1]: import matplotlib.pyplot as plt
   ...: plt.rcParams['font.family']='SimHei'    #用于正常显示中文标签
   ...: label='一季度','二季度','三季度','四季度'   #设置标签
   ...: data=[15, 30, 45, 10]                   #占比,和为100
   ...: color=['yellowgreen', 'gold', 'lightskyblue', 'lightcoral']
   ...: explode=(0, 0, 0.1, 0)                  #展开第三个扇形,间距为0.1
   ...: plt.pie(data,explode=explode,labels=label,colors=color,autopct='%1.1
      f%%',shadow=True,startangle=90)
   ...: #startangle控制饼状图的旋转方向
   ...: plt.axis('equal')                       #保证饼状图是正圆,否则会有一点角度偏斜
   ...: plt.show()
```

代码运行效果如图 11-17 所示。

2. 直方图

直方图（histogram）经常被用在统计学领域，用于描述一组数据的频次分布，例如把年龄分成 0～5,5～10,……,80～85 共 17 个组，统计某地区人口年龄的分布情况。直方图有助于了解数据的分布情况，诸如众数、中位数的大致位置，数据是否存在缺口或者异常值。hist()函数用于绘制直方图，其常用的参数说明如下。

x：数据源，通常为数组类型的数据。

bins：设置条状的个数。

density：设置密度，也就是每个条状图的占比例比，默认为 1。

histtype：设置直方图的类型，其值为{'bar', 'barstacked', 'step', 'stepfilled'}中的一个。

color：设置直方图的颜色。

绘制直方图的示例代码如下：

```
In [1]: import matplotlib.pyplot as plt
   ...: import numpy as np
   ...: np.random.seed(7)
   ...: mu,sigma=100,15              #均值与标准差
   ...:       #x来自正态分布的随机数
   ...: x=np.random.normal(mu,sigma,size=100)
   ...: plt.hist(x,40,density=1,histtype='bar',color='b',alpha=0.5)
   ...: plt.title('直方图',fontproperties='SimHei')
   ...: plt.show()
```

代码运行效果如图 11-18 所示。

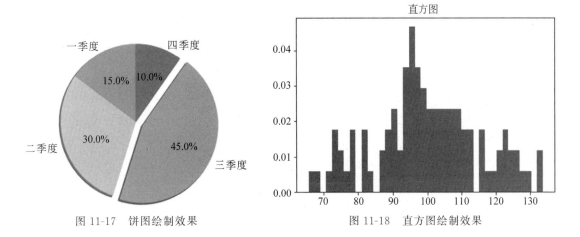

图 11-17　饼图绘制效果　　　　　图 11-18　直方图绘制效果

11.4　数据分析库 Pandas

Pandas 是基于 NumPy 的 Python 核心数据分析支持库，它提供了快速、灵活、明确的数据结构，旨在简单、直观地处理关系型、标记型数据。Pandas 的主要数据结构是 Series（一

维数据)与 DataFrame(二维数据),这两种数据结构足以处理金融、统计、社会科学、工程等领域里的大多数典型用例。

11.4.1 Series 类型

1. 创建 Series

Series 是由一组数据以及与之相关的索引组成的一维数组系列。Pandas 使用 Series(data,index=idx)函数对其进行创建,其中 data 为数据源,如一维列表、一维 ndarray 等;index 为索引,如果未指定,默认值为 range(0,len(data))。创建 Series 的简单示例代码如下:

```
In [1]: import pandas as pd          #导入 Pandas 库,设置其别名为 pd
   ...: s=pd.Series([2,4,6,8])
In [2]: s
Out[2]:
0    2
1    4
2    6
3    8
dtype: int64
```

以上代码使用了 Python 列表来创建 Series,系统自动为这 4 个数据指定了索引 0~3。可以使用 index 参数为其指定索引,代码如下:

```
In [3]: s=pd.Series([2,4,6,8],index=['a','b','c','d'])
In [4]: s
Out[4]:
a    2
b    4
c    6
d    8
dtype: int64

In [5]: s.index          #返回 s 的索引,注意其类型为 object
Out[5]: Index(['a', 'b', 'c', 'd'], dtype='object')

In [6]: s.values         #返回 s 的值,注意其类型为 ndarray
Out[6]: array([2, 4, 6, 8], dtype=int64)

In [7]: s['a']           #通过索引访问数据
Out[7]: 2

In [8]: s[1]             #也可以通过自动索引访问数据
Out[8]: 4
```

上述代码为 Series 类型的变量 s 指定了索引,可以通过 index 查看其索引值,通过 values 查看其数据值,变量 s 中的数据访问是通过索引来实现的。Pandas 还可以使用 Python 字典、一维 ndarray、单个标量值等数据类型来创建 Series。

【例 11.15】 分别使用 Python 字典、NumPy 的 ndarray、单个标量值和 range() 函数创建 Series。

程序代码与运行结果：

```
#L11.15 例 11.15
In [1]: import pandas as pd
   ...: import numpy as np
In [2]: a=pd.Series({'a':1,'b':2,'c':3})
In [3]: a           #通过 Python 字典创建
Out[3]:
a    1
b    2
c    3
dtype: int64

In [4]: b=pd.Series(np.random.randint(10,50,6))
In [5]: b           #通过 ndarray 创建
Out[5]:
0    14
1    45
2    19
3    26
4    35
5    29
dtype: int32

In [6]: c=pd.Series(88,index=['a','b','c','d'])
In [7]: c           #通过标量值创建
Out[7]:
a    88
b    88
c    88
d    88
dtype: int64

In [8]: d=pd.Series(range(5),index=np.arange(8,3,-1))
In [9]: d           #通过 range() 函数创建
Out[9]:
8    0
7    1
6    2
5    3
4    4
dtype: int64
```

程序说明：

本例中的变量 a 通过 Python 字典创建，字典的键即为变量 a 的索引，字典的值即为变量 a 的值；变量 b 通过 ndarray 创建，没有指定索引，索引则自动建立；变量 c 通过标量值 88 创建，由于有 5 个元素，因此必须指定索引；变量 d 通过 range() 函数创建，可以指定索引，也可以不指定索引,本例中为其指定了索引。

2. Series 的基本操作

Pandas 是基于 NumPy 的,Series 本质上是一个 NumPy 数组,因此 NumPy 的数组处理函数可以直接对 Series 进行处理。Series 使用索引存取元素,这与字典十分相似,它也支持字典的一些方法。Series 的基本操作包括索引与切片、插入与修改元素、计算等。

以下是索引与切片的示例代码与运行结果:

```
In [1]: import pandas as pd
   ...: import numpy as np
   ...: data=np.linspace(10,20,5)
   ...: idx=[n for n in 'abcde']
   ...: s=pd.Series(data,index=idx)

In [2]: s
Out[2]:
a    10.0
b    12.5
c    15.0
d    17.5
e    20.0
dtype: float64

In [3]: s[3]                    #通过自动索引获取值
Out[3]: 17.5

In [4]: s['a']                  #通过指定索引获取值
Out[4]: 10.0

In [5]: s.get('b')              #与 Python 字典类似的方法获取值
Out[5]: 12.5

In [6]: s[['c','b']]            #通过索引列表获取值
Out[6]:
c    15.0
b    12.5
dtype: float64

In [7]: s['a':'d']              #通过索引切片获取值
Out[7]:
a    10.0
b    12.5
c    15.0
d    17.5
dtype: float64

In [8]: s[:3:]                  #采用类似列表的方法对 S 切片
```

```
Out[8]:
d    17.5
e    20.0
dtype: float64

In [9]: s[:-1]                #采用类似列表的方法对 s 切片
Out[9]:
a    10.0
b    12.5
c    15.0
d    17.5
dtype: float64

In [10]: s[s>s.median()]      #条件切片,切出大于 s 的中位数的数
Out[10]:
d    17.5
e    20.0
dtype: float64
```

以下是数据的增删改以及计算的示例代码与运行结果:

```
In [1]: import pandas as pd
   ...: import numpy as np
   ...: s1=pd.Series([1, 2, 3])
   ...: s2=pd.Series([4, 5, 6])

#数据追加采用 append()函数,返回的是一个新 Series
In [2]: s1.append(s2)
Out[2]:
0    1
1    2
2    3
0    4
1    5
2    6
dtype: int64

In [3]: s1                    #s1 的值并无改变
Out[3]:
0    1
1    2
2    3
dtype: int64

In [4]: s3=s1.append(s2,ignore_index=True)   #将新的 Series 赋值给 s3
In [5]: s3                    #s3 得到 s1 追加 s2 结果,ignore_index 参数对索引的影响
Out[5]:
0    1
```

```
1    2
2    3
3    4
4    5
5    6
dtype: int64
```

#数据修改采用赋值,直接在Series上生效
```
In [6]: s1[1]=6                    #单个元素修改
In [7]: s1
Out[7]:
0    1
1    6
2    3
dtype: int64

In [8]: s1[1,2]=9                  #多个元素修改
In [9]: s1
Out[9]:
0    1
1    9
2    9
dtype: int64

In [10]: s1[:]=0                   #所有元素修改
In [11]: s1
Out[11]:
0    0
1    0
2    0
dtype: int64
```

#数据删除采用drop()函数,返回的是一个新Series
```
In [12]: s1.drop(labels=0)
Out[12]:
1    0
2    0
dtype: int64

In [13]: s1                        #s1的值并没有改变
Out[13]:
0    0
1    0
2    0
dtype: int64

In [14]: s1=s1.drop(labels=0)      #删除元素后的Series重新赋值给s1
In [15]: s1
Out[15]:
```

```
1    0
2    0
dtype: int64

In [16]: np.log(s3)         #NumPy 的函数运用到 Series 上
Out[16]:
0    0.000000
1    0.693147
2    1.098612
3    1.386294
4    1.609438
5    1.791759
dtype: float64

In [17]: s1=pd.Series([1,2,3,4],index=['a','b','c','d'])
   ...: s2=pd.Series([5,6,7],index=['a','c','e'])

In [18]: s1+s2              #计算时会根据索引自动对齐数据
Out[18]:                    #s1 与 s2 共有的索引是'a'和'c',不能对应的计算结果为 NaN(空值)
a    6.0
b    NaN
c    9.0
d    NaN
e    NaN
dtype: float64
```

11.4.2 DataFrame 类型

DataFrame 是用于存储多行和多列的表格型数据集合,每一列都是一个 Series,它可以理解为 Series 的容器,也可以说 Series 是只有一列的 DataFrame。DataFrame 既有行索引,也有列索引,常用于表达二维数据,也可以表达多维数据。

1. 创建 DataFrame

Pandas 提供了创建 DataFrame 的函数 DataFrame(data,index=idx,columns=col),其中 data 参数是数据源,它可以是二维列表、二维 ndarray、值为序列类型的字典、Series 类型以及其他的 DataFrame 类型;index 参数指定行索引,如果未指定,其默认值为 range(0,data.shape[0]);columns 参数指定列索引,如果未指定,其默认值为 range(0,data.shape[1])。

【例 11.16】 几种创建 DataFrame 的方法。

程序代码:

```
#L11.16 例 11.16
In [1]: import pandas as pd
   ...: import numpy as np
   ...: df1=pd.DataFrame([[1,2,3],[4,5,6]])
```

```
   ...: df1                                #使用列表创建DataFrame,行、列索引均自动生成
Out[1]:
   0  1  2
0  1  2  3
1  4  5  6

#使用np.arange()函数创建DataFrame
In [2]: idx=['r1','r2','r3']              #指定行索引
   ...: cols=['one','two','three','four']  #指定列索引
   ...: df2=pd.DataFrame(np.arange(12).reshape(3,4),
   ...:       index=idx,columns=cols)
   ...: df2                                #使用ndarray创建DataFrame,并指定行、列索引
Out[2]:
    one  two  three  four
r1   0    1     2      3
r2   4    5     6      7
r3   8    9    10     11

#使用字典创建DataFrame
In [3]: data={'name':['John','Smith','Mary'],
   ...:       'age':[19,21,18]}
   ...: df3=pd.DataFrame(data,index=idx)
   ...: df3                                #字典中的键自动变为列索引
Out[3]:
    name   age
r1  John    19
r2  Smith   21
r3  Mary    18

In [4]: df3.index                          #返回df3的行索引
Out[4]: Index(['r1', 'r2', 'r3'], dtype='object')

In [5]: df3.columns                        #返回df3的列索引
Out[5]: Index(['name', 'age'], dtype='object')

In [6]: df3.values                         #返回df3的值
Out[6]:
array([['John', 19],
       ['Smith', 21],
       ['Mary', 18]], dtype=object)

#使用Series创建DataFrame
In [7]: s1=pd.Series(['190201001','190201002','190301003'])
   ...: s1.name='学号'
   ...: s2=pd.Series([95,50,92])
   ...: s2.name='英语'
   ...: df4=pd.DataFrame((s1,s2)).T#转置
   ...: df4                                #df4由s1和s2两个Series创建
Out[7]:
```

```
       学号       英语
0  190201001    95
1  190201002    50
2  190301003    92
```

2. 获取、修改 DataFrame 的数据

DataFrame 的数据主要是通过行列索引来获取和修改,其常用的函数包括 loc()、iloc()、ix()、at()等,示例代码如下:

```
In [1]: import pandas as pd
   ...: data={'姓名':['郭芬','张红','刘强'],
   ...:       'Python语言':[90,58,88],
   ...:       '高等数学':[98,62,89]}
   ...: df=pd.DataFrame(data,index=['r1','r2','r3'])
   ...: df
Out[1]:
    姓名   Python语言   高等数学
r1  郭芬       90        98
r2  张红       58        62
r3  刘强       88        89

In [2]: df['高等数学']                  #获取单列,返回Series类型
Out[2]:
r1    98
r2    62
r3    89
Name: 高等数学, dtype: int64

#获取多列,注意列名组成的列表写法
In [3]: df[['姓名','Python语言']]       #返回DataFrame类型
Out[3]:
    姓名   Python语言
r1  郭芬       90
r2  张红       58
r3  刘强       88

In [4]: df[0:1]                        #使用数字索引,获取单行不能写成df[0]
Out[4]:
    姓名   Python语言   高等数学
r1  郭芬       90        98

In [5]: df['r1':'r2']                  #使用行标签
Out[5]:
    姓名   Python语言   高等数学
r1  郭芬       90        98
r2  张红       58        62

#loc()函数使用行列索引名称获取或修改数据
In [6]: df.loc['r2']                   #获取单行
```

```
Out[6]:
姓名           张红
Python 语言    58
高等数学        62
Name: r2, dtype: object
In [7]: df.loc[['r1','r2']]                    #获取多行
Out[7]:
    姓名   Python 语言   高等数学
r1  郭芬      90         98
r2  张红      58         62

In [8]: df.loc['r1':'r2']                      #行切片获取多行
Out[8]:
    姓名   Python 语言   高等数学
r1  郭芬      90         98
r2  张红      58         62

In [9]: df.loc[:,'姓名']                       #行列切片获取单列
Out[9]:
r1    郭芬
r2    张红
r3    刘强
Name: 姓名, dtype: object

In [10]: df.loc['r2','姓名']                   #获取单个数据
Out[10]: '张红'

In [11]: df.loc['r1':'r2',['姓名','高等数学']]  #获取多行多列
Out[11]:
    姓名   高等数学
r1  郭芬      98
r2  张红      62

#使用条件获取数据
In [12]: df.loc[df['Python 语言']>80,['姓名','Python 语言']]
Out[12]:
    姓名   Python 语言
r1  郭芬      90
r3  刘强      88

#修改数据
In [13]: df.loc['r2','Python 语言']=55

#iloc()函数使用行列索引序号获取或修改数据
In [14]: df.iloc[0]                            #获取第1行数据,结果是一个 Series
Out[14]:
姓名           郭芬
Python 语言    90
高等数学        98
Name: r1, dtype: object
```

```
In [15]: df.iloc[[0,2]]              #获取第1、3行数据,结果是一个DataFrame
Out[15]:
    姓名  Python语言  高等数学
r1  郭芬      90        98
r3  刘强      88        89

In [16]: df.iloc[:2]                 #获取前两行数据,结果是一个DataFrame
Out[16]:
    姓名  Python语言  高等数学
r1  郭芬      90        98
r2  张红      55        62

In [17]: df.iloc[0,0]                #通过行列号获取单个数据
Out[17]: '郭芬'

In [18]: df.iloc[:2,1:3]             #通过行列切片获取多行列数据
Out[18]:
    Python语言  高等数学
r1      90       98
r2      55       62

In [19]: df.iloc[0,1]=92             #修改数据

#at()函数使用行列索引名称或序号获取或修改对应位置的数据
In [20]: data={'姓名':['郭芬','张红','刘强'],
    ...:       'Python语言':[90,58,88],
    ...:       '高等数学':[98,62,89]}
    ...: df=pd.DataFrame(data)
    ...: df
Out[20]:
   姓名  Python语言  高等数学
0  郭芬      90        98
1  张红      58        62
2  刘强      88        89

In [21]: df.at[1,'Python语言']
Out[21]: 58

In [22]: df.at[0,'姓名']              #当有索引名时,不能用索引序号
Out[22]: '郭芬'

In [23]: df.loc[1].at['姓名']
Out[23]: '张红'

In [24]: df.at[1,'Python语言']=65    #修改数据

In [25]: df
Out[25]:
   姓名  Python语言  高等数学
0  郭芬      90        98
1  张红      65        62
2  刘强      88        89
```

3. 更改 DataFrame 的尺寸

通过增加、删除行(列)可以改变 DataFrame 的尺寸,示例代码如下:

```
In [1]: import pandas as pd
   ...: data={'姓名':['郭芬','张红','刘强'],
   ...:       'Python语言':[90,58,88],
   ...:       '高等数学':[98,62,89]}
   ...: df=pd.DataFrame(data)
   ...: df
Out[1]:
   姓名  Python语言  高等数学
0  郭芬      90        98
1  张红      58        62
2  刘强      88        89

In [2]: df['体育']=75              #'体育'列的所有数据均为 75
   ...: df['英语']=[95,50,92]
   ...: df
Out[2]:
   姓名  Python语言  高等数学  体育  英语
0  郭芬      90        98    75   95
1  张红      58        62    75   50
2  刘强      88        89    75   92

In [3]: df.drop(1,axis=0)         #axis=0 表示行轴,可省略
Out[3]:
   姓名  Python语言  高等数学  体育  英语
0  郭芬      90        98    75   95
2  刘强      88        89    75   92

In [4]: df                        #索引为 1 的行并未真正从 df 中删除
Out[4]:
   姓名  Python语言  高等数学  体育  英语
0  郭芬      90        98    75   95
1  张红      58        62    75   50
2  刘强      88        89    75   92

In [5]: df.drop(2,inplace=True)

In [6]: df                        #注意下面的 inplace=True 参数,直接从 df 中删除索引为 2 的行
Out[6]:
   姓名  Python语言  高等数学  体育  英语
0  郭芬      90        98    75   95
1  张红      58        62    75   50

In [7]: df.drop('英语',axis=1)     #axis=1 表示列轴,不可省略
Out[7]:
   姓名  Python语言  高等数学  体育
0  郭芬      90        98    75
1  张红      58        62    75

In [8]: del df['体育']
```

```
   ...: df                         #注意,英语列没有从 df 中删除,但体育列被删除了
Out[8]:
    姓名  Python语言  高等数学  英语
 0  郭芬      90        98     95
 1  张红      58        62     50

In [9]: df.loc[len(df)]=['何娟',80,90,80]    #这种方法效率较低
   ...: df
Out[9]:
    姓名  Python语言  高等数学  英语
 0  郭芬      90        98     95
 1  张红      58        62     50
 2  何娟      80        90     80

#以下代码是合并两个 DataFrame
In [10]: data1={'姓名':['郭芬','张红','刘强'],
    ...:        'Python语言':[90,58,88],
    ...:        '高等数学':[98,62,89]}
    ...: df1=pd.DataFrame(data1)
    ...: df1
Out[10]:
    姓名  Python语言  高等数学
 0  郭芬      90        98
 1  张红      58        62
 2  刘强      88        89

In [11]: data2={'姓名':['莫小明','王建'],
    ...:        'Python语言':[67,77],
    ...:        '高等数学':[71,55]}
    ...: df2=pd.DataFrame(data2)
    ...: df2
Out[11]:
    姓名   Python语言  高等数学
 0  莫小明     67        71
 1  王建      77        55

In [12]: df1.append(df2)                #注意合并后的索引编号
Out[12]:
    姓名   Python语言  高等数学
 0  郭芬       90        98
 1  张红       58        62
 2  刘强       88        89
 0  莫小明      67        71
 1  王建       77        55
```

上面的代码中,df1 与 df2 只是进行了简单的叠加,没有修改 index,如果要对合并结果进行重新索引的话,与 Series 一样,在 append()函数中设置参数 ignore_index=True 即可。

11.4.3 文件读写

为了便于处理外部数据，Pandas 提供了一组函数用于读写常用的数据文件及数据库。本书列出常用的 3 种文件读写函数，如表 11-13 所示。

表 11-13 常用文件读写函数

文件类型	读 取 函 数	写 入 函 数
CSV 文件	read_csv(file,names=[列名,…],sep='')	to_csv(file,sep=' ,')
Excel 文件	read_excel(file,sheet_name,header=0)	to_excel(file)
MySQL 数据库	read_sql(sql,conn)	to_sql(tableName,con=constr)

示例代码：

```
In [1]: import pandas as pd
   ...: df=pd.read_csv(r'D:\My Documents\Python\score.csv',
   ...:                sep=",",encoding='GBK')
   ...: df
Out[1]:
        学号      姓名   专业   Python语言  高等数学  英语  体育
0    190201001   郭芬   机械     90        98    95   85
1    190201002   张红   机械     58        62    50   80
2    190201003   刘立   机械     84        90    99   80
3    190201004   罗亚平  机械     89        95    92   90
4    190301001   张鹏   热能     90        95    88   90
5    190301002   王欢   热能     80        50    92   85
6    190301003   刘强   热能     88        89    92   88
7    190302001   赵小丽  冶金     70        85    68   80
8    190302002   张光年  冶金     65        68    55   85
9    190302003   刘利群  冶金     70        82    80   85
10   190302004   赵军   冶金     60        100   58   90

In [2]: df=pd.read_excel(r'D:\My Documents\Python\score.xlsx',
   ...:                  sheet_name=r'Sheet2')
   ...: df
Out[2]:
        学号      姓名   专业   Python语言  高等数学  英语  体育
0    190201001   郭芬   机械     90        98    95   85
1    190201002   张红   机械     58        62    50   80
2    190201003   刘立   机械     84        90    99   80
3    190201004   罗亚平  机械     89        95    92   90
4    190301001   张鹏   热能     90        95    88   90
5    190301002   王欢   热能     80        50    92   85
6    190301003   刘强   热能     88        89    92   88
7    190302001   赵小丽  冶金     70        85    68   80
8    190302002   张光年  冶金     65        68    55   85
```

```
 9   190302003  刘利群   冶金   70    82    80    85
10   190302004  赵军     冶金   60   100    58    90

In [3]: df['总分']=df['Python语言']+df['高等数学']+df['英语']+df['体育']
   ...: df.to_excel(r'D:\My Documents\Python\score1.xlsx')
```

代码说明：

上述代码的 In[1] 部分是从 CSV 文件中读取数据并显示出来的，注意因为文件中包含中文编码，因此在读取参数中增加了 encoding='GBK'；In[2] 部分是从 Excel 文件中读取数据并显示出来的，默认是读取第一张工作表的数据，可以使用 sheet_name 参数读取指定工作表数据；In[3] 部分是将读取到的数据计算出一个总分列，并将 df 的内容写入到一个新的 Excel 文件中，文件内容如图 11-19 所示。

图 11-19　写入 Excel 文件的内容

11.4.4　数据处理与分析

1. 排序（交换行列）

DataFrame 可以使用索引进行排序，也可以使用值进行排序。sort_index() 函数用于在指定轴上根据索引进行排序，默认按行升序排列。其简单使用格式如下：

```
sort_index(axis=0,ascending=True)
```

示例代码：

```
In [1]: import pandas as pd
   ...: import numpy as np
   ...: data=np.arange(12).reshape(3,4)
   ...: idx=['d2','d3','d1']
   ...: cols=['c2','c3','c4','c1']
   ...: df=pd.DataFrame(data,index=idx,columns=cols)
   ...: df
Out[1]:
    c2  c3  c4  c1
d2   0   1   2   3
d3   4   5   6   7
d1   8   9  10  11
```

```
In [2]: df.sort_index()
Out[2]:
    c2  c3  c4  c1
d1  8   9   10  11
d2  0   1   2   3
d3  4   5   6   7

In [3]: df.sort_index(ascending=False)
Out[3]:
    c2  c3  c4  c1
d3  4   5   6   7
d2  0   1   2   3
d1  8   9   10  11

In [4]: df.sort_index(axis=1,ascending=False)
Out[4]:
    c4  c3  c2  c1
d2  2   1   0   3
d3  6   5   4   7
d1  10  9   8   11
```

sort_values()函数用于在指定轴上根据某索引的数据值进行排序，默认按行升序排列，其简单使用格式如下：

```
DataFrame.sort_values(indexs,axis=0,ascending=True)
```

示例代码（仍然使用上面代码中的df）：

```
In [5]: df
Out[5]:
    c2  c3  c4  c1
d2  0   1   2   3
d3  4   5   6   7
d1  8   9   10  11

In [6]: df.sort_values('c2',ascending=False)
Out[6]:
    c2  c3  c4  c1
d1  8   9   10  11
d3  4   5   6   7
d2  0   1   2   3

In [7]: df.sort_values('d2',axis=1,ascending=False)
Out[7]:
    c1  c4  c3  c2
d2  3   2   1   0
d3  7   6   5   4
d1  11  10  9   8
```

2. 算术运算

DataFrame 的算术运算遵守 NumPy 的 ndarray 的算术运算规则，同时会根据行列索引，补齐后运算，缺项使用 NaN 填充，运算的结果为浮点数，不同维度的运算为广播运算。算术运算可以使用＋、－、*、/等运算符，也可以使用 add()、sub()、mul() 和 div() 函数。

示例代码：

```
In [1]: import pandas as pd
   ...: import numpy as np
   ...: dataa=np.random.randint(10,20,size=6).reshape(2,3)
   ...: datab=np.random.randint(10,20,size=12).reshape(3,4)
   ...: a=pd.DataFrame(dataa)
   ...: b=pd.DataFrame(datab)

In [2]: a
Out[2]:
    0   1   2
0  18  10  19
1  13  15  16

In [3]: b
Out[3]:
    0   1   2   3
0  18  13  16  10
1  16  14  17  15
2  18  18  17  16

In [4]: a+b
Out[4]:
      0     1     2    3
0  36.0  23.0  35.0  NaN
1  29.0  29.0  33.0  NaN
2   NaN   NaN   NaN  NaN

#注意 fill_value=100 的作用是把缺项用 100 填充再加上 b 对应的值
In [5]: a.add(b,fill_value=100)
Out[5]:
       0      1      2      3
0   36.0   23.0   35.0  110.0
1   29.0   29.0   33.0  115.0
2  118.0  118.0  117.0  116.0
```

3. 数据统计分析

Pandas 的数据统计分析功能强大，Series 和 DataFrame 数据类型都继承了 NumPy 提供的常用统计函数，如 sum()、min()、max()、mean()、median() 等。同时，Pandas 提供了 describe() 函数能够一次性得到多种统计数据。

【例 11.17】 DataFrame 的基本统计（数据从 score.csv 文件中读取）。

程序代码：

```
#L11.17 例11.17
In [1]: import pandas as pd
   ...: df=pd.read_csv(r'D:\My Documents\Python\score.csv',
   ...:                sep=",",encoding='GBK')
   ...: df
Out[1]:
         学号      姓名    专业   Python语言  高等数学  英语  体育
0   190201001   郭芬    机械       90       98    95   85
1   190201002   张红    机械       58       62    50   80
2   190201003   刘立    机械       84       90    99   80
3   190201004   罗亚平  机械       89       95    92   90
4   190301001   张鹏    热能       90       95    88   90
5   190301002   王欢    热能       80       50    92   85
6   190301003   刘强    热能       88       89    92   88
7   190302001   赵小丽  冶金       70       85    68   80
8   190302002   张光年  冶金       65       68    55   85
9   190302003   刘利群  冶金       70       82    80   85
10  190302004   赵军    冶金       60      100    58   90

In [2]: df.describe()                          #全部统计信息
Out[2]:
              学号       Python语言      高等数学         英语          体育
count   1.100000e+01    11.000000    11.000000   11.000000   11.000000
mean    1.902650e+08    76.727273    83.090909   79.000000   85.272727
std     5.074238e+04    12.458659    16.269324   17.955501    3.977208
min     1.902010e+08    58.000000    50.000000   50.000000   80.000000
25%     1.902010e+08    67.500000    75.000000   63.000000   82.500000
50%     1.903010e+08    80.000000    89.000000   88.000000   85.000000
75%     1.903020e+08    88.500000    95.000000   92.000000   89.000000
max     1.903020e+08    90.000000   100.000000   99.000000   90.000000

In [3]: df.describe()['Python语言']        #单列的统计信息
Out[3]:
count    11.000000
mean     76.727273
std      12.458659
min      58.000000
25%      67.500000
50%      80.000000
75%      88.500000
max      90.000000
Name: Python语言, dtype: float64

In [4]: df.describe().loc['mean']          #单行的统计信息
Out[4]:
学号          1.902650e+08
Python语言    7.672727e+01
高等数学        8.309091e+01
英语          7.900000e+01
体育          8.527273e+01
Name: mean, dtype: float64
```

代码说明：

In[1]从 score.csv 文件中读取数据并显示；In[2]进行数据统计；In[3]和 In[4]对单列和单行的统计信息切片输出。

相关分析是研究各种现象之间是否存在某种依存关系，并对具有依存关系的现象探讨其相关方向以及相关程度，它是研究随机变量之间的相关关系的一种统计方法。在二元变量的相关分析过程中，比较常用的有 Pearson 相关系数、Spearman 秩相关系数和判定系数。相关系数可以用来描述定量变量之间的关系。Pandas 提供了相关分析函数 corr()计算相关系数矩阵和相关系数，相关系数 r 的绝对值的取值在 0 到 1 之间，小于 0.3 表示低度相关，大于 0.8 表示高度相关。

【例 11.18】 分析成绩表中 Python 语言与高等数学成绩的相关程度。

程序代码：

```
#L11.18 例 11.18
In [1]: import pandas as pd
   ...: import matplotlib.pyplot as plt
   ...: df=pd.read_csv(r'D:\My Documents\Python\score.csv',
   ...:                sep=",",encoding='GBK')
   ...: df
Out[1]:
       学号       姓名    专业    Python语言   高等数学   英语    体育
0   190201001    郭芬    机械      90         98     95    85
1   190201002    张红    机械      58         62     50    80
2   190201003    刘立    机械      84         90     99    80
3   190201004    罗亚平  机械      89         95     92    90
4   190301001    张鹏    热能      90         95     88    90
5   190301002    王欢    热能      80         50     92    85
6   190301003    刘强    热能      88         89     92    88
7   190302001    赵小丽  冶金      70         85     68    80
8   190302002    张光年  冶金      65         68     55    85
9   190302003    刘利群  冶金      70         82     80    85
10  190302004    赵军    冶金      60        100     58    90

In [2]: py=df['Python语言']
   ...: gs=df['高等数学']

In [3]: py.corr(gs)              #返回Pearson相关系数,0.8~1.0为高度相关
Out[3]: 0.39185811211453203

In [4]: plt.rcParams['font.family']='SimHei'
   ...: plt.title("Python语言与高等数学的成绩相关程度")
   ...: plt.xticks(ticks=df['姓名'].index,labels=df['姓名'].values)
   ...: plt.plot(py)
   ...: plt.plot(gs)
   ...: plt.legend(['Python语言','高等数学'])
Out[4]: <matplotlib.legend.Legend at 0x1f4e6de99c8>
```

程序运行结果如图 11-20 所示。

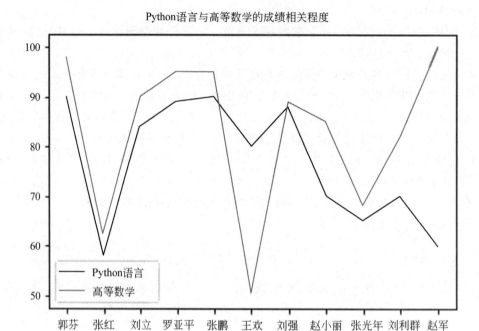

图 11-20　Python 语言与高等数学的成绩相关程度

代码说明：

In[1] 从 score.csv 文件中读取数据并显示；In[2] 将 Python 语言和高等数学的成绩分别切片到两个 Series 中；In[3] 计算两 Python 语言与高等数学的成绩相关系数；In[4] 通过 Matplotlib 展现两门课程成绩的相关程度，从图 11-20 可以看出，两门课程的相关程度很高。

11.5　思考与练习

一、单选题

1. NumPy 提供的两种基本对象是（　　）和 ufunc。

　　A. list　　　　　　B. matrix　　　　　　C. ndarray　　　　　　D. array

2. 下列能够返回 NumPy 数组中轴的数量的属性是（　　）。

　　A. shape　　　　　B. ndim　　　　　　C. dtype　　　　　　D. size

3. 下列字符串表示 plot 线条颜色、线型和标记为蓝色菱形短虚线的是（　　）。

　　A. 'ro:'　　　　　B. 'b+-'　　　　　C. 'b*:'　　　　　D. 'bD:'

4. 下列函数中绘制饼图的是（　　）。

　　A. pie(data,explode)　　　　　　　　B. scatter(x,y)

　　C. polar(theta,r)　　　　　　　　　　D. plot(x,y)

5. 下列函数中，是 Pandas 用于读取 CSV 文件的是（　　）。

　　A. read_excel()　　B. read_csv()　　　C. read()　　　　D. read_sql()

二、操作题

1. 利用 NumPy 的随机函数库生成两个 3×3 的矩阵,并计算这两个矩阵的乘积。

2. 现有如下图所示的学生成绩数据,分析其中数学与计算机成绩的相关程度,并用图形展示。

学号	姓名	专业	性别	数学	外语	计算机
050338	庄一飞	国贸	女	99	77	90
050067	宋文彬	计算机	男	89	77	89
050087	马莉	物理	男	67	88	77
050128	杨仪	国贸	女	87	88	90
050045	陈辉	计算机	男	88	79	88
050105	刘小霞	数学	女	77	52	73
050117	黄莹	计算机	女	70	67	88
050108	吴华	数学	男	75	63	77
050217	黄平	数学	男	62	56	71
050001	王志平	物理	女	54	77	67

第 12 章 网络爬虫

随着网络的迅速发展,网络已经成为信息传播、产生的主要来源。通过万维网,信息能够迅速地到达世界任何一个网络覆盖的地方。万维网已经成为海量信息的实际载体,如何有效地提取并利用这些信息成为一个巨大的挑战。人们一般会使用搜索引擎(search engine)来查询信息。搜索引擎,作为一个辅助人们进行信息查询检索的工具已经成为人们访问万维网的入口和指南,例如传统的通用搜索引擎百度、Yahoo! 和 Google 等。但是,这些通用性搜索引擎也存在着一定的局限性,主要包括:

(1) 不同领域、不同背景的用户往往具有不同的检索目的和需求,通过搜索引擎所返回的结果包含大量用户不关心的网页;

(2) 通用搜索引擎的目标是尽可能大的网络覆盖率,有限的搜索引擎服务器资源与无限的网络数据资源之间的矛盾将进一步加深;

(3) 万维网数据形式的丰富和网络技术的不断发展,图片、数据库、音频、视频多媒体等不同数据大量出现,通用搜索引擎往往对这些信息含量密集且具有一定结构的数据无能为力,不能很好地发现和获取;

(4) 通用搜索引擎大多提供基于关键字的检索,难以支持根据语义信息提出的查询。

为了解决上述问题,网络抓取就可以发挥作用。人们在浏览器上看到的内容,大部分都可以通过编写 Python 程序来获取。一旦人们可以通过程序获取数据,那么就可以把数据存储到数据库里,甚至可以对所抓取的数据进行二次处理以及进行数据可视化操作。如需要对特定主题的网页内容进行抓取,这时定向抓取相关网页资源的聚焦爬虫应运而生。聚焦爬虫是一个自动下载网页的程序,它根据既定的抓取目标,有选择地访问万维网上的网页与相关链接,获取所需要的信息。与一般的网页爬取需求不同,聚焦爬虫并不追求大的覆盖,而将目标定为抓取与某一特定主题内容相关的网页,为面向主题的用户查询准备数据资源。随着人工智能的发展,近年来 Python 语言热度非常高,网络爬虫则成为 Python 最具代表性的应用之一。Python 有非常多关于数据处理与分析的第三方库,所以需要通过学习网络爬虫来了解 Python 以及它高效的数据处理能力,从而实现数据的挖掘和数据分析。

12.1 网络爬虫技术概述

网络爬虫是一个自动提取网页的程序,它为搜索引擎从万维网上下载网页,是搜索引擎的重要组成部分。传统爬虫从一个或若干初始网页的 URL 开始,获得初始网页上的 URL,

在抓取网页的过程中,不断从当前页面上抽取新的 URL 放入队列,直到满足系统的一定停止条件。聚焦爬虫的工作流程较为复杂,需要根据一定的网页分析算法过滤与主题无关的链接,保留有用的链接并将其放入等待抓取的 URL 队列中。然后,它将根据一定的搜索策略从队列中选择下一步要抓取的网页 URL,并重复上述过程,直到达到系统的某一条件时停止。另外,所有被爬虫抓取的网页将会被系统存储,进行一定的分析、过滤,并建立索引,以便之后的查询和检索。

12.1.1 网络爬虫的分类

网络爬虫按照系统结构和实现技术,大致可以分为以下几种类型:通用网络爬虫(general purpose Web crawler)、聚焦网络爬虫(focused Web crawler)、增量式网络爬虫(incremental Web crawler)、深层网络爬虫(deep Web crawler)。实际的网络爬虫系统通常是几种爬虫技术相结合实现的。

1. 通用网络爬虫

通用网络爬虫又称全网爬虫(scalable Web crawler),爬行对象从一些种子 URL 扩充到整个 Web,主要为门户站点搜索引擎和大型 Web 服务提供商采集数据。这类网络爬虫的爬行范围和数量巨大,对于爬行速度和存储空间要求较高,对于爬行页面的顺序要求相对较低,同时由于待刷新的页面太多,通常采用并行工作方式,但需要较长时间才能刷新一次页面。虽然存在一定缺陷,但通用网络爬虫适用于为搜索引擎搜索广泛的主题,有较强的应用价值。

通用网络爬虫的结构大致可以分为页面爬行模块、页面分析模块、链接过滤模块、页面数据库、URL 队列、初始 URL 集合几个部分。为提高工作效率,通用网络爬虫会采取一定的爬行策略。常用的爬行策略有深度优先策略和广度优先策略。

(1) 深度优先策略。

基本方法是按照深度由低到高的顺序,依次访问下一级网页链接,直到不能再深入为止。爬虫在完成一个爬行分支后返回到上一链接节点进一步搜索其他链接。当所有链接遍历完后,爬行任务结束。这种策略比较适合垂直搜索或站内搜索,但爬行页面内容层次较深的站点时会造成资源的巨大浪费。

(2) 广度优先策略。

此策略按照网页内容目录层次深浅来爬行页面,处于较浅目录层次的页面首先被爬行。当同一层次中的页面爬行完毕后,爬虫再深入下一层继续爬行。这种策略能够有效控制页面的爬行深度,避免遇到一个无穷深层分支时无法结束爬行的问题,实现方便,无须存储大量中间节点,不足之处在于需较长时间才能爬行到目录层次较深的页面。

2. 聚焦网络爬虫

聚焦网络爬虫(focused Web crawler),又称主题网络爬虫(topical Web crawler),是指选择性地爬行那些与预先定义好的主题相关页面的网络爬虫。和通用网络爬虫相比,聚焦爬虫只需要爬行与主题相关的页面,极大地节省了硬件和网络资源,保存的页面也由于数量少而更新快,还可以很好地满足一些特定人群对特定领域信息的需求。

聚焦网络爬虫和通用网络爬虫相比,增加了链接评价模块以及内容评价模块。聚焦爬虫爬行策略实现的关键是评价页面内容和链接的重要性,不同的方法计算出的重要性不同,由此导致链接的访问顺序也不同。

3. 增量式网络爬虫

增量式网络爬虫(incremental Web crawler)是指对已下载网页采取增量式更新和只爬行新产生的或者已经发生变化网页的爬虫,它能够在一定程度上保证所爬行的页面是尽可能新的页面。和周期性爬行以及刷新页面的网络爬虫相比,增量式爬虫只会在需要的时候爬行新产生或发生更新的页面,并不重新下载没有发生变化的页面,可有效减少数据下载量,及时更新已爬行的网页,减小时间和空间上的耗费,但是增加了爬行算法的复杂度和实现难度。增量式网络爬虫的体系结构包含爬行模块、排序模块、更新模块、本地页面集、待爬行 URL 集以及本地页面 URL 集。

增量式爬虫有两个目标:保持本地页面集中存储的页面为最新页面和提高本地页面集中页面的质量。为实现第一个目标,增量式爬虫需要通过重新访问网页来更新本地页面集中的页面内容,常用的方法如下。

(1) 统一更新法:爬虫以相同的频率访问所有网页,不考虑网页的改变频率。

(2) 个体更新法:爬虫根据个体网页的改变频率来重新访问各页面。

(3) 基于分类的更新法:爬虫根据网页改变频率将其分为更新较快网页子集和更新较慢网页子集两类,然后以不同的频率访问这两类网页。

4. 深层网络爬虫

Web 页面按存在方式可以分为表层网页(surface Web)和深层网页(deep Web,也称 invisible Web pages 或 hidden Web)。表层网页是指传统搜索引擎可以索引的页面,以超链接可以到达的静态网页为主构成的 Web 页面。deep Web 是那些大部分内容不能通过静态链接获取的、隐藏在搜索表单后的,只有用户提交一些关键词才能获得的 Web 页面。例如那些需要用户注册后才可见内容的网页就属于 deep Web。deep Web 中可访问信息容量是 surface Web 的几百倍,是互联网上最大、发展最快的新型信息资源。

深层网络爬虫体系结构包含六个基本功能模块(爬行控制器、解析器、表单分析器、表单处理器、响应分析器、LVS 控制器)和两个爬虫内部数据结构(URL 列表、LVS 表)。其中 LVS(label value set)表示标签/数值集合,用来表示填充表单的数据源。

12.1.2 网页爬取技术简介

网页爬取本质上是模拟浏览器向网络服务器发送 GET 请求(获取网页内容的请求)以获取具体网页,一旦人们可以获取自己感兴趣的主题页面后,就可以从网页中读取 HTML 内容,根据需要将网页中包含的内容进行提取,并将要寻找的内容分离出来,采用合适的方式进行存储。后续就可以使用所爬取到的数据内容进行筛选、分析等数据操作。由于网页爬取程序的主要操作对象是 Web 页面,也就是 HTML 文档,所以必须了解其相关的知识内容。

常规的网络爬虫开发,可以直接使用 Python 中的相关工具包。其中最常用的工具包是 urlllib 库和 BeautifulSoup4 库,urllib 库是 Python 自带的 http 访问工具包,而 BeautifulSoup4 库则是功能强大的 HTML 文档解析工具包。

1. HTML

超文本标记语言(hypertext markup language,HTML)是一种用于创建网页的标准标记语言。人们使用 HTML 语言来建立自己的 Web 站点，HTML 运行在浏览器上，由浏览器来解析。

HTML 文档是由许多具有层次结构的标签（Tag）所描述的单根结构化文档，对需要编程访问 HTML 文档的编程人员来说，更为熟悉的是 HTML DOM 的概念。

document object model（DOM）译为文档对象模型，是 HTML 和 XML 文档的编程接口。HTML DOM 定义了访问和操作 HTML 文档的标准方法。DOM 以树结构表达 HTML 文档，如图 12-1 所示。

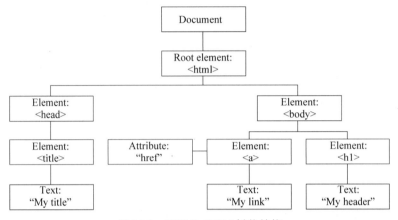

图 12-1　HTML DOM 树状结构

一个 HTML 文档中主要包括 HTML 内容标签、CSS、Javascript 脚本等内容。网页爬虫的主要任务就是从浩如烟海的 HTML 文档中爬取出有意义的内容。

2. CSS

层叠样式表（cascading style sheets）是一种用来表现 HTML（标准通用标记语言的一个应用）或 XML（标准通用标记语言的一个子集）等文件样式的计算机语言。CSS 不仅可以静态地修饰网页，还可以配合各种脚本语言动态地对网页各元素进行格式化。CSS 能够对网页中元素位置的排版进行像素级精确控制，支持几乎所有的字体字号样式，拥有对网页对象和模型样式编辑的能力。

CSS 是一种定义样式结构如字体、颜色、位置等的语言，被用于描述网页上的信息格式化和显示的方式。CSS 样式可以直接存储于 HTML 网页或者单独的样式表文件。无论哪一种方式，样式表包含将样式应用到指定类型的元素的规则。外部使用时，样式表规则被放置在一个带有文件扩展名 css 的外部样式表文档中。

样式规则可应用于网页中的元素，如文本段落或链接的格式化指令。样式规则由一个或多个样式属性及其值组成。内部样式表直接放在网页中，外部样式表保存在独立的文档中，网页通过一个特殊标签链接外部样式表。

名称 CSS 中的"层叠（cascading）"表示样式表规则应用于 HTML 文档元素的方式。具体地说，CSS 样式表中的样式形成一个层次结构，更具体的样式覆盖通用样式，或者说更具体的 CCS 样式设置会优先应用到 HTML 元素上。样式规则的优先级由 CSS 根据这个层次结构决定，从而实现级联效果。

对于网络爬虫程序而言，CSS 样式类往往具有非常重要的作用，程序员通过对目标页面的分析，查找到具有通用特征的 CSS 类，从而发现具有特定含义的网页内容进行爬取。

3. XPath

XPath 即为 XML 路径语言（XML path language），它是一种用来确定 XML 文档中某部分位置的语言。XPath 基于 XML 的树状结构，提供在数据结构树中找寻节点的能力。XPath 主要被开发者用来当作 HTML/XML 的小型查询语言使用。

XPath 使用路径表达式来选取 XML 文档中的节点或者节点集。这些路径表达式与常规的电脑文件系统中表达式相似。路径表达式是从一个 XML 节点（当前的上下文节点）到另一个节点或一组节点的书面步骤顺序。这些步骤以"/"符号分开，每一步有三个构成成分：

（1）轴描述（用最直接的方式接近目标节点）；

（2）节点测试（用于筛选节点位置和名称）；

（3）节点描述（用于筛选节点的属性和子节点特征）。

4. urllib 库和 BeautifulSoup4 库

1）urllib 库

urllib 库是 Python 内置的 HTTP 请求库，也就是说用户不需要额外安装即可使用，它包含 4 个模块。

第 1 个模块 request，它是最基本的 HTTP 请求模块，可以用它来模拟发送一个 http 请求，就像在浏览器里输入网址然后敲击回车一样，只需要给库方法传入 URL 以及一些必要的参数，就可以模拟实现浏览器访问目标网站的过程。

第 2 个模块 error，它是异常处理模块，在执行网络访问过程中不可避免会发生一些错误，如果出现请求错误，则可以使用 error 模块捕获这些异常，并进行必要的处理，从而保证程序不会意外终止。

第 3 个模块 parse，它是一个工具模块，提供了许多 URL 处理方法，比如拆分、解析、合并等。

第 4 个模块 robotparser，这个模块的主要功能是用来识别网站的 robots.txt 文件，然后判断哪些网站可以"爬"，哪些网站不可以"爬"，在实际使用中的应用较少。

说明：robots 协议也叫 robots.txt（统一小写），是一种存放于网站根目录下的 ASCII 编码的文本文件，它通常告诉网络搜索引擎的漫游器（又称网络蜘蛛），此网站中的哪些内容不应被搜索引擎的漫游器获取，哪些可以被漫游器获取。

在使用 Python 语言编写网络爬虫程序时，主要使用的工具库就是 urllib 库，大部分情况下，简单的利用 urllib 库中的 HTTP 访问能力就可以满足开发需求。

2）BeautifulSoup4 库

BeautifulSoup4 库是一个使用 Python 语言开发的第三方工具库。BeautifulSoup4 最主要的功能是从网页抓取数据，BeautifulSoup4 自动将输入文档转换为 Unicode 编码，输出文档转换为 UTF-8 编码。BeautifulSoup4 支持 Python 标准库中的 HTML 解析器，还支持一些第三方的解析器，其中被广泛使用的是 LXML。相比于 Python 标准库的 HTML 解析工具，LXML 的解析速度更快、效率更高。

BeautifulSoup4 将复杂的 HTML 文档转换成一个复杂的树状结构，每个节点都是 Python 对象，所有对象可以归纳为以下 4 种。

（1）Tag 对象。Tag 对象与 XML 或 HTML 原生文档中的 Tag 标签相同。Tag 标签中最重要的两个部分是名称和属性，在静态页面的爬取中，常常使用名称和属性来获取相关信息。

（2）NavigableString。NavigableString 称为可以遍历的字符串，字符串常被包含在 Tag 内。BeautifulSoup 用 NavigableString 类来包装 Tag 标签中的字符串，一个 NavigableString 字符串与 Python 中的 Unicode 字符串相同，并且还支持包含在遍历文档树和搜索文档树中的一些特性。通过 unicode() 方法可以直接将 NavigableString 对象转换成 Unicode 字符串。

（3）BeautifulSoup。BeautifulSoup 对象表示的是一个文档的全部内容。大部分时候，可以把它当作 Tag 对象，它支持遍历文档树和搜索文档树中描述的大部分的方法。BeautifulSoup 对象并不是真正的 HTML 或 XML 的 Tag 标签，所以它没有名称和属性。

（4）Comment。Comment 对象是一个特殊类型的 NavigableString 对象，用来表示文档的注释部分。

12.2 静态网页抓取

抓取静态网页是网络爬虫的基本能力。一个静态网页就是一个 HTML 文件，当使用浏览器去浏览一个网站时，实际上是访问一个个的 HTML 文件，而浏览器负责根据 HTML 语言的标准规范对网页进行解析和显示，这样人们才能理解网页中的各种丰富的信息内容。

HTML 文件的内容主要包括 HTML 文本格式层、CSS 样式层、JavaScript 执行层和图像渲染层，网络爬虫程序的开发目标就是需要编程实现如何向目标网站发起访问请求，如何从所获取的 Web 页面文件中读取 HTML 内容，如何从 HTML 文件中提取出有用的信息，并进行分析使用。下面，通过几个实例来说明网络爬虫程序达成以上目标的方法和过程。

12.2.1 通过网站域名获取 HTML 数据

如果对网络运行的方式了解不多，那么互联网的原理可能看起来有点儿神秘。准确地说，每当打开浏览器访问一个网站的时候，人们往往不会思考网络正在做什么，实际上作为普通用户也不需要去考虑访问互联网时，整个计算机网络系统是如何工作的。但是，使用 Python 程序来进行网页抓取编程时，人们就需要了解一下互联网运行的内部原理，包括在浏览器层（它如何解释所有的 HTML、CSS 和 JavaScript）的运行机制，有时也包括网络连接层的交换方式。

下面通过一个例子对浏览器获取信息的过程进行一个简单的了解。假设互联网中有一台网络服务器 A。张三想使用自己的计算机连接到 A 服务器。当一台机器想与另一台机器对话时，将会产生下面的一系列交换事件。

（1）张三的电脑发送一串 1 和 0 比特值，表示电路上的高低电压。这些比特构成了一种信息，包括请求头和消息体。请求头包含张三的本地路由器 MAC 地址和 A 的 IP 地址。

消息体包含张三对 A 服务器的请求。

（2）张三的本地路由器收到所有 1 和 0 比特值，把它们理解成一个数据包（packet），从张三自己的 MAC 地址"寄到"A 服务器的 IP 地址。他的路由器把数据包"盖上"自己的 IP 地址作为"发件"地址，然后通过互联网发出去。

（3）张三的数据包游历了一些中介服务器，沿着正确的物理电路路径前进，到了 A 服务器。

（4）A 服务器在它的 IP 地址收到了张三发来的数据包。

（5）A 服务器读取数据包请求头里的目标端口，然后把它传递到对应的应用——网络服务器应用（目标端口通常是网络应用的 80 端口，可以理解成数据包的"房间号"，IP 地址就是"街道地址"）。

（6）网络服务器应用从服务器处理器收到一串数据，数据是这样的：

- 这是一个 GET 请求
- 请求文件 index.html

（7）网络服务器应用找到对应的 HTML 文件，把它打包成一个新的数据包发送给张三，然后通过它的本地路由器发出去，用同样的过程回传到张三的机器上。

可以看出，在这整个的互联网访问过程中，并不需要浏览器参与其中，浏览器承担的角色只是负责将已经通过网络获取到的 HTML 文件进行正确的解读和展示。而当人们只需要对所获取的 HTML 文件进行爬取时，可以使用如下 Python 代码进行处理：

```python
"""
使用 urlopen 获取网页数据
"""
from urllib.request import urlopen   #导入 urllib.request 工具包，引入 urlopen()方法
url='http://pythonscraping.com/pages/page1.html'
html = urlopen(url)
print(type(html))
print(html.read())
```

这里使用了 urllib 包所提供的 urlopen()方法，向目标网页发送了一个 GET 请求，来获取指定的 HTML 文件内容。

在代码中，使用 print()函数将 urlopen()方法所返回的结果的数据类型打印出来，结果如下：

```
<class 'http.client.HTTPResponse'>
```

可以看到，urlopen()方法的执行结果是一个 HTTPResponse 对象，它代表了从服务器端对 http 请求进行的回应（Response），这里即为一个 HTML 文档。接下来，利用这个 HTTPResponse 对象提供的 read()方法将所获取的 HTML 文档内容进行读取，并使用 print()函数进行输出，结果如下：

```
#输出结果
b'<html>\n<head>\n<title>A Useful Page</title>\n</head>\n<body>\n<h1>An
Interesting Title </h1> \n < div > \nLorem ipsum dolor sit amet, consectetur
adipisicing elit, sed do eiusmod tempor incididunt ut labore et dolore magna
aliqua. Ut enim ad minim veniam, quis nostrud exercitation ullamco laboris nisi ut
aliquip ex ea commodo consequat. Duis aute irure dolor in reprehenderit in
voluptate velit esse cillum dolore eu fugiat nulla pariatur. Excepteur sint
occaecat cupidatat non proident, sunt in culpa qui officia deserunt mollit anim id
est laborum.\n</div>\n</body>\n</html>\n'
```

可以看到所获取的 HTML 文档内容是一个标准的 HTML 文件。此外，上文中使用的 urlopen() 方法是进行网页爬取时最常用的方法，在后续的代码中也将频繁地使用这个方法。

12.2.2 使用 BeautifulSoup 提取 HTML 内容

BeautifulSoup 是一个用于从 HTML 或 XML 文件中提取数据的 Python 库，它通过定位 HTML 标签来格式化和组织复杂的网页信息，用简单易用的 Python 对象为人们展现 XML 结构信息。但是与 urlLib 不同的是，BeautifulSoup 并不是 Python 语言的标准工具库，需要进行安装才能使用它。

1. BeautifulSoup4 工具包的安装

如果当前使用的开发工具是 PyCharm，可以按照下面的步骤进行安装。

（1）启动 PyCharm，并建立项目，可以看到如图 12-2 所示的运行界面。

图 12-2　Pycharm 的终端选项卡

（2）将位于开发环境下方的选项卡切换到 Terminal，如图 12-3 所示。进入到控制台终端，在命令行输入命令：pip install BeautifulSoup4，就会安装 BeautifulSoup4 到当前项目的环境中,完成安装后终端将如图 12-4 显示。

图 12-3　命令行界面

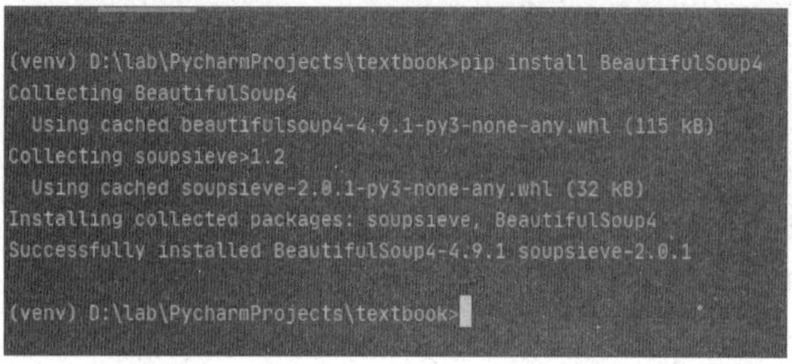

图 12-4　pip 工具安装 BeautifulSoup4

2. 使用 BeautifulSoup 提取 HTML 内容信息

BeautifulSoup 工具库中最常用的是 BeautifulSoup 对象,当使用 urlopen()方法完成了对目标业务的获取后,就可以调用 HTTPResponse 对象的 read()方法拿到目标页面的 HTML 代码内容,并根据这个代码内容来创建一个指定解释器的 BeautifulSoup 对象,从而获取结构化的 HTML 数据。代码如下:

```
#-*-coding: utf-8-*-
"""
#使用urlopen获取网页数据
"""
from urllib.request import urlopen     #导入urllib.request工具包,引入urlopen()方法
from bs4 import BeautifulSoup           #导入BeautifulSoup4工具包,引入BeautifulSoup类

url = 'http://pythonscraping.com/pages/page1.html'
html = urlopen(url)
bs = BeautifulSoup(html.read(), 'html.parser')
print(type(bs))
print(bs.h1)
```

其中,代码 bs = BeautifulSoup(html.read(), 'html.parser')表示采用了 Python 自带的 html.parser 解析器作为 BeautifulSoup 对象的解析器。也可以使用 lxml 解析器,但是需要单独安装 lxml 的工具包,方法如下。

在 PyCharm 开发环境的命令行终端下输入命令:pip install lxml,安装成功后,将显示如图 12-5 所示提示信息。

当需要选用 lxml 解析器时，将代码改为：bs = BeautifulSoup(html.read(), 'lxml') 即可。

运行程序代码，运行的结果如图 12-6 所示。

图 12-5　pip 工具安装 lxml 解析器 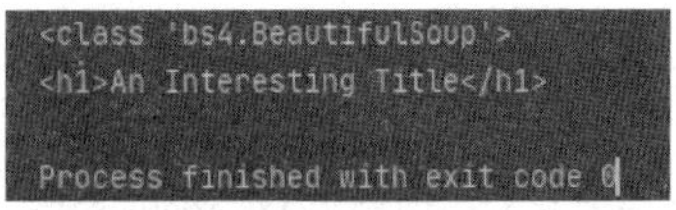　　　图 12-6　BeautifaulSoup 执行结果

可以看到，已经创建了一个 BeautifulSoup 对象，而 BeautifulSoup 对象表示的是一个 HTML 文档的内容，并且已经可以被结构化地进行访问了，文档中内容的结构关系如下：

```
# 文档结构关系
html → <html><head>...</head><body>...</body></html>
─ head → <head><title>A Useful Page</title></head>
  ─ title → <title>A Useful Page</title>
─ body → <body><h1>An Int...
  </h1><div>Lorem ip...</div></body>
  ─ h1 → <h1>An Interesting Title</h1>
    ─ div → <div>Lorem Ipsum dolor...</div>
```

从网页中提取的 <h1> 标签被嵌在 BeautifulSoup 对象结构的第二层（HTML→body→h1）。但是，从对象里提取 h1 标签时，可以直接访问它：

```
print(bs.h1)
```

这句代码的作用就是将 HTML 文档中 h1 标签（1 级标题）中的内容打印到屏幕上。

当创建一个 BeautifulSoup 对象时，需要传入两个参数，代码如下：

```
bs = BeautifulSoup(html.read(), 'html.parser')
```

第一个参数是该对象所基于的 HTML 文本；第二个参数指定了 BeautifulSoup 希望使用的 HTML 解析器。

3. 网页爬取时的异常处理

万维网是一个十分复杂的系统。在进行网页爬取时总会遇到各种各样难以预知的错误和异常情况，例如网页数据格式不友好、网站服务器死机、目标数据的标签找不到等，都可以造成爬虫程序不能正常运行。Python 语言的异常处理语句可以帮助人们编写足够健壮的代码来处理这些容易产生问题和麻烦的情况。

以爬虫 import 语句后面的第一行代码为例，看看如何处理可能出现的异常：

```
html = urlopen('http://www.pythonscraping.com/pages/page1.html')
```

这行代码主要会发生两种异常：

(1) 网页在服务器上不存在(或者获取页面的时候出现错误);
(2) 服务器不存在。

发生第一种异常时,程序会返回 HTTP 错误。HTTP 错误可能是 404 Page Not Found、500 Internal Server Error 等。对于所有类似情形,urlopen()方法都会抛出 HTTPError 异常。可以用下面的方式处理这种异常:

```python
#-*-coding: utf-8-*-
"""
#使用 urlopen 获取网页数据
"""
from urllib.request import urlopen
                            #导入 urllib.request 工具包,引入 urlopen()方法
from urllib.error import HTTPError,URLError
                            #导入 urllib.error 工具包,引入 HTTPError、URLError 类
from bs4 import BeautifulSoup    #导入 BeautifulSoup4 工具包,引入 BeautifulSoup 类

url = 'http://pythonscraping.com/pages/upage1.html'
try:
    html = urlopen(url)
    bs = BeautifulSoup(html.read(), 'html.parser')
    print(type(bs))
    print(bs.h1)
except HTTPError as e:
    print('HTTPError 错误信息: {0}'.format(e))
else:
    print('程序正常结束!')
```

如果返回 HTTP 错误代码,程序就会显示错误内容,不再执行 else 语句后面的代码;如果服务器不存在(就是说链接 http://www.pythonscraping.com 打不开,或者是 URL 链接写错了),urlopen 会抛出一个 URLError 异常。这就意味着获取不到服务器,并且由于远程服务器负责返回 HTTP 状态代码,可能不能捕获到 HTTPError 异常,因此还应该捕获到更严重的 URLError 异常,可以增加以下检查代码:

```python
#-*-coding: utf-8-*-
"""
#使用 urlopen 获取网页数据
"""
from urllib.request import urlopen
                            #导入 urllib.request 工具包,引入 urlopen()方法
from urllib.error import HTTPError,URLError
                            #导入 urllib.error 工具包,引入 HTTPError,URLError 类
from bs4 import BeautifulSoup    #导入 BeautifulSoup4 工具包,引入 BeautifulSoup 类

url = 'http://pythonscraping1.com/pages/page1.html'
try:
```

```
        html = urlopen(url)
        bs = BeautifulSoup(html.read(), 'html.parser')
        print(type(bs))
        print(bs.h1)
except HTTPError as e:
        print('HTTPError 错误信息: {0}'.format(e))
except URLError as e:
        print('URLError 错误信息: {0}'.format(e))
else:
        print('程序正常结束!')
```

很多时候,即使能够从服务器成功获取网页,网页上的内容也往往不一定完全是期望的那样,仍然可能会出现异常。调用 BeautifulSoup 对象里的一个标签时,增加一个检查条件以保证标签确实存在是比较常见的做法。如果想要调用的标签不存在,BeautifulSoup 就会返回 None 对象,而当对 None 对象调用其子标签时,就会发生 AttributeError 错误,所以在实际的代码编写中一般都要进行对调用对象是否为 None 对象的检查。当加上对 None 对象的检查后,代码如下所示:

```
#-*-coding: utf-8-*-
"""
#使用urlopen获取网页数据
"""
from urllib.request import urlopen
                                #导入urllib.request工具包,引入urlopen()方法
from urllib.error import HTTPError,URLError
                                #导入urllib.error工具包,引入HTTPError,URLError类
from bs4 import BeautifulSoup    #导入BeautifulSoup4工具包,引入BeautifulSoup类

url = 'http://pythonscraping.com/pages/page1.html'
try:
        html = urlopen(url)
        bs = BeautifulSoup(html.read(), 'html.parser')
        print(type(bs))
        if bs.h1 != None:
            print(bs.h1)
except HTTPError as e:
        print('HTTPError 错误信息: {0}'.format(e))
except URLError as e:
        print('URLError 错误信息: {0}'.format(e))
else:
        print('程序正常结束!')
```

由上可以得出,添加一些如下的检查代码,将有助于编写出更为稳定和健壮的 Python 程序:

```
if bs.h1 !=None:
    print(bs.h1)
```

12.3 解析网页

当已经从网络上获取了目标网页后，接下来需要做的工作就是对网页内容进行解析。使用 Python 语言进行网络爬虫开发时，最常用的开发工具包就是 BeautifulSoup4。BeautifulSoup4 最主要的功能是从网页抓取数据，BeautifulSoup4 自动将输入文档转换为 Unicode 编码，输出文档转换为 UTF-8 编码。BeautifulSoup4 支持 Python 标准库中的 HTML 解析器，还支持一些第三方的解析器。如果不安装第三方解析器，则 Python 会使用 Python 默认的解析器 html.parser，第三方解析器中最常用的解析器是 lxml 解析器，它更加强大，速度更快。

BeautifulSoup4 主要解析器的特点如表 12-1 所示。

表 12-1 BeautifulSoup4 解析器特点

解析器	使用方法	优势
Python 标准库	BeautifulSoup(markup,'html.parser')	Python 的内置标准库、执行速度适中、文档容错能力强
lxml HTML 解析器	BeautifulSoup(markup,'lxml')	速度快、文档容错能力强
lxml XML 解析器	BeautifulSoup(markup,'xml')	速度快、唯一支持 XML 的解析器
html5lib	BeautifulSoup(markup,'html5lib')	最好的容错性、以浏览器的方式解析文档，生成 HTML5 的格式文档

12.3.1 BeautifulSoup4 的基本使用

首先介绍使用 BeautifulSoup4 对网页进行内容解析的基本方式。为了清楚地说明具体的 BeautifulSoup4 工具操作方式，这里虚拟一个样本网页，其内容组成如下：

```
<!DOCTYPE html>
<html>
<head>
<meta content="text/html;charset=utf-8" http-equiv="content-type" />
<meta content="IE=Edge" http-equiv="X-UA-Compatible" />
<meta content="always" name="referrer" />
<title>清华大学计算机科学与技术系</title>
</head>
<body link="#0000cc">
<div id="wrapper">
<div id="head">
<div class="menu">
<ul>
<li id="u1"><a href="http://60.cs.tsinghua.edu.cn" title="60 周年系庆"
```

```
     style="color: #670206;" class="external" target="_blank">
<span>60周年系庆</span></a></li>
<li><a href="http://ac.cs.tsinghua.edu.cn" title="全英文研究生项
目" style="color: #670206;" class="external" target="_blank">
<span>全英文研究生项目</span></a></li>
<li><a href="http://thu-cmu.cs.tsinghua.edu.cn" title="清华-CMU
双硕士学位项目" style="color: #670206;" class="external" target="_blank">
<span>清华-CMU双硕...</span></a></li>
<li><a href ="http://www.cs.tsinghua.edu.cn/publish/cs/4760/
index.html" title="智能技术与系统国家重点实验室" style="color: #670206;">
<span>智能技术与系统国...</span></a></li>
<li><a href ="http://www.cs.tsinghua.edu.cn/publish/cs/4762/
index.html" title="人机交互与媒体集成研究所" style="color:#670206;">
<span>人机交互与媒体集...</span></a></li>
<li><a href ="http://www.cs.tsinghua.edu.cn/publish/cs/4765/index.
html" title="计算机网络技术研究所" style="color: #670206;">
<span>计算机网络技术研...</span></a></li>
<li><a href ="http://www.cs.tsinghua.edu.cn/publish/cs/4766/
index.html" title="高性能计算研究所" style="color: #670206;">
<span>高性能计算研究所</span></a></li>
<li><a href ="http://www.cs.tsinghua.edu.cn/publish/cs/4768/
index.html" title="计算机软件研究所" style="color: #670206;">
<span>计算机软件研究所</span></a></li>
</ul>
</div>
</div>
</div>
</body>
</html>
```

样本网页的 HTML 代码包含了一个网页文件的基本的结构和常见的内容。当获取一个目标网页后，首先需要对 HTML 代码结构、内容进行初步的分析，然后再根据需要从中提取感兴趣的信息内容。从 HTML 代码中，可以发现标准的 HTML 标签，标签中也包含了许多的属性，这里编写代码如下：

```
from urllib.request import urlopen      #导入urllib.request工具包,引入urlopen()方法
from bs4 import BeautifulSoup           #导入BeautifulSoup4工具包,引入BeautifulSoup类
url ='http://localhost:8080/booksite/html/samplepage1.html'
html =urlopen(url)
bs =BeautifulSoup(html, "html.parser")  #缩进格式
print(bs.prettify())                    #格式化html结构
print(bs.title)                         #获取title标签的名称
print(bs.title.name)                    #获取title的name
```

```
print(bs.title.string)                    #获取 head 标签的所有内容
print(bs.head)
print(bs.div)                             #获取第一个 div 标签中的所有内容
print(bs.div["id"])                       #获取第一个 div 标签的 id 的值
print(bs.a)
print(bs.find_all("a"))                   #获取所有的 a 标签
print(bs.find(id="ul"))                   #获取 id="ul"
for item in bs.find_all("a"):
    print(item.get("href"))               #获取所有的 a 标签,并遍历打印 a 标签中的 href 的值
for item in bs.find_all("a"): print(item.get_text())
```

首先使用 urlopen() 方法获取目标页面,然后使用所拿到的 HTML 代码内容创建一个 BeautifulSoup 对象,并指定使用 Python 提供的缺省解析器,接下来,就可以使用 BeautifulSoup 对象所提供的结构化文档访问方法对 HTML 文档的内容进行提取。

bs 是所创建的 BeautifulSoup 对象的名称,以下对代码中所使用到的各个函数进行说明。

bs.prettify():该方法获取 HTML 格式化后的所有 HTML 文本内容。

bs.title:获取 Web 页面文件的 title 标签。

bs.title.name:获取 title 标签的 name 属性,name 属性是一个 Tag 的基本属性。

bs.title.string:获取 title 标签的文本内容,一般使用这个属性来获取一个具有内部文本的文本内容。

bs.head:获取 Web 页面的 head 标签及其内部子标签,本例中获取的结果如图 12-7 所示。

```
<head>
<meta content="text/html;charset=utf-8" http-equiv="content-type"/>
<meta content="IE=Edge" http-equiv="X-UA-Compatible"/>
<meta content="always" name="referrer"/>
<link href="/publish/cs/css/common.css" rel="stylesheet" type="text/css"/>
<title>清华大学计算机科学与技术系 </title>
</head>
```

图 12-7 head 标签中的内容

bs.div:获取 Web 页面中的第一个 div 标签及其嵌套的内容。

bs.div["id"]:获取第一个 div 标签的 id 属性的值。

bs.a:获取 Web 页面中的第一个 a 标签(超链接标签)。

bs.find_all("a"):采用搜索方法,搜索 Web 页面中的所有的 a 标签,这个方法返回的是一个 bs4.element.ResultSet 对象,而这个结果实际上是一个可遍历的列表对象,其中的列表成员对象是一个 bs4.element.Tag 对象。

bs.find(id="ul"):采用查找方法,查找 id 值为 ul 的标签对象,需要注意的是这个方法返回的是一个 bs4.element.Tag,即单一的标签,而上面 find_all() 方法获取的是一个列表;这两个搜索方法都可以通过指定查询条件获取目标内容。

item.get("href"):item 是通过 bs.find_all("a") 查询到的一个标签对象,利用标签对象的 get() 方法可以拿到指定的属性值,也可以采用字典访问的形式访问一个标签的属性值,

即 item["href"]形式。

item.get_text()：获取一个标签对象中的文本内容,与采用 string 属性不同的是,访问一个标签对象的 string 属性只能访问到它的直接文本内容,而 get_text()方法则可以访问到标签对象的所有嵌套的文本内容。

12.3.2 BeautifulSoup4 四大对象

BeautifulSoup4 将复杂的 HTML 文档转换成一个复杂的树状结构,每个节点都是 Python 对象,并且所有对象都可归纳为 Tag、NavigableString、BeautifulSoup 以及 Comment 这 4 种。

1. Tag

Tag 是 BeautifulSoup4 中与 HTML 语言的标签相对应的对象,使用它可以方便地访问 HTML 标签内容,例如下面的代码：

```
from urllib.request important urlopen
from bs4 import BeautifulSoup     #导入 BeautifulSoup4 工具包,引入 BeautifulSoup 类
url = 'http://localhost: 8080/booksite/html/samplepage1.html'
html = urlopen(url)
bs = BeautifulSoup(html, "html.parser")        #缩进格式
#获取 title 标签的所有内容
print(bs.title)
#获取 head 标签的所有内容
print(bs.head)
#获取第一个 a 标签的所有内容
print(bs.a)
#类型
print(type(bs.a))
```

可以利用 BeautifulSoup 对象加标签名轻松地获取这些标签的内容,这些对象的类型是 bs4.element.Tag。但是需要注意,它查找的是在所有内容中的第一个符合要求的标签。对于 Tag,它有两个重要的属性,分别是 name 和 attrs：

```
from urllib.request import urlopen
                                #导入 urllib.request 工具包,引入 urlopen()方法
from bs4 import BeautifulSoup    #导入 BeautifulSoup4 工具包,引入 BeautifulSoup 类
url = 'http://localhost: 8080/booksite/html/samplepage1.html'
html = urlopen(url)
bs = BeautifulSoup(html, "html.parser")    #缩进格式
#[document]                      #bs 对象本身比较特殊,它的 name 即为 [document]
print(bs.name)
#head                             #对于其他内部标签,输出的值便为标签本身的名称
print(bs.head.name)
#在这里,把 a 标签的所有属性打印输出,得到的类型是一个字典。
```

```
print(bs.a.attrs)
#还可以利用 get 方法,传入属性的名称,二者是等价的
print(bs.a['class'])                    #等价于 bs.a.get('class')
#可以对这些属性和内容等进行修改
bs.a['class'] = "newClass"
print(bs.a)
#还可以对这个属性进行删除
del bs.a['class']
print(bs.a)
```

bs.a.attrs,attrs 是一个 Tag 的重要属性,它实际是一个包含了标签所有属性及属性值的字典对象,本例中的内容如下:

```
{'href': 'http://60.cs.tsinghua.edu.cn', 'title': '60周年系庆', 'style': 'color:
#670206;', 'class': ['external'], 'target':
'_blank'}
```

2. NavigableString

NavigableString 称为可导航字符。在拿到了标签后就可以通过标签的 string 属性来访问标签的内部文字,类似于 JavaScript 中一个标签对象的 innerText 属性,示例如下:

```
from urllib.request import urlopen      #导入 urllib.request 工具包,引入 urlopen()方法
from bs4 import BeautifulSoup           #导入 BeautifulSoup4 工具包,引入 BeautifulSoup 类
url = 'http://localhost:8080/booksite/html/samplepage1.html'
html = urlopen(url)
bs = BeautifulSoup(html, "html.parser")    #缩进格式
print(bs.title.string)
print(type(bs.title.string))
```

执行后的结果如图 12-8 所示。

```
D:\lab\PycharmProjects\textbook\venv\Scripts\python.exe D:/lab/PycharmProjects/textbook/sample2-1.py
清华大学计算机科学与技术系
<class 'bs4.element.NavigableString'>
```

图 12-8 NavigableString 执行结果

3. BeautifulSoup

BeautifulSoup 对象表示的是一个 Web 文档的内容。大部分时候,可以把它当作 Tag 对象,它是一个特殊的 Tag,可以分别获取它的类型和名称属性,示例如下:

```
from urllib.request import urlopen      #导入 urllib.request 工具包,引入 urlopen()方法
from bs4 import BeautifulSoup           #导入 BeautifulSoup4 工具包,引入 BeautifulSoup 类
url = 'http://localhost:8080/booksite/html/samplepage1.html'
html = urlopen(url)
```

```
bs =BeautifulSoup(html, "html.parser")    #缩进格式
print(type(bs.name))
print(bs.name)
print(bs.attrs)
```

执行后的结果如图 12-9 所示。

```
D:\lab\PycharmProjects\textbook\venv\Scripts\python.exe D:/lab/PycharmProjects/textbook/sample2-1.py
<class 'str'>
[document]
{}
```

图 12-9　BeautifulSoup 执行结果

4．Comment

Comment 表示 HTML 文档中注释部分，Comment 对象是一个特殊类型的 NavigableString 对象，其输出的内容不包括注释符号。

12.3.3　遍历文档树

HTML DOM 对象是一个单根结构的文档树，BeautifulSoup 可以采用访问 BeautifulSoup 对象的子节点的形式来遍历整个 HTML 文档树。常用的遍历子节点包括 .contents 子节点和.children 子节点。

.contents 即获取 Tag 的所有子节点，返回一个 list，例如下列代码：

```
from urllib.request import urlopen    #导入 urllib.request 工具包,引入 urlopen()方法
from bs4 import BeautifulSoup          #导入 BeautifulSoup4 工具包,引入 BeautifulSoup 类
url ='http://localhost:8080/booksite/html/samplepage1.html'
html =urlopen(url)
bs =BeautifulSoup(html, "html.parser")    #缩进格式

#tag 的.content 属性可以将 tag 的子节点以列表的方式输出
print(bs.head.contents)
#用列表索引来获取它的某一个元素
print(bs.head.contents[1])
```

执行结果为：

```
D:\lab\PycharmProjects\textbook\venv\Scripts\python.exe
D:/lab/PycharmProjects/textbook/sample2-1.py
['\n', <meta content="text/html;charset=utf-8" http-equiv="content-type"/>, '\n', <meta content="IE=Edge" http-equiv="X-UA-Compatible"/>, '\n', <meta content="always" name="referrer"/>, '\n', <link href="/publish/cs/css/common.css" rel="stylesheet" type="text/css"/>, '\n', <title>清华大学计算机科学与技术系</title>, '\n']
<meta content="text/html;charset=utf-8" http-equiv="content-type"/>
```

.children 即获取 Tag 的所有子节点，返回一个生成器（使用生成器，可以提高代码执行的效率，避免过多的内存开销），如下面的代码：

```python
from urllib.request import urlopen      #导入urllib.request工具包,引入urlopen()方法
from bs4 import BeautifulSoup           #导入BeautifulSoup4工具包,引入BeautifulSoup类
url = 'http://localhost:8080/booksite/html/samplepage1.html'
html = urlopen(url)
bs = BeautifulSoup(html, "html.parser")    #缩进格式

for child in bs.body.children:
    print(child)
```

这段代码将打印输出 body 标签的所有子节点的内容。

BeautifulSoup 还提供很多其他的遍历子节点的功能,如表 12-2 所示。

表 12-2 遍历子节点功能说明

子节点	功 能 说 明
.descendants	获取 Tag 的所有子孙节点
.strings	如果 Tag 包含多个字符串,即在子孙节点中有内容,可以用此获取,而后进行遍历
.stripped_strings	与 strings 用法一致,只不过可以去除掉那些多余的空白内容
.parent	获取 Tag 的父节点
.parents	递归得到父辈元素的所有节点,返回一个生成器
.previous_sibling	获取当前 Tag 的上一个节点,属性通常是字符串或空白,真实结果是当前标签与上一个标签之间的顿号与换行符
.next_sibling	获取当前 Tag 的下一个节点,属性通常是字符串或空白,真实结果是当前标签与下一个标签之间的顿号与换行符
.previous_siblings	获取当前 Tag 的上面的所有兄弟节点,返回一个生成器
.next_siblings	获取当前 Tag 的下面的所有兄弟节点,返回一个生成器
.previous_element	获取解析过程中上一个被解析的对象(字符串或 Tag),可能与 previous_sibling 相同,但通常是不一样的
.next_element	获取解析过程中下一个被解析的对象(字符串或 Tag),可能与 next_sibling 相同,但通常是不一样的
.previous_elements	返回一个生成器,可以向前访问文档的解析内容
.next_elements	返回一个生成器,可以向后访问文档的解析内容
.has_attr	判断 Tag 是否包含属性

12.3.4 搜索文档树

使用 BeautifulSoup 来解析 Web 文档,最常使用的方法是采用 find_all()方法和 find()方法来对 HTML 文档树进行搜索。其中借助过滤器,可以通过标签的不同属性轻松地过滤 HTML 页面,查找需要的标签组或单个标签。前面的示例代码中,已经初步使用了这两种方法,下面将详细地介绍这两种方法的过滤器使用。

1. find_all()方法

语法调用格式:

```
find_all(name, attrs, recursive, text, **kwargs)
```

1) name 参数

字符串过滤，BeautifulSoup4 会查找 name 属性与字符串完全匹配的标签结果集合（resultset），代码如下：

```
a_list =bs.find_all("a")
print(a_list)
```

以上代码将会搜索出所有名称为 a 的标签，即 Web 文档中所有的＜a＞标签节点，结果是一个 list，而不是一个单一的 Tag。

列表匹配，如果传入一个列表，BeautifulSoup4 将会查找 name 与列表中的任一元素匹配到的节点返回结果集，代码如下：

```
t_list =bs.find_all(["meta","link"])
for item in t_list:
    print(item)
```

自定义比较方法，BeautifulSoup4 还允许用户自定义一个返回逻辑值的比较方法作为参数传递给 find_all() 方法，这个特性进一步提高了编程的灵活性，代码如下：

```
def name_is_exists(tag):
    return tag.has_attr("name")
t_list =bs.find_all(name_is_exists)
for item in t_list:
    print(item)
```

其中的 name_is_exists(tag) 方法是用户自定义的一个方法，其参数 tag 表示 HTML 文档中的各个标签，当 find_all() 方法使用其作为参数时，将 HTML 文档中的每一个 Tag 逐一的传递给 name_is_exits() 方法进行比较，当返回结果为 true 时，该 Tag 将会加入到 find_all() 方法的结果集合中。

2) 属性匹配

标签的属性匹配的方式有两种形式：键值对（kwargs）的形式和属性字典（attrs）的形式。键值对形式的代码如下：

```
#查询 id=head 的 Tag
t_list =bs.find_all(id="head")
print(t_list)
```

其中的 id＝"head" 即是一个键值对，这个键值对构成了一个匹配条件，查询结果就是符合该条件的标签结果集，采用属性字典作为匹配条件的代码如下：

```
#查询 id=head 的 Tag
t_list =bs.find_all(attrs={'id': 'head'})
print(t_list)
```

代码中，将一个属性字段对象赋值给 attrs 参数作为匹配条件进行查询，其查询结果与前面的键值对形式的查询结果完全相同，采用属性字典的形式的优势在于可以构造具有多个匹配条件的属性字典对象作为匹配条件，如下代码：

```
#需要匹配 href 属性和 title 属性 两个条件限制
t_list =bs.find_all(attrs={'href': "http://60.cs.tsinghua.edu.cn",'title': "60周年系庆"})
print(t_list)
```

代码中构建了一个具有两个属性匹配要求的属性字典作为匹配条件，从而能够更精确地定位到 HTML 文档中的特定标签对象。

3）limit 参数

在使用 find_all()方式时，可以传入一个 limit 参数来限制返回的数量，当搜索出的数据量为 5，而设置了 limit=2 时，此时只会返回前 2 个数据，如下代码：

```
t_list =bs.find_all("a",limit=2)
for item in t_list:
    print(item)
```

代码执行结果将打印输出 HTML 文档中的前面两个 a 标签的内容。

2. find()方法

find()方法将返回符合条件的第一个 Tag，当只需要一个 Tag 时，就可以用到 find()方法。也可以使用 find_all()方法，传入一个 limit=1，然后再取出第一个值，执行效果是相同的。使用 find()方法，如果未搜索到符合匹配条件的值时，将返回一个 None，即空对象。

find_all()方法中所介绍的所有过滤条件设置方式，在 find()方法中都可以使用；两个方法的区别在于 find_all()返回的是结果集，而 find()方法返回的是单一对象，示例代码如下：

```
t =bs.find(title="60周年系庆")
print(t)
t_list=bs.find_all(title="60周年系庆")
print(t_list)
```

代码中，t 得到的是一个 Tag 对象，而 t_list 获取的是一个列表对象。

12.3.5　CSS 选择器

在 CSS 中，选择器是一种模式，用于选择需要添加样式的元素，常见的 CSS 选择器如表 12-3 所示。

表 12-3　常见的 CSS 选择器

选择器	例　子	例子描述	CSS
.class	.intro	选择 class="intro" 的所有元素。	1
#id	#firstname	选择 id="firstname" 的所有元素。	1

续表

选 择 器	例　子	例 子 描 述	CSS
*	*	选择所有元素。	2
element	p	选择所有<p>元素。	1
element,element	div,p	选择所有<div>元素和所有<p>元素。	1
element element	div p	选择<div>元素内部的所有<p>元素。	1
element＞element	div＞p	选择父元素为<div>元素的所有<p>元素。	2
element＋element	div＋p	选择紧接在<div>元素之后的所有<p>元素。	2
[attribute]	[target]	选择带有 target 属性的所有元素。	2
[attribute＝value]	[target＝_blank]	选择 target＝"_blank"的所有元素。	2
[attribute~＝value]	[title~＝flower]	选择 title 属性包含单词"flower"的所有元素。	2
[attribute|＝value]	[lang|＝en]	选择 lang 属性值以"en"开头的所有元素。	2

BeautifulSoup 支持大部分的 CSS 选择器,在获取 Tag 对象后,可以通过调用 Tag 对象的.select()方法,传入字符串型的 CSS 选择器参数,就可以利用 CSS 选择器来查询指定 HTML 文档内容。.select()方法的返回值和 find_all()方法一样,是一个结果集,而不是一个 Tag 标签对象。

下面是一些实例。

(1) 通过标签名查找:

```
t =bs.select('title')
print(t)
t =bs.select('a')
print(t)
```

(2) 通过类名查找:

```
t =bs.select('.menu')
print(t)
```

这里,menu 是一个 CSS 样式类的名称。

(3) 通过 id 查找:

```
t =bs.select('#u1')
print(t)
```

这里,u1 是一个 HTML 标签的 id 属性值。

(4) 组合查找:

```
t =bs.select('#u1 .external')
print(t)
```

这里,表示需要查询的是 id 值为"u1"的标签下的所有 CSS 类为"external"的标签。

(5) 属性查找:

```
t=bs.select('a[class="external"]')
print(t)
t=bs.select('a[title="全英文研究生项目"]')
print(t)
```

12.3.6 正则表达式

正则表达式是 BeautifulSoup 所支持的过滤器中功能最强大的工具,使用正则表达式可以组合出非常灵活高效的模式匹配条件。

正则表达式(regular expression)描述了一种字符串匹配的模式(pattern),可以用来检查一个字符串是否含有某种子字符串、将匹配的子字符串替换或者从某个字符串中取出符合某个条件的子字符串等。

在快速浏览大文档,以正则表达式查找像电话号码和邮箱地址之类的字符串时,是非常方便的。

在 Windows 操作系统中,常常使用 ? 和 * 通配符来查找硬盘上的文件。

? 通配符匹配文件名中的 1 个字符。例如 data?.dat 这样的模式表达可以表示以 data 开头,文件名具有 5 个字符,且扩展名是 dat 的一类文件,在进行查询匹配时将匹配 data1.dat、data2.dat、datax.dat、dataN.dat 等一系列文件。

* 通配符匹配零个或多个字符。例如 data*.dat 可以表示以 data 开头,且扩展名是 dat 的所有文件,在进行查询匹配时将匹配 data.dat、data1.dat、data2.dat、data12.dat、datax.dat、dataXYZ.dat 等文件。

通配符是为了对具有某种模式特征的文件字符串进行说明的方法,而正则表达式功能远比这两个通配符的模式表达能力更强大,而且更加灵活。

Python 自 1.5 版本起增加了 re 模块,它提供 Perl 风格的正则表达式模式。re 模块使 Python 语言拥有全部的正则表达式功能。compile() 函数根据一个模式字符串和可选的标志参数生成一个正则表达式对象。该对象拥有一系列方法用于正则表达式的匹配和替换。

re 模块也提供了与这些方法功能完全一致的函数,这些函数使用一个模式字符串作为它们的第一个参数。

1. re.match() 函数

re.match 尝试从字符串的起始位置匹配一个模式,如果不是起始位置匹配成功的话,match() 就返回 None。

函数语法:

```
re.match(pattern, string, flags=0)
```

函数参数说明如表 12-4 所示。

表 12-4　re.match()函数参数说明

参　　数	说　　明
pattern	匹配的正则表达式
string	要匹配的字符串
flags	标志位，用于控制正则表达式的匹配方式，如：是否区分大小写、多行匹配等

匹配成功，re.match()函数返回一个匹配的对象，否则返回 None。

构造一个正则表达式的字符串，本例中的正则字符串如图 12-10 所示。

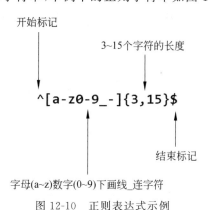

图 12-10　正则表达式示例

编写 Python 的测试代码：

```
import re                    #引入正则表达式工具包

tests=['12321abc','23a2b','a-b-3','121_abd-a','1a','Abk-234234']
pattern ='^[a-z0-9_-]{3,15}$'

for t in tests:
    if(re.match(pattern,t)):
        print('"{0}"符合正则表达式模式要求'.format(t))
    else:
        print('"{0}" 不符合要求'.format(t))
```

re 是 Python 自带的工具包，直接导入就可以使用。在代码中，使用一个 for 循环逐一取出测试字符串中的每一个字符，使用 re.match()函数进行检查，运行结果如图 12-11 所示。

```
D:\lab\PycharmProjects\textbook\venv\Scripts\python.exe D:/lab/PycharmProjects/textbook/sample2-2.py
"12321abc"符合正则表达式模式要求
"23a2b"符合正则表达式模式要求
"a-b-3"符合正则表达式模式要求
"121_abd-a"符合正则表达式模式要求
"1a" 不符合要求
"Abk-234234" 不符合要求
```

图 12-11　re.mathch()实例代码执行结果

正则表达式 pattern = '^[a-z0-9_-]{3,15}$'，表示需要匹配的模式是字符串具有 3～15 个字符，这些字符可以是所有的小写字母以及 0～9 的任意数字、下画线或者是短横线的任意组合。

可以看出,'12321abc'、'23a2b'、'a-b-3'、'121_abd-a' 等字符串都是满足要求的字符串,而'1a'的字符个数不足 3 个,'Abk-234234'中包含有大写字符均不符合要求。

2. re.compile()函数

compile()函数用于编译正则表达式,生成一个正则表达式对象,供 match()和 search()这两个函数使用。

语法格式：

```
re.compile(pattern[, flags])
```

参数介绍如下。

(1) pattern：一个字符串形式的正则表达式。

(2) flags：可选,表示匹配模式,比如忽略大小写,多行模式等,具体参数如下。

① re.I 表示忽略大小写。

② re.L 表示特殊字符集 \w、\W、\b、\B、\s、\S,依赖于当前环境。

③ re.M 表示多行模式。

④ re.S 即为 .,并且包括换行符在内的任意字符(.不包括换行符)。

⑤ re.U 表示特殊字符集 \w、\W、\b、\B、\d、\D、\s、\S,依赖于 Unicode 字符属性数据库。

⑥ re.X 为了增加可读性,忽略空格和 ♯ 后面的注释。

3. 正则表达式模式

模式字符串使用特殊的语法来表示一个正则表达式,具体如下。

(1) 字母和数字表示它们自身,一个正则表达式模式中的字母和数字匹配同样的字符串。

(2) 多数字母和数字前加一个反斜杠时会拥有不同的含义。

(3) 标点符号只有被转义时才匹配自身,否则它们表示特殊的含义。

(4) 反斜杠本身需要使用反斜杠转义。

(5) 由于正则表达式通常都包含反斜杠,所以最好使用原始字符串来表示它们。模式元素(如 r'\t',等价于 '\\t')匹配相应的特殊字符。

表 12-5 常用的正则表达式符号

符 号	含 义	例 子	匹 配 结 果
*	匹配前面的字符、子表达式或括号里的字符 0 次或多次	a*b*	aaaaaaaa, aaabbbbb, bbbbbb
+	匹配前面的字符、子表达式或括号里的字符至少 1 次	a+b+	aaaaaaab, aaabbbbb, abbbbbb
[ ]	匹配中括号里的任意一个字符(相当于"任选一个")	[A-Z]*	CAPITALS, QWERTY, APPLE
( )	表达式编组(在正则表达式的规则里编组会优先运行)	(a*b)*	abaaab, ababaaaab, aaabaab
{m,n}	匹配前面的字符、子表达式或括号里的字符 m 到 n 次(包含 m 或 n)	a{2,3}b{2,3}	aabbb, aaabbb, aabb
[^]	匹配任意一个不在中括号里的字符	[^A-Z]*	lowercase, qwerty, apple

续表

符号	含义	例子	匹配结果
|	匹配任意一个由竖线分割的字符、子表达式（注意是竖线，不是大写字母I）	b(a|i|e)d	bad,bid,bed
.	匹配任意单个字符（包括符号、数字和空格等）	b.d	bad,bzd,b$d,b d
^	指字符串开始位置的字符或子表达式	^a	apple,asdf,a
\	转义字符（把有特殊含义的字符转换成字面形式）	\.|\\	.|
$	经常用在正则表达式的末尾，表示"从字符串的末端匹配"。如果不用它，每个正则表达式实际都带着".*"模式，只会从字符串开头进行匹配。这个符号可以看成是^符号的反义词	[A-Z]*[a-z]*$	ABCabc,zzzyx,Bob

表12-5列举了常见的正则表达式符号，除了以上的正则表达式符号外，还有一些特殊的字符用以简化正则表示式的表述，如表12-6所示。

表12-6 特殊字符类

特殊字符	含义
\d	匹配任意数字字符，等价于[0~9]
\D	匹配任意非数字字符，等价于[^0~9]
\s	匹配任意空白字符，包括空格、制表符、换页符等，等价于[\f\n\r\t\v]
\S	匹配任意非空白字符，等价于[^\f\n\r\t\v]
\w	匹配包括下画线的任意单词字符，等价于[A~Z,a~z,0~9_]
\W	匹配任何非单词字符，等价于[^A~Z,^a~z,^0~9,^_]

4. 正则表达式和BeautifulSoup

在抓取网页的时候，BeautifulSoup和正则表达式总是配合使用的。其实，大多数支持字符串参数的方法（比如，find(id="aTagIdHere")）也都支持正则表达式。

接下来，通过利用正则表达式和BeautifulSoup对象结合使用来抓取特定目标信息的例子作进一步讲解。

需要抓取网页中有用的图片信息，待抓取的网页是http://www.pythonscraping.com/pages/page3.html，该网页的内容如图12-12所示。

注意观察网页上有几张商品图片，它们的源代码形式如下：

```
<img src="../img/gifts/img3.jpg">
```

如果想抓取所有图片的URL链接，非常直接的做法就是用find_all("img")抓取所有

图 12-12　抓取图片的实例页面

图片。但是这样做,常常是存在问题的。在大多数情况下,除了需要的目标图片外,网页中还存在着许多"多余的"图片。比如 LOGO 图片、边框图片等,现代网站里还有一些隐藏的图片、用于网页布局留白和元素对齐的空白图片,以及一些不容易察觉到的图片标签等。因此,不能简单采用获取网页上所有的图片的方式来爬取目标图片,需要分析目标图片的链接字符串特征进行有针对性的爬取操作。

通过分析 img 标签的 src 属性中的特征,可以发现想要获取的目标图片的 src 属性字符串都具有"../img/gifts/..."的特征,因此可以根据这个特征来设计一个正则表达式模式字符串,从而过滤掉其他不需要的图片。

目标图片的 src 模式字符串的设计为'^\.\./img/gifts/img.*\.jpg',具体代码如下:

```
import re                    #引入正则表达式工具包
from urllib.request import urlopen
from bs4 import BeautifulSoup

url ='http://www.pythonscraping.com/pages/page3.html'
pattern='\.\./img/gifts/img.*\.jpg'
html =urlopen(url)
bs =BeautifulSoup(html.read(),'html.parser')
images =bs.find_all('img',{'src': re.compile(pattern)})

for img in images:
    print(img)
```

上述代码中,bs.find_all('img',{'src': re.compile(pattern)})的含义是使用 find_all()方法查询所有的 img 标签,匹配条件需要其 src 属性字符串满足 pattern 变量所说明的正则表达式要求,代码执行结果如图 12-13 所示。

可以将正则表达式作为 BeautifulSoup 语句的任意一个参数,从而能够灵活地查找目标元素。

```
D:\lab\PycharmProjects\textbook\venv\Scripts\python.exe D:/lab/PycharmProjects/textbook/sample2-3.py
<img src="../img/gifts/img1.jpg"/>
<img src="../img/gifts/img2.jpg"/>
<img src="../img/gifts/img3.jpg"/>
<img src="../img/gifts/img4.jpg"/>
<img src="../img/gifts/img6.jpg"/>
```

图 12-13　图片查询实例代码执行结果

12.4　动态网页抓取

12.4.1　什么是动态网页

在前面的章节中，主要介绍了使用 Python 语句对静态网页中的内容进行抓取的知识和技术。当访问静态网页时，用户与 Web 服务器通信的主要方式，就是发出 HTTP 请求获取新页面，而采用的请求方法主要是 GET 方法。但在实际的现代万维网中，人们所访问的很多网站，并不是单纯采用 HTML 技术进行开发的，而是采用了 DHTML 技术或是 JavaScript 语言动态地从服务器对网页内容进行拉取，特别是 Ajax 技术在 Web 应用中的广泛使用，使得网站的页面不需要重新加载，即可更新网页内容，极大地提升了网站的访问体验。Ajax 的全称是 Asynchronous JavaScript and XML（异步 JavaScript 和 XML），网站不需要使用单独的页面请求就可以和 Web 服务器进行交互（收发信息）。

当需要从动态网页中爬取信息时，就无法再采用与爬取静态网页相同的技术和方法来进行爬取了，因为如果使用 urllib.request 工具包中 urlopen()方法向目标页面发出访问请求时，只能获取到 Web 页面中的 JavaScript 脚本代码或者是一个网页的跳转访问链接，而不是想获取的目标信息内容。对于动态网页的信息爬取，主要采用两种方法进行数据提取：一种是利用 JavaScript API 接口函数进行直接调用，从而获取到服务器端的数据内容，这种方式简单快捷，获取数据的速度快且高效，但是需要对 JavaScript 语言有一定的掌握，并且熟悉常见的 Web 数据的组织结构方式，例如 JSON 数据结构；另一种是使用一些工具包模仿浏览器对目标页面进行访问，从而将动态页面静态化，这样就可以沿用在静态页面中所使用的爬取技术进行数据爬取和内容提取操作。

12.4.2　利用 JavaScript API 抓取内容

API（application programming interface，应用程序接口）的一般概念是指一些预先定义的函数，或指软件系统不同组成部分衔接的约定。用来提供应用程序与开发人员基于某软件或硬件得以访问的一组编程接口，而又无须访问源码，或理解内部工作机制的细节。

JavaScript API 主要是指在 Web 页面中调用的 JavaScript 函数（以下简称为 JS 函数），这些 JS 函数可能是在 HTML 文档中定义的，一般定义在一对<script>标签中，但更常见的是采用外联 JS 文件的形式进行定义，而在 HTML 文档中引入到 Web 页面中进行调用。

使用 JS API 来抓取动态网页内容之前，首先需要对目标页面进行仔细的观察和分析，了解和掌握好 JS 函数的调用方法、参数组成以及返回的数据格式、内容结构等基本信息后才能有针对性地进行使用，从而提高抓取信息的成功率和有效性。下面通过一个具体的实例来介绍使用 JavaScript API 进行动态网页内容抓取的方法和过程。

1. 对目标网页 API 进行分析

以从豆瓣网的"选电影"频道中抓取最新的电影的评分数据为例进行介绍。豆瓣网的 URL 是 https://movie.douban.com/，使用 Google Chrome 浏览器打开豆瓣网网站主页，可见到如图 12-14 所示的内容（因网络数据不断更新，网页内容可能与本书图例不太一致）。

图 12-14　豆瓣网主页

接下来，单击"选电影"按钮，切换到"选电影"频道，如图 12-15 所示。

图 12-15　豆瓣网"选电影"频道页面

为了能够对网站获取数据的方式进行分析，利用 Chrome 浏览器自带的 Web 分析工具进行网页分析。在 Chrome 浏览器窗口中按下 F12 键，将会调出 Web 分析工具插件，然后再按 F5 键刷新一次页面，重新加载页面数据，则 Web 分析工具将会对 Web 页面的信息组成、数据获取过程等进行在线分析，如图 12-16 所示。

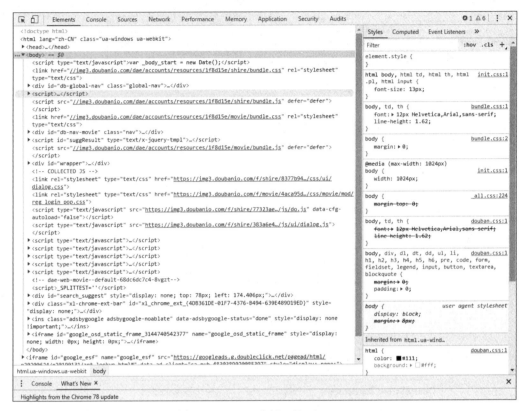

图 12-16　Web 分析工具 Elements

可以看出，Web 分析工具当前选项卡是 Elements，这个选项卡中的分析对象是 Web 页面中的元素内容组成，它是爬虫程序员常用的帮助工具，可以使用它帮助人们理解页面的内容组成，从中分析所要爬取的信息位于哪一个 HTML 标签中，是对静态网页进行分析的主要工具。

但是对 JavaScript API 的分析主要使用的是另一个选项，单击 Network 选项卡进行切换，并选择 XHR 选项，如图 12-17 所示。

Network 工具主要是对浏览器端和服务器之间的数据传递过程、方式、内容等很多重要信息进行展示，其中最令人关心的是 JS 函数如何与服务器进行数据交互的，需要分析的内容包括 JS 函数的参数组成，返回值的形式和数据结构。

简单分析后可以知道，在"选电影"频道页面中加载数据的 JS 函数调用是

```
https://movie.douban.com/j/search_subjects?type=movie&tag=%E7%83%AD%E9%97%
A8&sort=recommend&page_limit=20&page_start=0。
```

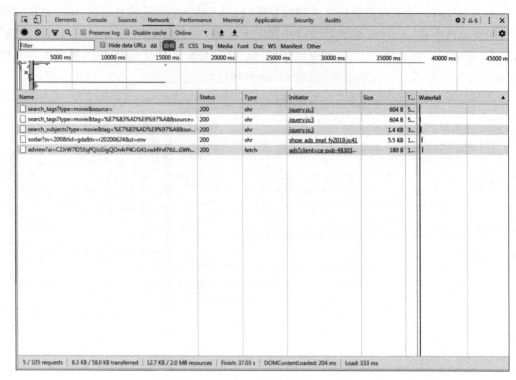

图 12-17　Web 分析工具 Network

（1）参数情况分析

Web 分析工具中显示了其调用的参数情况，如图 12-18 所示。

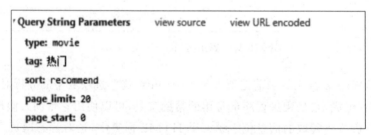

图 12-18　QueryString 参数情况

可以看到，search_subjects() 函数的调用方式是 GET 方式，其中需要传递以下 5 个参数。

① type：所查询的信息类型，这里传入的值是 movie。

② tag：视频的分类标签，这里传入的值是"热门"。

③ sort：视频的子分类，这里传入的值是 recommend。

④ page_limit：分页的单页记录数，这里传入的值是 20，在后续的调用中可以直接使用这个数值。

⑤ page_start：分页的当前页序号，这里传入的值是 0，表示第一页。在自行调用中可以依序逐步修改页序号的值，从而获取各个分页的数据信息。

(2) 返回值分析

在分析页面中切换到 Response 选项卡,查看服务器端的返回值情况,如图 12-19 所示。

Headers　Preview　Response　Cookies　Timing

{"subjects":[{"rate":"6.5","cover_x":4800,"title":"想哭的我戴上了猫的面具","url":"https:\/\/movie.douban.com\/subject\/34964061\/"

图 12-19　服务器端返回值情况

返回的数据内容很多,无法在一个视图中完全显示,可以右击 Response 选项卡页面,弹出菜单项 Open in new tab,选择该菜单项即可在一个新的窗口中观察完整的返回数据,如图 12-20 所示。

{"subjects":[{"rate":"6.5","cover_x":4800,"title":"想哭的我戴上了猫的面
具","url":"https:\/\/movie.douban.com\/subject\/34964061\/","playable":true,"cover":"https://img1.doubanio.com\/view\/photo\/
s_ratio_poster\/public\/p2609399538.webp","id":"34964061","cover_y":7600,"is_new":false},
{"rate":"6.9","cover_x":2000,"title":"侵入
者","url":"https:\/\/movie.douban.com\/subject\/34845342\/","playable":false,"cover":"https://img9.doubanio.com\/view\/photo\
's_ratio_poster\/public\/p2608495324.webp","id":"34845342","cover_y":2860,"is_new":true},
{"rate":"6.5","cover_x":1382,"title":"罪证子
弹","url":"https:\/\/movie.douban.com\/subject\/35086930\/","playable":false,"cover":"https://img9.doubanio.com\/view\/photo\
's_ratio_poster\/public\/p2606913994.webp","id":"35086930","cover_y":2048,"is_new":true},
{"rate":"6.6","cover_x":2001,"title":"放射性物
质","url":"https:\/\/movie.douban.com\/subject\/26979354\/","playable":false,"cover":"https://img3.doubanio.com\/view\/photo\
's_ratio_poster\/public\/p2584122961.webp","id":"26979354","cover_y":2937,"is_new":true},
{"rate":"5.3","cover_x":1505,"title":"午夜0时的
吻","url":"https:\/\/movie.douban.com\/subject\/30488584\/","playable":false,"cover":"https://img9.doubanio.com\/view\/photo\
's_ratio_poster\/public\/p2563038544.webp","id":"30488584","cover_y":2130,"is_new":false},
{"rate":"8.5","cover_x":1944,"title":"黑
水","url":"https:\/\/movie.douban.com\/subject\/30331959\/","playable":false,"cover":"https://img3.doubanio.com\/view\/photo\
's_ratio_poster\/public\/p2569450232.webp","id":"30331959","cover_y":2880,"is_new":false},
{"rate":"7.2","cover_x":736,"title":"翻译疑
云","url":"https:\/\/movie.douban.com\/subject\/30145117\/","playable":false,"cover":"https://img1.doubanio.com\/view\/photo\
's_ratio_poster\/public\/p2580137248.webp","id":"30145117","cover_y":1000,"is_new":false},
{"rate":"8.0","cover_x":1452,"title":"默片解说
员","url":"https:\/\/movie.douban.com\/subject\/30135942\/","playable":false,"cover":"https://img3.doubanio.com\/view\/photo\
's_ratio_poster\/public\/p2571079312.webp","id":"30135942","cover_y":2048,"is_new":false},
{"rate":"7.7","cover_x":1429,"title":"误
杀","url":"https:\/\/movie.douban.com\/subject\/30176393\/","playable":true,"cover":"https://img3.doubanio.com\/view\/photo\/
s_ratio_poster\/public\/p2576090251.webp","id":"30176393","cover_y":2000,"is_new":false},
{"rate":"8.7","cover_x":600,"title":"给我翅
膀","url":"https:\/\/movie.douban.com\/subject\/30410114\/","playable":false,"cover":"https://img3.doubanio.com\/view\/photo\
's_ratio_poster\/public\/p2561160802.webp","id":"30410114","cover_y":800,"is_new":false},
{"rate":"5.5","cover_x":513,"title":"黑帮大佬和我的365
日","url":"https:\/\/movie.douban.com\/subject\/34968329\/","playable":false,"cover":"https://img9.doubanio.com\/view\/photo\
's_ratio_poster\/public\/p2609396514.webp","id":"34968329","cover_y":598,"is_new":false},
{"rate":"7.4","cover_x":1200,"title":"拍摄故
事","url":"https:\/\/movie.douban.com\/subject\/34919092\/","playable":false,"cover":"https://img1.doubanio.com\/view\/photo\
's_ratio_poster\/public\/p2607605327.webp","id":"34919092","cover_y":1790,"is_new":false}

图 12-20　search_subjects()函数的返回值

返回值的数据结构采用的是 JSON 格式。

JSON(JavaScript object notation,JS 对象简谱)是一种轻量级的数据交换格式。它基于 ECMAScript(欧洲计算机协会制定的 JS 规范)的一个子集,采用完全独立于编程语言的文本格式来存储和表示数据。它简洁和清晰的层次结构使得 JSON 成为万维网环境下理想的数据交换语言,是在 Web 服务中最为常见的数据交换格式。

可以看出,一个热门电影的相关信息有很多,这里可以只选择一些自己感兴趣的主要信息进行获取,如 title(电影名称)、rate(豆瓣评分)、url(电影详情的页面 URL)。

2. 使用 JavaScript API 对数据进行提取

在完成了对目标页面的分析后,就可以在 Python 代码中使用 urllib 工具包向服务器发出访问请求,并在所发送的访问请求 URL 中使用所分析的 JS 函数调用方式,填入必要的参数后进行调用,此时,服务器将会像响应一个普通页面的数据请求一样,返回所需要的数

据。鉴于所返回的数据形式是 JSON 格式,可以使用 Python 语言中的 JSON 语言解析工具对所获取的数据进行解析。

1) 定义数据实体类 Item

为了方便对所获取的数据进行使用,定义一个 Python 类来对所爬取的数据进行描述,定义代码如下:

```
#-*-coding: utf-8-*-
"""
电影信息数据
"""
class MovieItem(object):
    #电影信息的数据组成
    title=''
    rate=0
    url=''

    #对对象进行初始化
    def __init__(self, title,rate,url):
        self.title =title
        self.rate =rate
        self.url =url

    #定制电影信息的输出格式
    def __str__(self):
        return ('名称:{0}豆瓣评分:{1}详情url:{2}'.format(self.title,self.rate,self.url))
```

2) 创建 Request 对象访问目标服务器

采用 JavaScript API 访问服务器时,大多采用 HTTP GET 方法。首先根据 JS 函数调用的参数形式构造出访问 URL,然后创建 Request 对象,并以 Request 对象作为 urlopen() 函数的调用参数对目标 URL 进行访问。要特别注意的是,由于大部分服务器对于 Web API 的方法访问都会有特别的要求,常见的要求是对访问请求的 Headers 中的 User-Agent 信息进行甄别,所以在执行 URL 访问前需要确定该访问的 headers 数据块的要求。网络访问请求的 headers 信息同样可以使用 Chrome 浏览器的 Web 分析工具进行查看,如图 12-21 所示。

找到访问页面的 User-Agent 信息后,即可将其装载到 Request 对象的 headers 信息参数中,然后使用 urlopen() 方法进行网络访问:

```
from urllib.request import urlopen, Request
from urllib.parse import quote

type='movie'
tag=quote('热门')              #将汉字进行 html 编码
page_start=0
headers={'User-Agent': ' Mozilla/5.0 (Windows NT 6.1; WOW64) AppleWebKit/537.36 (KHTML, like Gecko) Chrome/78.0.3904.97 Safari/537.36'}
```

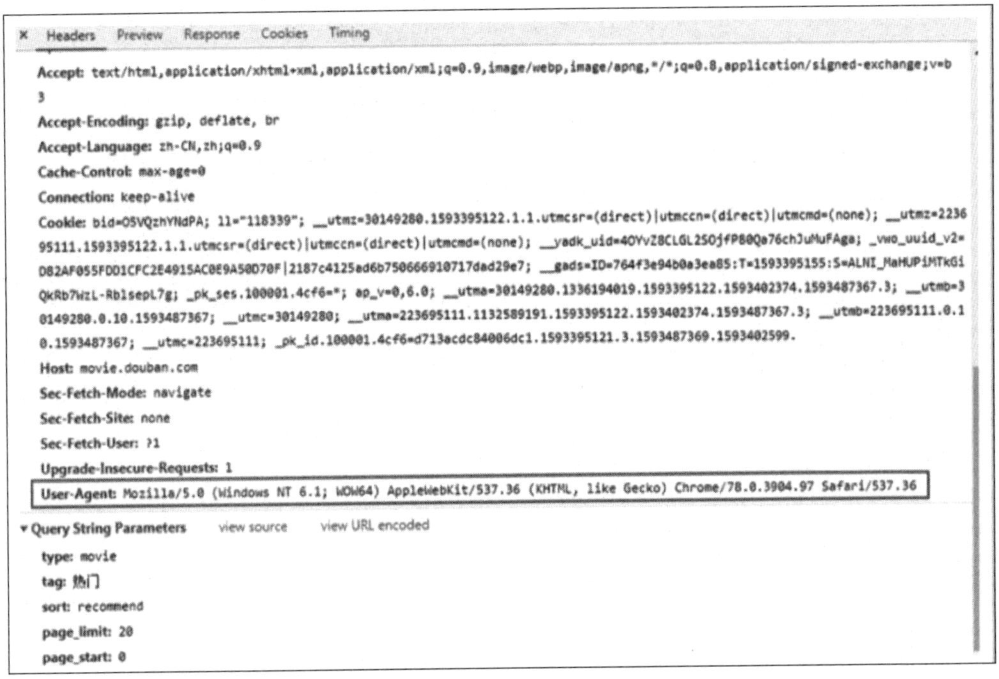

```
X  Headers  Preview  Response  Cookies  Timing
Accept: text/html,application/xhtml+xml,application/xml;q=0.9,image/webp,image/apng,*/*;q=0.8,application/signed-exchange;v=b
3
Accept-Encoding: gzip, deflate, br
Accept-Language: zh-CN,zh;q=0.9
Cache-Control: max-age=0
Connection: keep-alive
Cookie: bid=O5VQzhYNdPA; ll="118339"; __utmz=30149280.1593395122.1.1.utmcsr=(direct)|utmccn=(direct)|utmcmd=(none); __utmz=2236
95111.1593395122.1.1.utmcsr=(direct)|utmccn=(direct)|utmcmd=(none); __yadk_uid=40YvZ8CLGL2SOjfP80Qa76chJuMuFAga; _vwo_uuid_v2=
D82AF055F0D1CFC2E4915AC8E9A50D70F|2187c4125ad6b750666910717dad29e7; __gads=ID=764f3e94b0a3ea85:T=1593395155:S=ALNI_MaHUPiMTkGi
QkRb7WzL-Rb1sepL7g; _pk_ses.100001.4cf6=*; ap_v=0,6.0; __utma=30149280.1336194019.1593395122.1593402374.1593487367.3; __utmb=3
0149280.0.10.1593487367; __utmc=30149280; __utma=223695111.1132589191.1593395122.1593402374.1593487367.3; __utmb=223695111.0.1
0.1593487367; __utmc=223695111; _pk_id.100001.4cf6=d713ecdc84006dc1.1593395121.3.1593487369.1593402599.
Host: movie.douban.com
Sec-Fetch-Mode: navigate
Sec-Fetch-Site: none
Sec-Fetch-User: ?1
Upgrade-Insecure-Requests: 1
User-Agent: Mozilla/5.0 (Windows NT 6.1; WOW64) AppleWebKit/537.36 (KHTML, like Gecko) Chrome/78.0.3904.97 Safari/537.36
▼ Query String Parameters    view source    view URL encoded
  type: movie
  tag: 热门
  sort: recommend
  page_limit: 20
  page_start: 0
```

图 12-21 页面的 headers 部分信息

```
url='https://movie.douban.com/j/search_subjects?type={0}&tag={1}&sort=
recommend&page_limit=20&page_start={2}'.format(type,tag,page_start)

req=Request(url,headers=headers)
resp=urlopen(req).read().decode('utf-8')
```

3）使用 JSON 工具对数据进行转换

通过 URL 访问调用后，就可以拿到 JavaScript API 函数调用后的服务器回传数据，这些数据在使用 urlopen() 方法获取的结果是被当作字符串使用的，为了使用结构化的数据，需要将这些平面字符串转换为具有逻辑结构的 JSON 数据对象。在 Python 中提供了 JSON 工具包来完成这个功能，代码如下：

```
#-*-coding:utf-8-*-

"""
使用javascript API进行动态网页的抓取
"""

from urllib.request import urlopen, Request
from urllib.parse import quote
import json
from movieItem import MovieItem          #导入自定义的电影信息类
m_type='movie'
tag=quote('热门')
page_start=0
```

```python
headers={'User-Agent': ' Mozilla/5.0 (Windows NT 6.1; WOW64) AppleWebKit/537.36 
(KHTML, like Gecko) Chrome/78.0.3904.97 Safari/537.36'}

url=' https: //movie.douban.com/j/search_subjects?type={0}&tag={1}&sort=
recommend&page_limit=20&page_start={2}'.format(m_type,tag,page_start)

req=Request(url,headers=headers)
resp=urlopen(req)

jsonObj=json.load(resp)

MovieInfos=[]    #存放电影信息的列表

for j in jsonObj.get('subjects'):
    m=MovieItem(j['title'],float(j['rate']),j['url'])
    MovieInfos.append(m)

for m in MovieInfos:
    print(m)
```

代码的执行结果如图 12-22 所示。

```
D:\lab\PycharmProjects\textbook\venv\Scripts\python.exe D:\lab\PycharmProjects\textbook\sample3-1.py
名称：想哭的我戴上了猫的面具 豆瓣评分:6.5 详情url:https://movie.douban.com/subject/34964061/
名称：侵入者 豆瓣评分:6.8 详情url:https://movie.douban.com/subject/34845342/
名称：咱们课啦：电影版 豆瓣评分:7.7 详情url:https://movie.douban.com/subject/34822138/
名称：欧洲歌唱大赛：火焰传说 豆瓣评分:6.6 详情url:https://movie.douban.com/subject/30483831/
名称：女鬼桥 豆瓣评分:6.2 详情url:https://movie.douban.com/subject/34912837/
名称：午夜0时的吻 豆瓣评分:5.3 详情url:https://movie.douban.com/subject/30488584/
名称：黑水 豆瓣评分:8.5 详情url:https://movie.douban.com/subject/30331959/
名称：翻译疑云 豆瓣评分:7.2 详情url:https://movie.douban.com/subject/30145117/
名称：默片解说员 豆瓣评分:8.0 详情url:https://movie.douban.com/subject/30135942/
名称：误杀 豆瓣评分:7.7 详情url:https://movie.douban.com/subject/30176393/
名称：给我翅膀 豆瓣评分:8.7 详情url:https://movie.douban.com/subject/30410114/
名称：黑帮大佬和我的365日 豆瓣评分:5.5 详情url:https://movie.douban.com/subject/34968329/
```

图 12-22　JSON 数据转换结果

12.4.3　使用 Selenium 和 Chrome Driver 获取动态页面内容

网页开发广泛使用 JavaScript 函数，但是大部分的网页所编制的 JavaScript 函数或者说是动态网页，它们的 API 调用都只是为了方便网站编程人员自己进行编写的，并不会对外提供一个清晰、明确的 API 调用指引文档，所以能够直接使用网页的 JavaScript API 进行数据爬取的情况是比较特殊和少见的。为了面对更一般的动态网页的数据爬取任务，需要爬虫程序能够模拟一个普通浏览器去访问目标页面，从而规避掉对动态网页复杂的分析过程，将对动态网页的访问转化为对静态网页的访问。

可以使用 Python 工具 Selenium 和一个没有界面的"无头浏览器"结合来进行这项工作，这里选用的"无头浏览器"是 Chrome Driver。

Selenium 是一个强大的网页抓取工具，最初是为网站自动化测试而开发的。近几年，它还被广泛用于获取精确的网站快照，因为网站可以直接运行在浏览器中。Selenium 可以让浏览器自动加载网站，获取需要的数据，甚至对页面截屏或者判断网站上是否发生了某些操作。

Selenium没有自带浏览器，它需要与第三方浏览器集成才能运行。例如，如果在Chrome上运行Selenium，会看到一个Chrome窗口被打开，进入网站，然后执行在代码中设置的动作。在Python的爬虫程序中更常用的方式是让程序在后台静静地运行，所以要使用Chrome Driver代替真实的浏览器。

Chrome Driver是一个无头浏览器（headless browser）。它会把网站加载到内存并执行页面上的JavaScript，但是它不会向用户展示网页的图形界面。把Selenium和Chrome Driver结合在一起，就可以运行一个非常强大的网络爬虫来轻松处理cookie、JavaScript、headers以及任何需要执行的操作。

1. 安装Selenium

在Pycharm中安装Selenium是比较简单的。首先在Pycharm中新建一个项目，同时创建项目程序所依赖的虚拟环境，如图12-23所示。

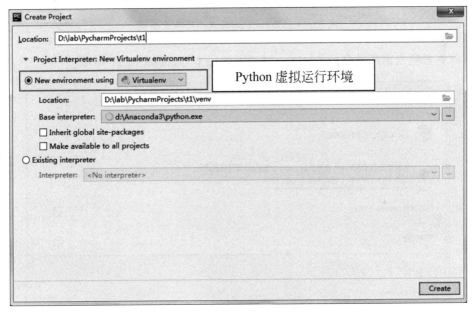

图12-23　Pycharm中创建虚拟运行环境

在项目开发环境中将位于下方工具栏的选项卡切换到Terminal（终端），在终端窗口中输入pip安装命令pip install selenium，Pycharm集成开发环境就将自动进行Selenium工具包的安装，安装结束后结果如图12-24所示。

2. 下载Chrome Driver工具

Chrome Driver使用程序文件，实际上它和正常的Chrome浏览器是一样的浏览器，区别在于普通的Chrome浏览器是有图形用户界面的，而Chrome Driver没有图形用户界面，只能使用代码编程进行使用。Chrome Driver需要配合所安装的Chrome浏览器才能正常工作，所以首先需要确定所安装的Chrome浏览器的版本，方法是打开Chrome浏览器，然后选择"帮助"菜单项中"关于Google Chrome"选项，如图12-25所示。

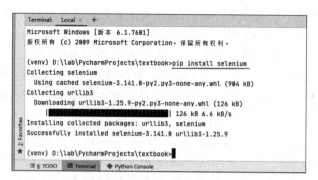

图 12-24　安装 Selenium 工具包

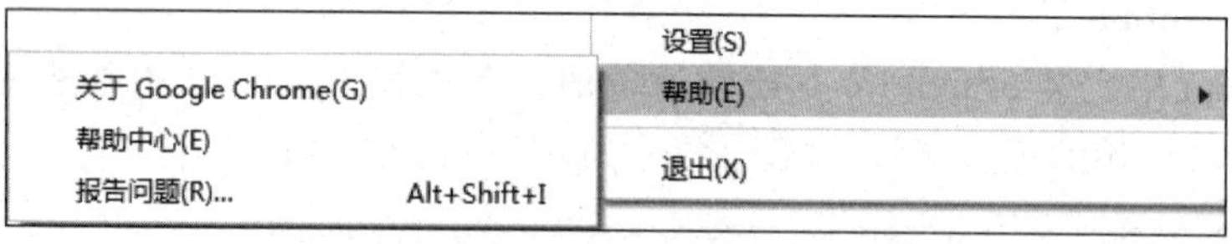

图 12-25　Chrome 浏览器的帮助菜单项

可以查看到当前所安装的 Chrome 浏览器的版本号，如图 12-26 所示。

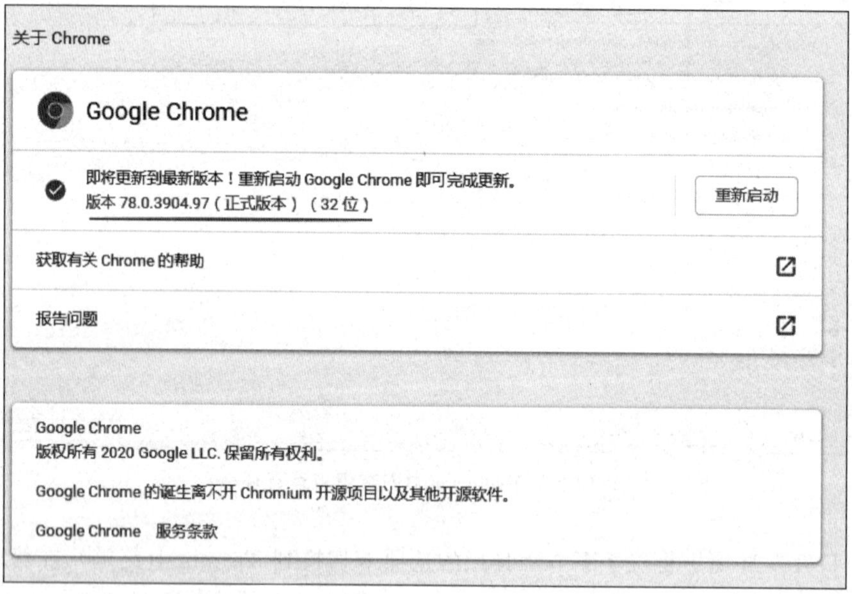

图 12-26　查看 Chrome 浏览器的版本号

接下来，到 Chrome Driver 的下载页面 http：//chromedriver.storage.googleapis.com/index.html 中找到对应版本号的文件进行下载，如图 12-27 和图 12-28 所示。

下载下来的是一个压缩文件，可将解压后的可执行文件放置到 D:\，方便进行使用。

3. 实例说明

本例使用 Selenium 工具结合 Chrome Driver 程序访问一个采用 Ajax 异步更新技术的动态页面来进行说明。

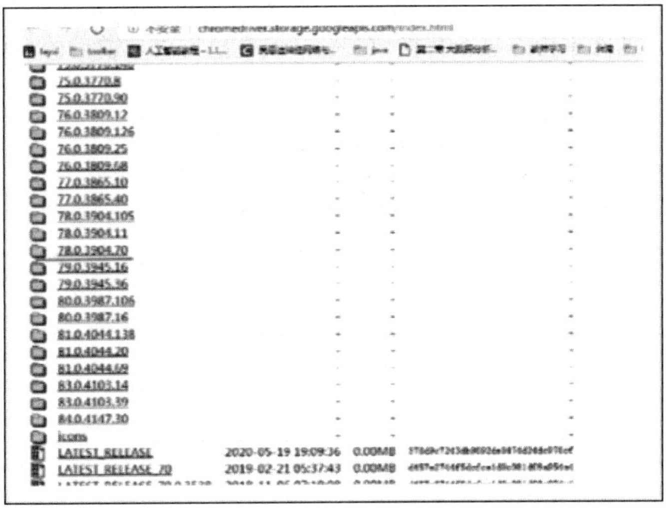

图 12-27　Chrome Driver 的下载页面

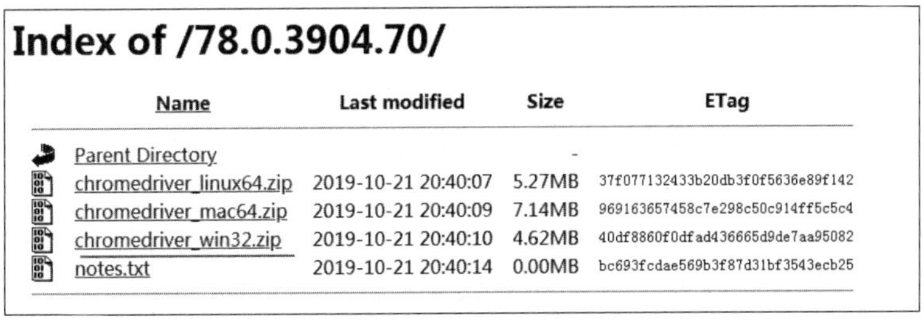

图 12-28　Chrome Driver 下载文件

要访问的页面的 HTML 代码如图 12-29 所示。

```
1  <html>
2  <head>
3  <title>Some JavaScript-loaded content</title>
4  <script src="../js/jquery-2.1.1.min.js"></script>
5
6  </head>
7  <body>
8  <div id="content">
9  This is some content that will appear on the page while it's loading. You don't care about scraping this.
10 </div>
11
12 <script>
13 $.ajax({
14     type: "GET",
15     url: "loadedContent.php",
16     success: function(response){
17
18     setTimeout(function() {
19         $('#content').html(response);
20     }, 2000);
21     }
22 });
23
24 function ajax_delay(str){
25  setTimeout("str",2000);
26 }
27 </script>
28 </body>
29 </html>
```

图 12-29　所访问页面的 HTML 代码

这个页面采用基于 jQuery JS 代码库的 Ajax 异步更新函数来对页面中＜div id＝"content"＞标签中的文本内容进行替换，在 Ajax 函数执行成功前后的页面分别如图 12-30 和图 12-31 所示。

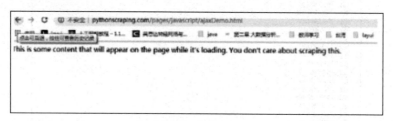

图 12-30　函数执行成功前的页面

图 12-31　Ajax 函数执行成功后的页面

页面是模拟了动态页面使用异步数据加载的不同阶段的浏览器中的展示内容，很多情况下，所要爬取的内容都是需要完成了动态数据加载后的页面，即图 12-31 中的显示内容。该页面上有一些简单的文字，是手工输入的 HTML 代码里的，打开页面两秒钟之后，它们就会被替换成由 Ajax 生成的内容。如果用传统的方法抓取这个页面，只能获取加载页面，而真正需要的信息（Ajax 执行之后的页面）却抓不到。

Selenium 库是一个在 WebDriver 对象上调用的 API。WebDriver 像一个可以加载网站内容的浏览器，它也可以像 BeautifulSoup 对象一样用来查找页面元素，与页面上的元素交互（发送文本、点击等）以及执行其他动作来运行网络爬虫。

下面的代码可以获取测试页面上 Ajax 动态加载数据后的内容：

```
#-*-coding: utf-8-*-
"""
    使用 selenium 和 chrome Driver 爬取动态网页
"""
from selenium import webdriver                          #导入 Selenium 的 WebDriver 工具包
from selenium.webdriver.chrome.options import Options
                                                        #导入 Chrome 浏览器的执行参数对象
import time
url = 'http://pythonscraping.com/pages/javascript/ajaxDemo.html'

chromeOptions=Options()
chromeOptions.add_argument('--headless')
                 #设置 Chrome 浏览器的执行模式为"无头模式"，即没有图形界面的模式
```

```
chromeOptions.add_argument('--disable-gpu')    #禁用GPU图形加速模式

driver = webdriver.Chrome(executable_path = 'd:\chromedriver', options =
chromeOptions)
driver.get(url)
time.sleep(3)                                  #等待3秒,以留出时间加载网页内容
print(driver.find_element_by_id('content').text)
driver.close()                                 #关闭WebDriver
```

上述代码用 Chrome 库创建了一个新的 Selenium WebDriver,首先用 WebDriver 加载页面,然后暂停执行 3 秒钟,再查看页面以获取(希望已经加载完成的)内容。

代码中,在创建 Chrome 浏览器的 WebDriver 对象时,需要指定以下两个参数。

(1) executeable_path:指名 Chrome Driver 工具程序文件的存放路径。注意不需要 chromedriver.exe 文件的扩展名。

(2) options:对 Chrome 浏览器的执行方式进行设置,这里,为 Chrome 浏览器的执行方式设置了如下两个参数。

① --headless:采用无图形界面模式运行。

② --disable-gpu:禁用 GPU 进行图形加速。

代码执行后,将获取 Ajax 函数异步加载后＜div id＝"content"＞标签中的更新后的文本内容:

```
Here is some important text you want to retrieve!
A button to click!
```

4. Selenium 的选择器

在之前的代码里,用 BeautifulSoup 的选择器来选择页面的元素,比如 find 和 findAll。Selenium 在 WebDriver 的 DOM 中使用了一组全新的选择器来查找元素,不过它们都使用了非常直截了当的名称。

在这个例子中,用的选择器是 find_element_by_id,但下面的其他选择器也可以获得同样的结果:

```
driver.find_element_by_css_selector('#content')
driver.find_element_by_tag_name('div')
```

当然,如果想选择页面上的多个元素,大部分选择器都可以用 elements(复数)来返回一个 Python 列表,如下面的代码所示:

```
driver.find_elements_by_css_selector('#content')
driver.find_elements_by_css_selector('div')
```

另外,如果还想用 BeautifulSoup 来解析网页内容,可以用 WebDriver 的 page_source() 函数返回页面的源代码字符串,示例如下。

```
pageSource =driver.page_source
bs =BeautifulSoup(pageSource, 'html.parser')
print(bs.find(id='content').get_text())
```

12.5　思考与练习

1. 什么是网络爬虫?
2. Python 语言中使用什么函数来访问远程网站?
3. BeautifulSoup4 工具包的作用是什么?
4. 什么是正则表达式,在网页内容分析中正则表达式能够起到什么作用?
5. Python 中对动态网页进行爬取主要使用哪两种方法?

第 13 章
网络程序设计

13.1 网络编程的基础知识

一般意义上,网络编程主要是指基于 TCP/IP 的网络程序设计或是网络软件开发。TCP/IP 起源于 20 世纪 60 年代末美国政府资助的一个分组交换网络研究项目,到 20 世纪 90 年代已发展成为计算机之间最常应用的组网形式。它是一个真正的开放系统,因为协议族的定义及其多种实现可以不用花钱或支付很少的费用就可以公开地得到。它被称作"全球互联网"或"因特网"的基础,海量的计算机都是通过 TCP/IP 进行数据交换和信息共享的。

13.1.1 分层模型

网络协议通常分不同层次进行开发,每一层分别负责不同的通信功能。一个协议族,比如 TCP/IP,是一组不同层次上的多个协议的组合。TCP/IP 通常被认为是一个四层协议系统,如图 13-1 所示。

每一层负责不同的功能,具体如下。

(1) 链路层,有时也称作数据链路层或网络接口层,通常包括操作系统中的设备驱动程序和计算机中对应的网络接口卡。它们一起处理与电缆(或其他任何传输媒介)的物理接口细节。

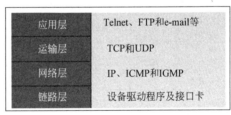

图 13-1 TCP/IP 协议系统

(2) 网络层,有时也称作互联网层,处理分组在网络中的活动,例如分组的选路。在 TCP/IP 协议族中,网络层协议包括 IP(网际协议)、ICMP(Internet 互联网控制报文协议)以及 IGMP(Internet 组管理协议)。

(3) 运输层,主要为两台主机上的应用程序提供端到端的通信。在 TCP/IP 协议族中,有两个互不相同的传输协议:TCP(传输控制协议)和 UDP(用户数据报协议)。TCP 为两台主机提供高可靠性的数据通信。它所做的工作包括把应用程序交给它的数据分成合适的小块交给下面的网络层,确认接收到的分组,设置发送最后确认分组的超时时钟等。由于运输层提供了高可靠性的端到端的通信,因此应用层可以忽略所有这些细节。而另一方面,UDP 则为应用层提供一种非常简单的服务。它只是把称作数据报的分组从一台主机发送到另一台主机，但并不保证该数据报能到达另一端。任何必需的可靠性必须由应用层来提供。这两种运输层协议分别在不同的应用程序中有不同的用途，这一点将在后续有所提及。

（4）应用层，负责处理特定的应用程序细节。几乎各种不同的 TCP/IP 实现都会提供下面这些通用的应用程序：①Telnet 远程登录；②FTP 文件传输协议；③SMTP 简单邮件传送协议；④SNMP 简单网络管理协议。

在 TCP/IP 协议族中，网络层 IP 提供的是一种不可靠的服务。也就是说，它只是尽可能快地把分组从源结点送到目的结点，但是并不提供任何可靠性保证。而另一方面，TCP 在不可靠的 IP 层上提供了一个可靠的运输层。为了提供这种可靠的服务，TCP 采用了超时重传、发送和接收端到端的确认分组等机制。由此可见，运输层和网络层分别负责不同的功能。

UDP 为应用程序发送和接收数据报提供方法。一个数据报是指从发送方传输到接收方的一个信息单元，例如，发送方指定的一定字节数的信息。但是与 TCP 不同的是，UDP 是不可靠的，它不能保证数据报能安全无误地到达最终的目的地。

13.1.2　IP 地址

计算机网络中的计算机能够相互访问的基本前提是这些计算机必须有一个独一无二的标识，从而可以相互识别。互联网上的每台主机都有一个唯一的 Internet 地址（也称作 IP 地址），用以标识接入互联网的计算机。IP 地址长度为 32 位（bit），它并不采用平面形式的地址空间，如 1、2、3 等。IP 地址具有一定的结构，5 类不同的 IP 地址如图 13-2 所示。

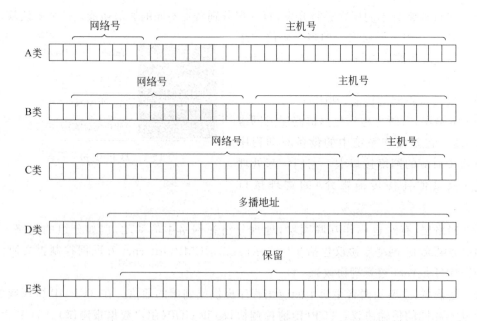

图 13-2　5 类 IP 地址

这些 32 位的地址通常写成 4 个十进制的数，其中每个整数对应 1 字节。这种表示方法称作"点分十进制表示法（dotted decimal notation）"。例如，192.168.109.1，表示一个 C 类地址。IP 地址从组成上看,具有网络号和主机号两部分。根据网络号所占二进制位的数量和特征号的不同,将 IP 地址分为如图 13-2 中的 5 类。区分各类地址的最简单方法是看它的第一个十进制整数。表 13-1 列出了 A、B、C 3 类地址的起止范围。

表 13-1 IP 地址范围表

IP 地址类型	IP 地址范围
A 类	1.0.0.1～126.255.255.254
B 类	128.0.0.1～191.255.255.254
C 类	192.0.0.1～223.255.255.254

由于互联网上的每个主机必须有一个唯一的 IP 地址,因此必须要有一个管理机构为接入互联网的网络分配 IP 地址。这个管理机构就是互联网络信息中心(Internet Network Information Centre,InterNIC)。InterNIC 只负责分配网络号,主机号的分配由网络的系统管理员来负责。

13.1.3 数据封装

当应用程序用 TCP 传送数据时,数据被送入协议栈中,然后逐个通过每一层直到被当作一串比特流送入网络。其中每一层对收到的数据都要增加一些首部信息(有时还要增加尾部信息)。TCP 传给 IP 的数据单元称作 TCP 报文段或简称为 TCP 段(TCP segment); IP 传给网络接口层的数据单元称作 IP 数据报(IP datagram);通过以太网传输的比特流称作帧(Frame)。以太网数据帧的物理特性是其长度必须在 46～1500 字节,在后面的实例代码中将使用到这样特性。准确地说,IP 和网络接口层之间传送的数据单元应该是分组(packet)。分组既可以是一个 IP 数据报,也可以是 IP 数据报的一个片(fragment),在网络上传输的数据单元是分组。

UDP 数据与 TCP 数据基本一致。唯一的不同是 UDP 传给 IP 的信息单元称作 UDP 数据报(UDP datagram),而且 UDP 的首部长为 8 字节。

大部分的网络应用程序都是使用 TCP 或 UDP 来传送数据的。运输层协议在生成报文首部时要存入一个应用程序的标识符。TCP 和 UDP 都用一个 16 位的端口号来表示不同的应用程序。TCP 和 UDP 把源端口号和目的端口号分别存入报文首部中。

13.1.4 端口号

在计算机网络和电磁信号理论中,对共享同一通信信道的多个信号进行区分是个常见的问题。多路复用(multiplexing)就是允许多个会话共享同一介质或机制的一种解决方案。TCP 和 UDP 都采用 16 位的端口号来识别应用程序。该方案为每个数据包分配了一对无符号的 16 位端口号(port number),端口号的范围从 0 到 65535。源端口(sourceport)标识了源机器上发送数据包的特定进程或程序,而目标端口(destination port)则标识了目标 IP 地址上进行该会话的特定应用程序。

在 IP 网络层上,唯一可见的就是向特定主机传输的数据包。即数据是从源 IP(source IP)向目标 IP(destination IP)进行传输。然而,进行通信的两台机器实际上还需要支持多个运行程序互不影响地同时进行交互,因此可以同时使用 IP 地址和端口号来标识源机器及目标机器。Source(IP：port number) -- Destination(IP：port number),即结合 IP 地址与端口号的形式来唯一标识通信双方的主机以及建立会话的应用程序。

那么这些端口号是如何选择的？提供标准网络服务的服务器一般都是通过标准端口号(也称为知名端口号--Known port)来识别不同的网络服务。例如,对于每个 TCP/IP 实现来说,FTP 服务器的端口号是 21；Telnet 服务器的端口号是 23；标准的 Web（world wide web,万维网）服务器的端口号是 80。任何 TCP/IP 实现所提供的标准服务都使用标准端口号,1～1023 的整数值就是保留为标准端口号使用的端口号。这些标准端口号由 Internet 分配机构(Internet Assigned Numbers Authority, IANA)来管理。

而一些非标准的网络服务程序就不能使用这些标准端口号作为网络应用的标识号,但可以使用 1024 以上的整数值作为自定义端口号。在本章中所编写的示例程序中都是使用的自定义端口号进行编程。

13.1.5　域名系统（DNS）

IP 地址是计算机网络中对于计算机主机的唯一标识。但是,IP 地址是为网络中的软件系统准备的,它的形式是一串数字编码,对于人们来说就比较难记难用了。为了方便使用,科学家设计了一套符合人们使用习惯的命名系统与软件系统中使用的 IP 地址进行对应,这套命名系统称为域名系统(Domain Name System,DNS)。

DNS 的名字空间和操作系统的文件系统相似,也具有层次结构。例如新浪网的域名为 www.sina.com.cn,其中位于域名最后的字符 cn 部分,称为顶层域名,一般顶层域名表示国别或地区。例如,cn—中国、uk— 英国、sg—新加坡、jp—日本。

字符 com 部分也称为顶层域名,表示不同的行业。例如,com—商业机构、gov—政府机关、edu—教育机构、mil—军事机构。

字符 sina 部分,表示网络中一台主机的主机名,是由主机的拥有者自行命名的。

字符 www 部分,表示了该主机对外提供的是什么服务,这里 www 表示这台主机对外提供了 WWW 服务,即万维网服务。

当然,对于计算机网络系统而言,软件系统仍然是采用 IP 中的 IP 地址来标识一台主机的,域名对软件而言是不可识别的,所以需要一套软件工具提供域名与 IP 地址间的转换。

一般而言,域名系统(DNS)这个术语也指一种用于 TCP/IP 应用程序的分布式数据库,它提供主机名字和 IP 地址之间的转换及有关电子邮件的路由信息。提供了 DNS 服务的网络服务器,被称为是 DNS 服务器。

只要指定了 DNS 服务器,人们就可以使用一个域名来访问网络上的一台主机了。

13.1.6　socket 网络编程

计算机网络编程并不是从"造轮子"开始进行的,现代网络编程广泛使用基于 socket 的编程模式进行网络应用程序的开发。

套接字(socket)是网络编程的基础组件,是支持 TCP/IP 的网络通信的基本操作单元。它是网络通信过程中端点的抽象表示,包含进行网络通信必须的 5 种信息：连接使用的协议、本地主机的 IP 地址、本地进程的协议端口、远程主机的 IP 地址以及远程进程的协议端口。

应用层通过传输层进行数据通信时,TCP 会遇到同时为多个应用程序进程提供并发服务的问题。多个 TCP 连接或多个应用程序进程可能需要通过同一个 TCP 端口传输数据。为了区别不同的应用程序进程和连接,许多计算机操作系统为应用程序与 TCP/IP 交互提供了套接字接口。应用层可以和传输层通过 socket 接口,区分来自不同应用程序进程或网络连接的通信,实现数据传输的并发服务。

socket 是应用层与 TCP/IP 协议族通信的中间软件抽象层,它是一组接口。在设计模式中,socket 其实就是一个门面模式,它把复杂的 TCP/IP 协议族隐藏在 socket 接口后面,对用户来说,一组简单的接口就是全部让 socket 去组织数据,以符合指定的协议。所以,无须深入理解 TCP/IP,socket 已经封装好了数据通信的标准,程序员只需要遵循 socket 的规定去编程,写出的就是遵循 TCP/IP 通信标准的应用程序。

13.2 基于 TCP 的网络编程

传输控制协议(TCP)是互联网通信中重要的网络协议。TCP 的第一个版本是在 1974 年定义的,它建立在网际层协议(IP)提供的数据表传输技术上。TCP 使得应用程序可以使用连续的数据流进行相互通信,提供了一种面向连接的网络服务模式。TCP 可以保证数据流完好无损地到达,不会出现任何信息丢失、重复或无序的现象。

13.2.1 TCP 工作原理

在实际的互联网环境中,传输数据免不了会出现很多意想不到的问题,传输的数据包在传输过程中可能会丢失,可能会被重复传输,也可能会出现客户端所接受的数据包并不是按照预期的次序进行传递的。如果没有使用 TCP,程序员编写的网络程序就不得不自己编写代码来保证数据包传输的可靠性,还需要提供一套传输过程错误时的恢复方案。当编写的网络程序是基于 TCP 时,这些工作就都交由 TCP 来完成,网络应用程序只需要向目标计算机发送流数据就可以了,TCP 可以保证数据传输过程的可靠性。

TCP/IP 的基本定义是 1981 年的 RFC793 所确定。RFC(request for comments)是由互联网工程任务组(IETF)发布的一系列备忘录。文件收集了互联网的相关信息,以及 UNIX 和互联网社群的软件文件,以编号排定。目前 RFC 文件是由互联网协会(ISOC)赞助发行的。在 RFC 793 之后,也有很多 RFC 对 TCP/IP 进行了扩展和改进。

TCP 的基本工作原理如下。

(1) 每个 TCP 数据包都有一个序列号,接收方使用该序列号来对所接收到的数据包进行正确排序,同时也通过该序列号查看数据传输过程中是否存在数据包(丢包)的情况,如果有,则可要求数据源计算机重新发送该序列号所标识的数据包。

(2) 和想象的不同,TCP 并不使用顺序的整数(1,2,3……)作为数据包的序列号,而是通过一个计数器来记录发送的字节数。例如,如果一个包含 1024 字节的数据包的序列号为 7200,那么下一个数据包的序列号就是 8224。这里可以用一个公式进行计算,假设计算器已经为前一个数据包创建了序列号 N,且其数据的大小为 X 字节,则下一个数据包的序列号为 P=N+X。这是设计方式为繁忙的网络传输带来了一定的便利,网络协议栈无须记录其是如何将数据流分割为数据包的。当需要进行重传时,可以使用另一种分割方式将数据流分为多个新数据包(如果需要传输更多字节的话,可以将更多数据包装入一个数据包),而接收方仍然能够正确接收数据包流。

(3) TCP 数据包的初始序列号是随机选择的。这样一来,网络攻击者就无法假设每个连接的序列号都从零开始,而如果 TCP 的序列号易于猜测,那么伪造数据包就容易多了。可以将数据包伪造成一个会话的合法数据,整个网络传输过程就比较容易受到网络攻击。

(4) TCP 并不等待每个数据包都被确认接收后才能发送下一个数据包,这样的算法速度非常慢。相反,TCP 在同一时刻可以发送多个数据包。TCP 中,将在同一时刻发送方希望传输的数据量称为 TCP 窗口(window)的大小。接收方的 TCP 可以通过控制发送方的窗口大小来减缓或暂停连接。这被称为流量控制(flow control)。这使得接收方在输入缓冲区已满时可以禁止更多数据包的传输。此时如果还有数据到达的话,那么这些数据也会被丢弃。

TCP 中包含了许多精巧的设计。对网络应用程序来说,处理的对象只有数据流,实际的数据包和序列号都被操作系统的网络协议栈巧妙地隐藏了。

13.2.2　TCP 的使用场合

使用 Python 进行的大多数网络通信都是基于 TCP 的,尽管 TCP 已经几乎成为了普遍情况下两个互联网程序进行通信的默认选择,但仍然有一些情况,TCP 并不是最适用的。

首先,如果客户端只需向服务器发送单个较小的请求,并且请求完成后无后续通信,那么使用 TCP 来处理这样的协议就有些复杂了。在这种情况下,程序员一般会考虑改用 UDP。

在客户端与服务器之间不存在长时间连接的情况下,使用 UDP 更为合适。尤其是客户端太多的时候。一台典型的服务器如果要为每台与之相连的客户端保存单独的数据流的话,那么就可能会内存溢出了。

此外,还有一种情况是不适合使用 TCP 的。当发生丢包现象,而应用程序因为某种原因不能重传数据包时,就不适用 TCP 了。例如,正在进行一次音频通话,如果有 1 秒的数据由于丢包而丢失了,那么只是简单地不断重新发送这 1 秒的数据直至其成功传达是无济于事的。反之,客户端应该从传达的数据包中任意选择一些组合成一段音频(为了解决这一问题,一个智能的音频协议会用前一段音频的高度压缩版本作为数据包的开始部分,同样将其后续音频压缩,作为数据包的结束部分),然后继续进行后续操作,就好像没有发生丢包一样。如果使用 TCP,那么这是不可能的。因为 TCP 会不断地重传丢失的信息,即使这些信息早已过时无用也不例外。UDP 数据报通常是互联网实时多媒体流的基础。

13.2.3　TCP 套接字的含义

TCP 使用端口号来区分同一 IP 地址上运行的不同应用程序。其对于标准端口号和临时端口号的划分可以参见 1.4 节中的内容。

TCP 是支持状态的数据流协议,在进行数据传输之前,必须首先建立起数据连接链路,数据连接的建立是后续所有网络通信所依赖的首要步骤。只有操作系统的网络协议栈成功完成了 TCP 间的链接握手,TCP 流的双方才算做好了通信的准备。在 Python 语言的网络编程中，使用 socket 对象的 connect()函数来建立网络数据连接。

TCP 的 connect()函数调用是有可能失败的。远程主机有可能不做出应答，也有可能拒绝连接，还可能出现一些意外产生的协议错误，比如立即收到一个 RST(重置)数据包。这是因为 TCP 流连接涉及两台主机间持续连接的建立。另一方的主机需要处于正在监听的状态，并做好接收连接请求的准备。

服务器端并不进行 connect()函数的调用，而是接收客户端 connect()调用的初始 SYN 数据包。对于 Python 应用程序来说，服务器端接受连接请求的过程中同时还新建一个套接字。这是因为，TCP 的标准 POSIX 接口实际上包含了两种截然不同的套接字类型：被动监听套接字和主动连接套接字。

(1) 被动套接字(passive socket)也称为监听套接字(listening packet)。它维护了套接字名、IP 地址以及端口号。服务器通过该套接字来接受连接请求。但是该套接字不能用于发送或接收任何数据，也不表示任何实际的网络会话。而是由服务器指示被动套接字通知操作系统首先使用哪个特定的 TCP 端口号来接受连接请求。

(2) 主动套接字(active socket)也称为连接套接字(connected socket)。它将一个特定的 IP 地址及端口号和某个与其进行远程会话的主机绑定。连接套接字只用于与该特定远程主机进行通信。可以通过该套接字发送或接收数据，而无须担心数据是如何划分为不同数据包的。这一通信流看上去就像 UNIX 系统的管道或文件。可以将 TCP 的连接套接字传递给一个接收普通文件作为输入的程序，该程序永远也不会知道它其实正在进行网络通信。

需要注意的是，被动套接字由接口 IP 地址和正在监听的端口号来唯一标识，因此任何其他应用程序都无法再使用相同的 IP 地址和端口，但是多个主动套接字是可以共享同一个本地套接字名的。例如，如果有 1000 个客户端与一台繁忙的网络服务器都进行着 HTTP 连接，那么就会有 1000 个主动套接字都绑定到了服务器的公共 IP 地址和 TCP 的 80 端口，而唯一标识主动套接字的是一个四元组：(local_ip,local port,remote ip,remote_port)。操作系统是通过这个四元组来为主动 TCP 连接命名的。接收到 TCP 数据包时，操作系统会检查它们的源地址和目标地址是否与系统中的某一主动套接字相符。

13.2.4　TCP 网络编程实例

在计算机网络编程中，总是将程序分为两个组成部分：服务器端程序和客户端程序。服务器端程序负责提供基于某种网络协议的计算机网络服务，例如常见的 Web 服务、FTP 服务、Email 服务等；而客户端程序则主要提供一种与服务端程序进行数据通信的用户工具软件，例如常常使用的浏览器软件(IE、Firefox 等)、收发邮件的客户端软件(Outlook、Foxmail 等)。下面通过使用一个 TCP 网络编程的实例来介绍 TCP 编程的基本步骤和方法，创建两个 Python 代码文件，分别实现 TCP 网络程序的服务器端和客户端，并进行详细地说明介绍，图 13-3 展示了 socket API 的调用次序和 TCP 数据流。

如图 13-3 所示，左边的 server 表示服务端，右边的 client 表示客户端。

服务端主要使用了以下几个 API 函数。

(1) socket()：创建 socket 对象，用于建立 socket 连接。

(2) bind()：将服务端与服务器主机的 IP 地址及端口号进行绑定，以便对外提供网络

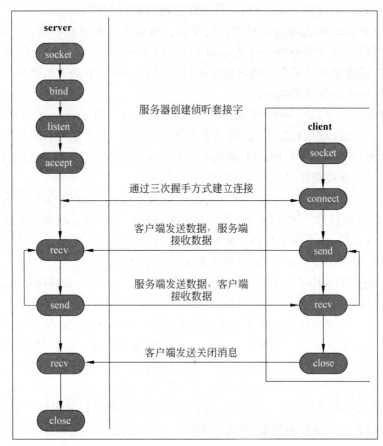

图 13-3　socket API 的调用次序和 TCP 数据流

服务。

（3）listen()：启动监听进程，开始监听客户端的连接请求。

（4）accept()：与客户端完成了三次握手协议，并建立网络连接通路，接收从客户端发送的数据。

客户端的操作主要包括以下几个 API 函数。

（1）socket()：创建 socket 套接字对象，用于建立 socket 连接。

（2）connect()：发送三次握手请求，建立数据传输通道。

（3）send()：发送数据。

（4）recv()：接收反馈数据。

（5）close()：关闭网络连接，并释放所占用的网络连接资源。

1. 服务器端代码

```
#-*-coding: utf8-*-
"""
文件名：server.py
```

```
"""
说明:
    使用 TCP 的编程实例,用于展示 TCP 网络通信的基本流程。
    程序分为两个部分
        1. 服务端: server 部分
        2. 客户端: client 部分

    服务端开发: 首先创建服务端程序启动 TCP 网络服务
        s1: 创建一个 socket 对象,并使用 AF_INET、SOCK_STREAM 作为创建参数
            AF_INET: 说明服务器所在操作系统使用的是 IPV4
            SOCK_STREAM: 说明以数据流的形式传递数据,即需要首先创建网络连接链路通道才能进
            行数据的通信传输,也就是采用的是 TCP 进行通信
        S2: 将所创建的 socket 对象与服务器主机 IP 地址以及端口号进行绑定
        S3: 启动监听
        S4: 接收数据
"""
import socket
MAX = 1024


port = 9000
ip = '127.0.0.1'

# s1: 创建一个 socket 对象
s_sock = socket.socket(socket.AF_INET, socket.SOCK_STREAM)
# SOL_SOCKET: 声明需要对 SOCKET 进行 (socket 描述符选项) 配置
# SOL_REUSEADDR: 该参数说明允许套接字重复绑定相同的 IP 地址
s_sock.setsockopt(socket.SOL_SOCKET, socket.SO_REUSEADDR, 1)
# s2: 将 Socket 对象与服务器主机的 IP 地址和端口号进行绑定
s_sock.bind((ip, port))
# s3: 启动监听
s_sock.listen(1)
print('服务端准备就绪,开始接收信息......')
while True:
    sc, addr = s_sock.accept()
    print(sc)
    print('客户端地址及端口号: {0}'.format(addr))


    data = sc.recv(MAX)
    msg = data.decode('utf-8')
    print('收到的信息: ' + msg)

    msg = '你好,{0}。我是{1},已经收到你发来的信息!'.format(addr, s_sock.getsockname())
    data = bytes(msg, 'utf-8')
    sc.send(data)
```

以下对上述代码进行具体说明。

第一步,使用 socket() 函数创建服务端使用的套接字对象,这里在创建 socket 对象时,使用 socket.AF_INET、socket.SOCK_STREAM 两个参数。

（1）socket.AF_INET：说明使用 IPv4.0 版本的 IP 地址。

（2）socket.SOCK_STREAM：说明网络通信采用数据流的方式进行，而不是数据包的形式，即使用 TCP，确保采用面向连接的通信模式。

第二步，使用 setsockopt() 函数设置 TCP 网络程序的运行方式，对 TCP 使用的套接字进行说明。

（1）SOL_SOCKET：说明进行 socket 描述符设置。

（2）SO_REUSEADDR：说明 TCP 服务端允许重复使用服务器主机的 IP 地址，这样，当服务端程序意外重启时，操作系统不会报错"IP 地址已被使用"。

第三步，使用 bind() 函数将 socket 对象与服务器 IP 地址及服务端口号进行绑定。

第四步，使用 listen() 函数启动监听。注意，listen() 函数中的参数 1，表示服务端允许的客户端连接的队列数量，超过该数值的客户端连接请求将不能进入服务端的应答队列，而被抛弃。

第五步，启动一个无限循环，用来接收客户端的访问请求。在代码中，accept() 函数是一个阻塞函数，即当服务端接收到客户端的连接请求时，启动 accept() 函数，否则就将一直等待下去；同时，当客户端的连接请求到达服务端时，accpet() 函数将会创建一个新的 socket 对象，专门用于服务端与该客户端间的数据通信和信息交互，即所谓的"主动套接字"，其组成为：(local_ip, local port, remote ip, remote_port)。可以看出，其中既有本机（指服务端主机）的 IP 地址和端口号，还包含远程计算机（客户端主机）的 IP 地址和端口号。

第六步，使用 accept() 函数所创建的 socket 对象的 recv() 函数接收由客户端发送的数据。

第七步，使用 send() 函数向客户端发送反馈信息。

第八步，使用服务端自己的套接字对象，调用 close() 方法，关闭服务器端程序。需要注意的是，在代码中并没有使用这样的方法关闭服务端程序。因为在服务端代码中，需要持续的对外提供网络服务，所以，在测试代码中不需要使用 close() 函数进行主动关闭服务端。在正式软件中，一般会通过专门的消息传递机制来通知服务端代码调用 close() 函数从而停止服务端程序。

其他方面，代码中 MAX 的值表示服务端接收数据的数据缓存区的大小。

2. 客户端代码

```
# - * - coding: utf8 - * -
"""
文件名：client.py
说明：
    使用 TCP 的编程实例，用于展示 TCP 网络通信的基本流程
    程序分为两个部分
    1. 服务端：server 部分
    2. 客户端：client 部分

客户端开发：向确定服务器 IP 地址和端口号的 TCP 网络服务器端发送数据
s1: 创建一个 socket 对象，并使用 AF_INET、SOCK_STREAM 作为创建参数
    AF_INET：说明服务器所在操作系统使用的是 IPv4
    SOCK_STREAM：说明以数据流的形式传递数据，即需要首先创建网络连接链路通道才能进
        行数据的通信传输，也就是采用的是 TCP 进行通信
```

```
        S2: 向目标服务器发出连接请求(创建通信连接链路)
        S3: 发送数据
        S4: 关闭连接,释放网络资源
"""
import socket
MAX =1024
serverIP='127.0.0.1'
serverPort =9000

c_sock =socket.socket(socket.AF_INET,socket.SOCK_STREAM)
c_sock.connect((serverIP,serverPort))
print('发送信息:')
mymsg =input()
sendmsg=mymsg+' from{0}'.format(c_sock.getsockname());
sendData =bytes(sendmsg,'utf-8')

c_sock.send(sendData)
print('已经发送信息,正在等待服务端反馈......')

data =c_sock.recv(MAX)
msg =data.decode('utf-8')
print(msg)
c_sock.close()
```

与服务端代码相比,客户端代码就要简单得多了,具体的说明如下。

第一步,与服务端类似,使用 socket()函数创建 socket 对象。同样采用 socket.AF_INET、socket.SOCK_STREAM 两个参数进行创建,保持与服务端所创建的套接字对象的一致性,都使用 TCP 进行数据通信。

第二步,使用 connect()函数向服务端发起连接请求,connect()函数的参数是一个包含了服务器主机 IP 地址以及所使用的端口号的二元组。

第三步,创建所要传输的数据。这里,首先使用 input()函数提供了一个供用户自行输入字符串信息的交换界面,然后将所拿到的字符串信息使用 encode()函数编码为 UTF-8 的字符编码方式。

第四步,使用 send()函数将数据发送给服务端。Python 语言中除了可以使用 send()函数发送数据外,也常常使用 sendall()函数来发送数据。区别在于 send()函数发送 TCP 数据,这个函数执行一次,并不一定能发送完给定的数据,可能需要重复多次才能发送完成,函数返回发送的字节大小,让程序员可以知道还有多少数据等待发送;sendall()函数发送完整的 TCP 数据,成功返回 None,失败抛出异常。

第五步,使用 recv()函数,接收从服务端返回的信息,MAX 的值仍然表示接收数据缓冲区的大小。

第六步,使用 decode()函数将数据进行解码,并打印输出。

第七步,使用 close()函数关闭 socket 对象,从而释放所占用的网络资源。对于客户端而言,这一步骤必不可少,否则客户端将一直占用网络连接通道,大幅降低服务端的可用性。

3. 执行测试

上述内容主要对 TCP 网络程序的运行过程进行了介绍。接下来，分别启动服务端程序和客户端程序，对代码执行的情况进行观察。要特别注意：首先启动服务端程序，然后才能启动客户端程序。

这里采用 PyCharm 作为集成开发工具，并在 PyCharm 中运行 Python 代码。首先在 PyCharm 中打开 server.py 代码文件，如图 13-4 所示。

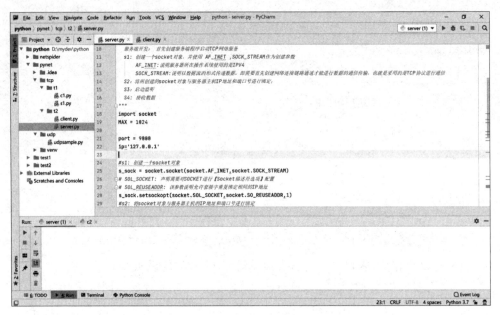

图 13-4　PyCharm 中打开 server.py 代码文件

右击代码显示窗口，在弹出的右键菜单中选择 Run 'server(1)' 菜单项，如图 13-5 所示。

代码执行的情况如下，在 PyCharm 的运行 (Run) 窗口中，显示了程序运行的情况，如图 13-6 所示。屏幕打印出"服务器准备就绪，开始接收信息……"字样，这是在服务端代码中启动服务监听后打印的提示信息。

接下来，使用 PyCharm 打开客户端代码文件 client.py，如图 13-7 所示。

右击代码显示窗口，运行客户端代码，运行情况如图 13-8 所示。

在客户端的运行界面中输入传输的信息 Hello，并按 Enter 键表示确定。可以看到，服务端发回了反馈信息：

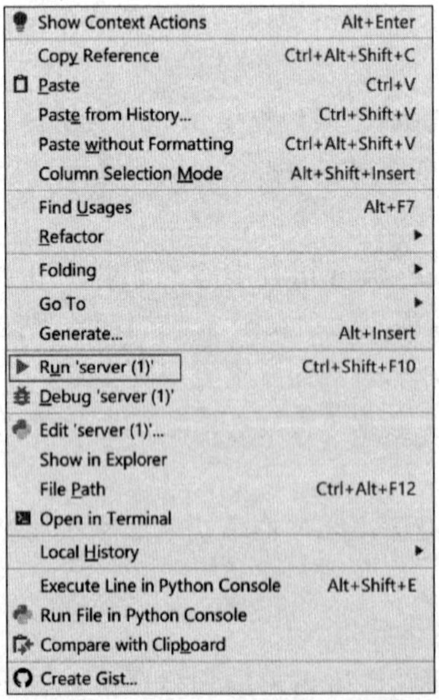

图 13-5　PyCharm 运行代码右键菜单

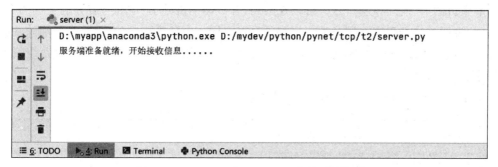

图 13-6　server.py 在 PyCharm 中的运行情况

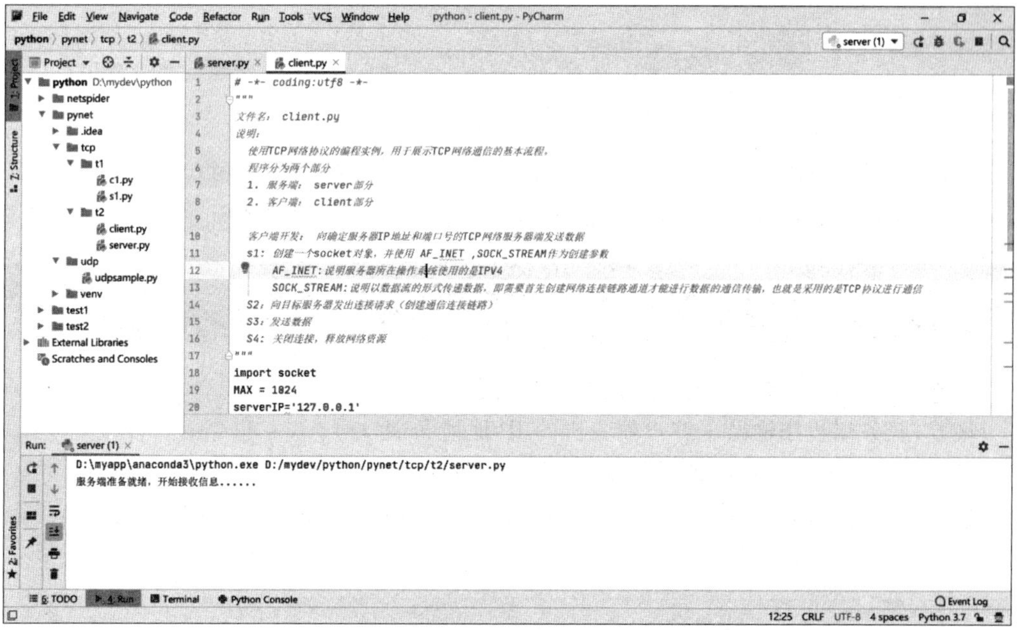

图 13-7　PyCharm 打开 client.py 代码文件

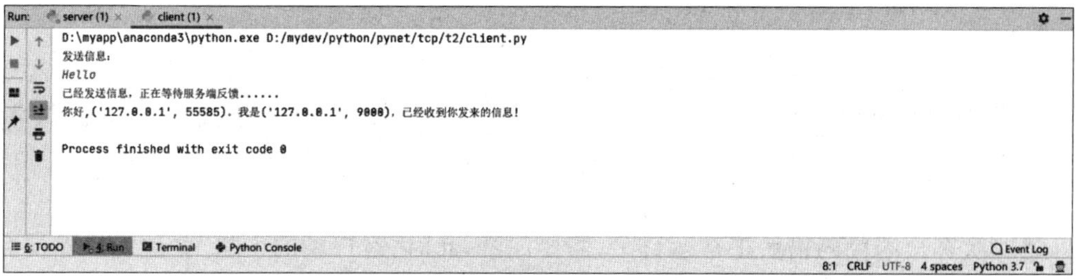

图 13-8　client.py 第一次运行的情况

你好,('127.0.0.1', 55585)。我是('127.0.0.1', 9000),已经收到你发来的信息!

其中,('127.0.0.1', 9000)表示服务端主机的 IP 地址和端口号;('127.0.0.1', 55585)表示

客户端主机的 IP 地址和端口号。可以观察到，客户端主机的 IP 地址与服务端主机的 IP 地址相同，说明客户端程序和服务端程序都是允许在同一台计算机中的，但是客户端的端口号 55585 是由客户端主机的操作系统自动分配创建的，而服务端的端口号则是预先在服务端代码中直接指定的。

再来看服务端的输出情况，如图 13-9 所示。

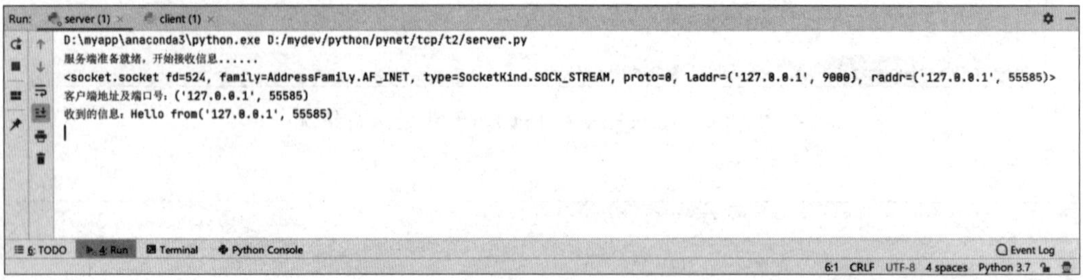

```
D:\myapp\anaconda3\python.exe D:/mydev/python/pynet/tcp/t2/server.py
服务端准备就绪，开始接收信息......
<socket.socket fd=524, family=AddressFamily.AF_INET, type=SocketKind.SOCK_STREAM, proto=0, laddr=('127.0.0.1', 9000), raddr=('127.0.0.1', 55585)>
客户端地址及端口号：('127.0.0.1', 55585)
收到的信息：Hello from('127.0.0.1', 55585)
```

图 13-9　server.py 运行情况(1)

首先，服务端输出了 accept() 函数所创建的 socket 对象的情况，组成为 (local_ip, local_port, remote_ip, remote_port)，即所谓的主动套接字对象，具体的信息如下：

> < socket.socket fd=524, family=AddressFamily.AF_INET, type=SocketKind.SOCK_STREAM, proto=0, laddr=('127.0.0.1', 9000), raddr=('127.0.0.1', 55585) >

这段代码包含了这一次网络会话的基本信息。

接着，服务端程序输出了客户端主机的 IP 地址和端口号。

最后输出了客户端发送到服务端的信息：Hello。

再一次运行客户端代码，第二次发起对服务端的访问。注意，这里服务端仍然是在运行状态。客户端运行的情况如图 13-10 所示。

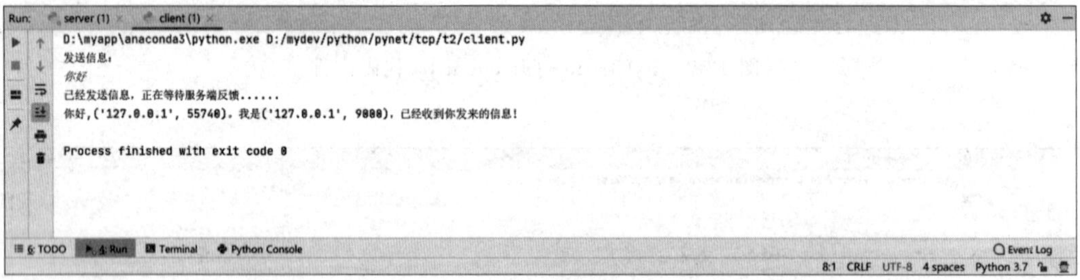

```
D:\myapp\anaconda3\python.exe D:/mydev/python/pynet/tcp/t2/client.py
发送信息：
你好
已经发送信息，正在等待服务端反馈......
你好,('127.0.0.1', 55740), 我是('127.0.0.1', 9000), 已经收到你发来的信息！

Process finished with exit code 0
```

图 13-10　client.py 第二次运行的情况

第二次客户端代码仍然正常运行了，需要注意，此时，客户端的主机 IP 地址虽然没有变化，但是端口号已经改变为 55740，和上次客户端运行时所使用的端口号是不相同的，这就明确地说明了，客户端的端口号在每一次网络会话中都是由操作系统随机产生配置的。再来看看此时服务端的运行情况，如图 13-11 所示。

这时，服务器端同样运行正常，在调用 accept() 函数后，服务器端获取了新的主动套接字对象，以之来对新一次的网络会话进行标识，并输出第二次客户端发送的信息：你好。

这个简单的 TCP 网络应用程序展示了如何使用 PythonSocket 编程技术来进行 TCP

图 13-11　server.py 运行情况（2）

编程的基本流程和技术，在这个程序的基础上，可以发展出丰富多彩的基于网络的应用程序。

13.3　基于 UDP 的网络编程

13.1 节介绍了支持数据包传输的现代计算机网络环境。数据包表示较短的信息，大小通常不会超过几千字节。

IP 只负责尝试正确地将每个数据包传输至目标计算机，它提供的是一种面向无连接的服务，也就是说 IP 并不保证所有的数据包都可以按照预期的那样从源计算机传输到目标计算机，值得安慰的是，IP 承诺将"尽力发送"数据到目标计算机。为了完成计算机网络中数据的正确传输，还需要 IP 之上的高层协议来提供一些新能力。

UDP 是基于 IP 之上的高层协议，它为两台主机间传送的大量数据包打上标签，这样就可以将表示网页的数据包和用于电子邮件的数据包区分开来，而这两种数据包也可以与该计算机上正在进行的其他网络会话使用的数据包分隔开。这一过程称为多路复用（multiplexing）。

UDP 让每一个网络应用程序都使用自己独有的端口号来标识自己，用于对目标为同一机器上不同服务的多个数据包进行适当的多路分解。虽然 UDP 支持多路复用和分解，但是使用 UDP 的网络程序仍然需要程序员自己处理数据包丢失、数据包重复和包的乱序到达等问题。

13.3.1　编写 UDP 服务器和客户端

编写一个简单的 UDP 服务器和 UDP 客户端的 Python 代码示例，通过这个例子，可以了解使用 UDP 进行网络编程的基本过程。

不管是编写 TCP 网络程序，还是编写 UDP 网络程序，都是基于 socket 的网络编程。所以，UDP 网络编程的方法和步骤与 TCP 网络编程的方法步骤都是基本相同的。从逻辑上，将所编写的网络程序分为服务端和客户端两个部分。在具体编程实现中，可以采用两种方式来完成这种划分，第一种是将服务端代码和客户端代码分别编写在不同的 Python 语言程序文件中，这是一种比较常见的方式，在大部分的实用程序开发中都会采用这种方式，优点是可以将复杂的逻辑业务划分为不同的需求，并将它们分割在两个不同的使用程序文件中，从而可以进行开发任务的分配管理；第二种方式是将服务端代码和客户端代码都集中到一个 Python 语言程序文件中编写,并通过主函数的命令行参数来区分调用,这会使得服务器和客户端的逻辑在同一页面上靠得很近,更容易弄清楚服务器代码与客户端代码的对应关系,比较适合于教学用例程序代码。本例中将会在一个 Python 语言程序文件(文件名为 udpsample.py)中编写服务端代码和客户端代码。

13.3.2 服务端代码

```python
#-*-coding:utf-8-*-
"""
文件名:udpsample.py
    说明:基于 UDP 编写的实例代码
    包括:UDP 服务端代码和 UDP 客户端代码,使用入口程序参数进行区分
    基本参数:
        服务端 IP: 127.0.0.1 端口号: 9001
        客户端 IP: 由操作系统随机给定
"""
import socket                          #socket 工具包
import argparse                        #argparse 工具包,对入口参数进行解析
import datetime                        #datetime 日期时间工具包

#s0: 配置服务端 IP 和 port 参数
MAX_BYTES=65535                        #数据报的最大传输字节数
s_IP ='127.0.0.1'
s_port =9001

#s1: 定义服务端函数
def server():
    #创建服务端的 socket 对象
    #socket.AF_INET: 表示服务端运行于 Windows 操作下 socket.SOCK_DGRAM: 表示服务端采用的是数据报的数据传输(UDP 模式)
    s_sock =socket.socket(socket.AF_INET,socket.SOCK_DGRAM)
    #将服务端与计算机 IP 地址和端口号进行绑定
    s_sock.bind((s_IP,s_port))

    #启动监听循环
    print('服务端开始启动监听 (at: {0}'.format(s_sock.getsockname()))
    while True:
        #使用 socket 对象的 recvfrom()函数获取客户端所传输的数据、客户端地址
        data,addr =s_sock.recvfrom(MAX_BYTES)
        text =data.decode('utf-8')#将数据使用 UTF-8 字符集进行解码
        print('客户端({0})传输内容: {1}'.format(addr,text))


        #向客户端发送反馈信息
        if text =='exit':
            response ='服务器({0})于 {1} 停止运行!'.format(s_sock.getsockname(),
            datetime.datetime.now())
```

```
            data = response.encode('utf-8')          #将反馈信息进行 UTF-8 编码
            s_sock.sendto(data, addr)                #发送反馈信息
            break
        else:
            response='你好,亲爱的朋友!这是来自于服务端(at: {0})的良好祝愿!'.format
            (s_sock.getsockname())
            data = response.encode('utf-8')          #将反馈信息进行 UTF-8 编码
            s_sock.sendto(data, addr)                #发送反馈信息
```

可以从源代码中看到,服务器启动和运行的过程历经了三步。

首先,服务器使用 socket() 函数调用创建了一个空套接字。这个新创建的套接字没有与任何 IP 地址或端口号绑定,也没有进行任何连接。如果此时就尝试使用其进行通信操作,那么 Python 将会抛出一个异常。在创建这个套接字对象时,还需要传入两个参数:协议族 AF_INET 以及数据报类型 SOCK_DGRAM。SOCK_DGRAM 表示在 IP 网络上使用 UDP。

接着,服务器使用 bind() 命令请求绑定一个 UDP 网络地址。可以看到,这个网络地址由简单的 Python 二元组构成,包含了一个 IP 地址字符串(同样可以使用主机名)和一个整型的 UDP 端口号。如果另一个程序此时已经占用了该 UDP 端口,将导致服务器脚本无法获取这个端口,那么绑定操作将失败,并抛出一个异常。

第一次运行服务端程序的时候,也有可能因为 UDP 端口 9001 已经被机器上的其他程序占用了从而也会收到一条报错的异常信息。在选择端口号时,需要选择大于 1023 的整数值,否则需要系统管理员权限才能运行该 Python 脚本。在本章的代码示例中,一般都会选择大于 9000 的整数作为端口号使用,从而尽量避免与实际操作中计算机系统中的其他网络应用程序使用的端口号相冲突。

当服务端套接字绑定成功,服务器就准备好开始接收请求了。接下来,使用 while 语句使服务器进入一个循环,不断运行 sockect 对象的 recvfrom() 函数来接收从客户端传输过来的数据。MAXBYTES 是预先定义的一个变量,其值设置为 65535,recvfrom(MAXBYTES) 表示可接收最长为 65535 字节的信息,这也是一个 UDP 数据报可以包含的最大长度。因此,服务器将接收每个数据报的完整内容。在没有收到客户端发送的请求信息前,recvfrom() 函数将永远保持等待。

当服务端接收到一个数据报时,recvfrom() 函数将会返回两个值。第一个是发送该数据报的客户端地址;第二个是以字节表示的数据报内容。使用 Python 提供的 decode() 解码函数将字节转换为指定字符编码的字符串,这里采用的字符集是 UTF-8,接下来在控制台中输出该字符串,最后向客户端返回一个响应数据报,其中包含预期客户端反馈的字符串信息。

可以注意到,在服务端的代码中,对客户端传入的一个特定字符串进行了检测,判断其是否为"exit",这里的逻辑是为服务端的退出提供一个条件:当客户端发送一个字符串"exit"时,表示客户端希望服务端的程序停止运行,否则服务端程序将一直无限运行下去,直到服务器计算机关机或重启。在服务端检测到客户端发送的退出"exit"命令后,就将 break 语句从 while 循环中退出,从而程序执行到此结束,服务端停止运行。

13.3.3 客户端代码

```
#s2：定义客户端函数
def client():
    #创建服务端的socket对象，与服务端socket对象相对应
    c_sock = socket.socket(socket.AF_INET, socket.SOCK_DGRAM)

    #设置请求信息
    request = 'Hi,你好！(请求时间：{0})'.format(datetime.datetime.now()).encode('utf-8')
    c_sock.sendto(request, (s_IP, s_port))          #向服务端发送信息
    print('我的IP地址是：{0}'.format(c_sock.getsockname()))
    data, addr = c_sock.recvfrom(MAX_BYTES)         #获取服务端的反馈信息
    text = data.decode('utf-8')
    print('服务端反馈({0})：{1}'.format(addr, text))


    exit_msg = 'exit'.encode('utf-8')
    c_sock.sendto(exit_msg, (s_IP, s_port))
    data, addr = c_sock.recvfrom(MAX_BYTES)
    resp = data.decode('utf-8')
    print(resp)
```

在客户端同样需要创建一个套接字对象来进行 UDP 通信，创建客户端 socket 对象所使用的参数与服务端创建 sockcet 对象的参数是相同的。为了完成数据的网络通信，客户端与服务端一样都需要具有自己的 IP 地址和端口号，但是在客户端代码中不需要直接指定客户端的 IP 地址及端口号，而是由客户端所在的本机操作系统自动配置。

客户端程序不需要与主机进行绑定来维持网络通信会话，所以，在客户端代码中并没有使用 bind() 函数来绑定套接字对象。客户端代码只是简单地调用 socket 对象的 sendto() 函数向服务端程序发送数据。sendto() 函数需要两个参数：第一个参数是所要发送的数据信息；第二个参数是一个 Python 元组，其中包括了服务器的 IP 地址和端口号。

在客户端发送的数据中，包括了客户端的发送时刻。客户端的 IP 地址信息可以使用 socket 对象的 getstockname() 函数获取，而取得当前时间的方式是调用 datetime 工具包的 new() 方法。客户端的数据在发送之前，要将字符串转换为字节数据，Python 语言中提供了 encode() 函数来完成编码工作，在代码中，将字符串使用 UTF-8 字符编码集形式进行了编码。

在使用 sendto() 函数向服务端发送了数据后，客户端就可以调用 socket 对象的 recvfrom() 函数来接收服务器端的反馈信息了。同样，将 recvfrom() 函数的最大接收参数值设置为 65535，recvfrom(MAXBYTES) 则表示可接收最长为 65535 字节的信息。

13.3.4 执行调度代码

```
#s3：设置执行入口的参数处理
if __name__ == '__main__':
```

```python
#创建调用模式的选择字典对象
choices = {'client': client, 'server': server}
#为执行入口添加执行参数 role
#role 表示程序所要执行的角色模式
parser = argparse.ArgumentParser(description='UDP 编程实例')
parser.add_argument('role', choices=choices, help='请选择执行方式(client: 客
户端,server: 服务端): ')

#获取用户传入的参数值
args = parser.parse_args()

#根据参数执行所调用的函数
function = choices[args.role]
function()                   #调用相应的函数
```

将服务端代码和客户端代码以两个函数的形式进行了封装。server()函数是服务端代码程序,client()函数是客户端代码程序,他们都位于一个 Python 代码文件中,所以,还需要编写额外的代码以完成对程序执行方式的调度。

首先,创建一个包含两个执行函数名称的字典对象 choices,表示向用户提供的执行方式选择集合。

然后,需要使用 argparse 工具包提供的参数解析器对象,向当前程序中添加调用参数,argparse 工具包提供了 ArgumentParser 对象来完成添加参数及解析参数的工作。parser 对象的 add_argument()函数负责添加调用参数,这里在函数中传入了三个参数。第一个参数是新增的调用参数的名称;第二个参数是预先准备好的参数字典对象,用来表示参数集合;第三个参数是一个可选参数,对新增加的调用参数提供一些说明。parser 对象的 parse_args()函数可以获取用户输入的参数集合。

最后,根据用户的输入参数从 choices 字典中选择对应的函数并进行调用,这样就完成了程序执行方式的调度工作。

13.3.5 执行测试

如果使用 PyCharm 集成开发环境进行以上代码的编程工作,可以采用如下步骤进行程序的执行测试。

第一步,启动服务端程序。PyCharm 开发窗口下方的 Terminal 选项卡,即可切换视图到终端视图,如图 13-12 所示。

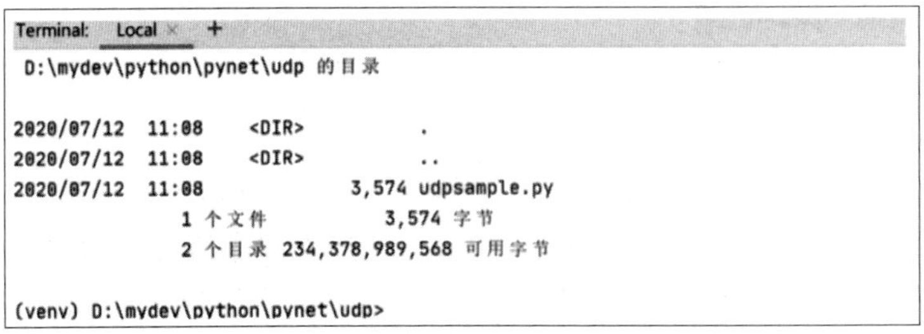

图 13-12　PyCharm 的终端视图

先在终端中输入 cd udp 命令,将当前目录切换到程序文件所在的文件夹下,然后在终端的命令行提示符下输入：python udpsample.py server。可以看到,在运行 udpsample.py Python 代码文件时设置了参数 server,表示当前是启动 UDP 网络程序的服务端程序。程序执行情况如图 13-13 所示。

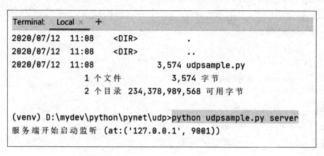

图 13-13　以 server 方式启动 udpsample.py

可以看到,服务端程序已经启动监听。

第二步,启动客户端程序。要启动客户端程序,需要在一个新的终端里再一次运行 udpsample.py 程序文件。在 PyCharm 中的终端视图窗口里,单击 local 字样右边的"＋"按钮,添加一个新的终端窗口 local(2),如图 13-14 所示。

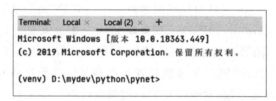

图 13-14　打开 PyCharm 的第二个终端视图

先在终端中输入 cd udp 命令,将当前目录切换到程序文件所在文件夹下,然后在终端的命令行提示符下输入 python udpsample.py client,以客户端模式运行 UDP 网络程序,客户端的执行结果如图 13-15 所示。

图 13-15　以 client 模式启动 udpsample.py

可以看到,客户端的 IP 地址为 0.0.0.0,说明客户端的 IP 地址并不是一个固定的地址,而是由客户端主机的操作系统自行设置的。同时,客户端程序所使用的端口号 60563 也是由操作系统自行创建的,也可以看到从服务端程序中反馈得到的信息。最后,由于在客户端代码中向服务端发送了"exit"的字符串指令,所以,服务端接收到该指令后就退出了服务端程序。

服务端的执行情况如图 13-16 所示。

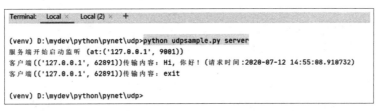

图 13-16　服务端的程序执行情况

可以看到，服务端成功地接收到了客户端的发送信息，并且按照客户端的指令结束了服务端的程序执行。

当然，在实际运行的网络程序中，服务端程序一般都不会随便退出运行的，常常会保持服务运行状态，一直到服务器关机或重启为止。本例中，设置"exit"这个退出命令的意义在于展示服务端程序与客户端程序的交互过程。

13.4　思考与练习

1. 计算机网络使用的基本模型是什么模型？
2. 在网络编程中 socket 的含义和作用是什么？
3. 什么是面向连接的服务，什么是无连接服务？
4. TCP 提供的是什么样的服务？
5. UDP 提供的是什么样的服务？
6. 在 TCP 编程中，socket() 函数所创建的 socket 对象与 accept() 函数所创建的 socket 对象是相同的吗？

参 考 文 献

[1] 嵩天,礼欣,黄天羽.Python语言程序设计基础[M].2版.北京:高等教育出版社,2017.
[2] 陈春晖,翁恺,季江民.Python程序设计[M].浙江:浙江大学出版社,2019.
[3] 周元哲.Python3.x程序设计基础[M].北京:清华大学出版社,2019.
[4] 董付国.Python程序设计基础与应用[M].北京:机械工业出版社,2018.
[5] 瑞安·米切尔.Python网络爬虫权威指南[M].神烦小宝 译.北京:人民邮电出版社,2019.
[6] Fall K R.TCP-IP详解卷一:协议[M].吴英,张玉,许昱玮 译.北京:机械工业出版社,2016.
[7] 李东方.Python程序设计基础[M].北京:电子工业出版社,2017.
[8] 刘瑜.Python编程从零基础到项目实战[M].北京:中国水利水电出版社,2018.
[9] 黄红梅,张良均.Python数据分析与应用[M].北京:人民邮电出版社,2018.
[10] 余本国.基于Python的大数据分析基础及实战[M].北京:中国水利水电出版社,2018.
[11] 关东升.Python从小白到大牛[M].北京:清华大学出版社,2018.
[12] 李宁.Python从菜鸟到高手[M].北京:清华大学出版社,2018.
[13] NumPy中文网.[EB/OL].https://www.numpy.org.cn.
[14] Matplotlib中文网.[EB/OL].https://www.matplotlib.org.cn.
[15] 王学颖,刘立群,刘冰,司雨昌.Python学习从入门到实践[M].北京:清华大学出版社,2017.
[16] 千锋教育高教产品研发部.Python快乐编程基础入门[M].北京:清华大学出版社,2019.
[17] 陈惠贞.一步到位!Python从基础编程到数据分析[M].北京:中国水利水电出版社,2020.

图书资源支持

感谢您一直以来对清华版图书的支持和爱护。为了配合本书的使用,本书提供配套的资源,有需求的读者请扫描下方的"书圈"微信公众号二维码,在图书专区下载,也可以拨打电话或发送电子邮件咨询。

如果您在使用本书的过程中遇到了什么问题,或者有相关图书出版计划,也请您发邮件告诉我们,以便我们更好地为您服务。

我们的联系方式:

地　　址:北京市海淀区双清路学研大厦 A 座 714

邮　　编:100084

电　　话:010-83470236　　010-83470237

客服邮箱:2301891038@qq.com

QQ:2301891038(请写明您的单位和姓名)

资源下载:关注公众号"书圈"下载配套资源。

资源下载、样书申请

书 圈

获取最新书目

观看课程直播